理工系の数学入門コース
［新装版］

ベクトル解析

理工系の
数学入門コース
[新装版]

ベクトル解析

VECTOR ANALYSIS

戸田盛和
Morikazu Toda

An Introductory Course of
Mathematics for
Science and Engineering

岩波書店

理工系学生のために

数学の勉強は

現代の科学・技術は，数学ぬきでは考えられない．量と量の間の関係は数式で表わされ，数学的方法を使えば，精密な解析が可能になる．理工系の学生は，どのような専門に進むにしても，できるだけ早く自分で使える数学を身につけたほうがよい．

たとえば，力学の基本法則はニュートンの運動方程式である．これは，微分方程式の形で書かれているから，微分とはなにかが分からなければ，この法則の意味は十分に味わえない．さらに，運動方程式を積分することができれば，多くの現象がわかるようになる．これは一例であるが，大学の勉強がはじまれば，理工系のほとんどすべての学問で，微分積分がふんだんに使われているのが分かるであろう．

理工系の学問では，微分積分だけでなく，「数学」が言葉のように使われる．しかし，物理にしても，電気にしても，理工系の学問を講義しながら，これに必要な数学を教えることは，時間的にみても不可能に近い．これは，教える側の共通の悩みである．一方，学生にとっても，ただでさえ頭が痛くなるような理工系の学問を，とっつきにくい数学とともに習うのはたいへんなことであろう．

数学の勉強は外国などでの生活に似ている．はじめての町では，知らないことが多すぎたり，言葉がよく理解できなかったりで，何がなんだか分からないうちに一日が終わってしまう．しかし，しばらく滞在して，日常生活を送って近所の人々と話をしたり，自分の足で歩いたりしているうちに，いつのまにかその町のことが分かってくるものである．

数学もこれと同じで，最初は理解できないことがいろいろあるので，「数学はむずかしい」といって投げ出したくなるかもしれない．これは知らない町の生活になれていないようなものであって，しばらく我慢して想像力をはたらかせながら様子をみていると，「なるほど，こうなっているのか！」と納得するようになる．なんども読み返して，新しい概念や用語になれたり，自分で問題を解いたりしているうちに，いつのまにか数学が理解できるようになるものである．あせってはいけない．

直接役に立つ数学

「努力してみたが，やはり数学はむずかしい」という声もある．よく聞いてみると，「高校時代には数学が好きだったのに，大学では完全に落ちこぼれだ」という学生が意外に多い．

大学の数学は抽象性・論理性に重点をおくので，ちょっとした所でつまずいても，その後まったくついて行けなくなることがある．演習問題がむずかしいと，高校のときのように問題を解きながら学ぶ楽しみが少ない．数学を専攻する学生のための数学ではなく，応用としての数学，科学の言葉としての数学を勉強したい．もっと分かりやすい参考書がほしい．こういった理工系の学生の願いに応えようというのが，この『理工系の数学入門コース』である．

以上の観点から，理工系の学問においてひろく用いられている基本的な数学の科目を選んで，全8巻を構成した．その内容は，

1. 微分積分
2. 線形代数
3. ベクトル解析
4. 常微分方程式
5. 複素関数
6. フーリエ解析
7. 確率・統計
8. 数値計算

である．このすべてが大学1,2年の教科目に入っているわけではないが，各巻はそれぞれ独立に勉強でき，大学1年，あるいは2年で読めるように書かれている．読者のなかには，各巻のつながりを知りたいという人も多いと思うので，一応の道しるべとして，相互関係をイラストの形で示しておく．

この入門コースは，数学を専門的に扱うのではなく，理工系の学問を勉強するうえで，できるだけ直接に役立つ数学を目指したものである．いいかえれば，理工系の諸科目に共通した概念を，数学を通して眺め直したものといえる．長年にわたって多くの読者に親しまれている寺沢寛一著『数学概論』(岩波書店刊)は，「余は数学の専門家ではない」という文章から始まっている．入門コース全8巻の著者も，それぞれ「私は数学の専門家ではない」というだろう．むしろ，数学者でない立場を積極的に利用して，分かりやすい数学を紹介したい，というのが編者のねらいである．

記述はできるだけ簡単明瞭にし，定義・定理・証明のスタイルを避けた．ま

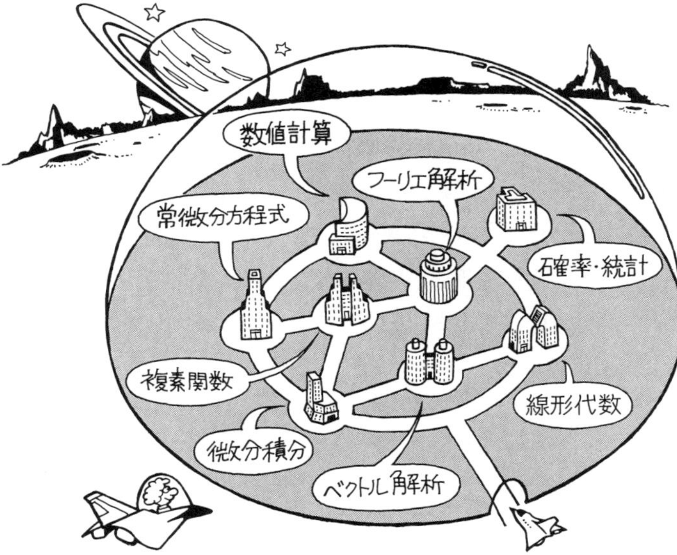

た，概念のイメージがわくような説明を心がけた．定義を厳正にし，定理を厳密に証明することはもちろん重要であり，厳正・厳密でない論証や直観的な推論には誤りがありうることも注意しなければならない．しかし，‘落とし穴’や‘つまずきの石’を強調して数学をつき合いにくいものとするよりは，数学を駆使して一人歩きする楽しさを，できるだけ多くの人に味わってもらいたいと思うのである．

すべてを理解しなくてもよい

この『理工系の数学入門コース』によって，数学に対する自信をもつようになり，より高度の専門書に進む読者があらわれるとすれば，編者にとって望外の喜びである．各巻末に添えた「さらに勉強するために」は，そのような場合に役立つであろう．

理解を確かめるため各節に例題と練習問題をつけ，さらに学力を深めるために各章末に演習問題を加えた．これらの解答は巻末に示されているが，できるだけ自力で解いてほしい．なによりも大切なのは，積極的な意欲である．「たたけよ，さらば開かれん」．たたかない者には真理の門は開かれない．本書を一度読んで，すぐにすべてを理解することはたぶん不可能であろう．またその必要もない．分からないところは何度も読んで，よく考えることである．大切なのは理解の速さではなく，理解の深さであると思う．

この入門コースをまとめるにあたって，編者は全巻の原稿を読み，執筆者にいろいろの注文をつけて，再三書き直しをお願いしたこともある．また，執筆者相互の意見や岩波書店編集部から絶えず示された見解も活用させてもらった．今後は読者の意見も聞きながら，いっそう改良を加えていきたい．

1988年4月8日

編者　戸田盛和
広田良吾
和達三樹

はじめに

ベクトルは力学，流体力学，電磁気学などで広く応用されるので，理工系の学生諸君にとって大変重要である．おそらく，ベクトルについてはじめて聞いたのは力学を学びはじめたときであったであろう．力は向きと大きさをもつので，矢印で表わされる．速度もそうである．向きと大きさをもつ量をベクトルという，といった具合である．そして力学に関する本や講義では，ベクトルの式がたくさん出てくる．

ベクトルを使うと便利なこととして，空間の 3 つの成分に対する式を別々に書かないで，まとめて 1 つの式で表わすことができるということがある．まとめてすっきりすれば見通しがよくなって，次の段階へ進みやすくなる．ベクトル記号を使うよさは，記号の重要さを示している．空間の 3 成分をまとめて表わすことができるので，ベクトルは力学だけでなく，空間の中の曲線や曲面を扱うのに都合がよい．曲線や曲面の扱いになれることは，理工系の仕事をする上で大切なことである．

位置が絶えず変わる質点の運動，空間の中でねじれる曲線や曲面などを表わすには，時間や曲線の長さなどの関数としてのベクトルを考え，これを微分したりする必要がある．このようにベクトルの微分・積分を研究するのがベクトル解析である．

本書では，まず第1章でベクトルの加法，ベクトルの積など，ベクトルの基本的なことがらを理解し，その演算に親しむことを目的とする．第2章では主に力学に例をとりながら，ベクトルを時間などのパラメタで微分したり積分したりする演算を学ぶ．

そして第3章では曲線を，第4章では曲面を扱う．少し学習に手間がかかる章であるが，具体性をもたせるように，無味乾燥にならぬように，ゆで卵やバナナをななめに切ったりする話も入れて，話をわかりやすくしたつもりである．

第5章と第6章は，水の流れの速度，渦などを例にとりながら空間の各点におけるベクトルという，ベクトル場について考える．場の扱いの延長上には電磁気学がある．理工系の学生諸君にとって電磁気学は，手ごわい学科であるかもしれないが，ベクトルの基礎をよく学ぶことによって，この障壁ものり越えやすくなるはずである．

本書は力学のテキストでもなく，流体力学や電磁気学のテキストでもない．また純粋に数学のテキストでもない．いわばこれらの間に位置して，ベクトル解析の基礎と応用を抽出して，できるだけ平易に面白く説明したものである．

本書の執筆にあたっては，このコースの執筆者や編者の方々から多くの御指示をいただいた．また岩波書店の小林茂樹・片山宏海の両氏には，貴重な御意見と多大なご尽力をいただいた．ここに厚く御礼を申し上げたい．

1989年1月

戸田盛和

目次

コーヒー・ブレイク

カット＝浅村彰二

1

ベクトルの基本的な性質

速度，力などのように大きさと向きをもつ量をベクトル，あるいはベクトル量とよび，これに対して，質量や時間などのように大きさだけできまる量をスカラーとよぶ．ベクトルを表示するには，矢印を用いたり，座標軸方向の成分を用いたりする．ベクトルを用いると速度や力などの物理量や曲線や曲面などの幾何学を簡潔に表わすことができ，それらの間の関係を調べて，さらに考察を広げるのに都合がよい．この章では，まずベクトルの足し算，掛け算などの基本的な事柄を扱う．

1-1　ベクトルの矢印

「飛行機が時速 300 km で北東に飛んでいる」というように，**速度**は速度の大きさ(速さ)と向きとで指定される．力学における**力**も，大きさと向きとをもっている．図 1-1 のように図形を回転させない**平行移動**や質点の**変位**も，移動距離という大きさと，移動の向きとで指定される．これらの速度，力，平行移動，変位などのように，大きさと向きとをもつ量を**ベクトル** (vector)，あるいは**ベクトル量**という．

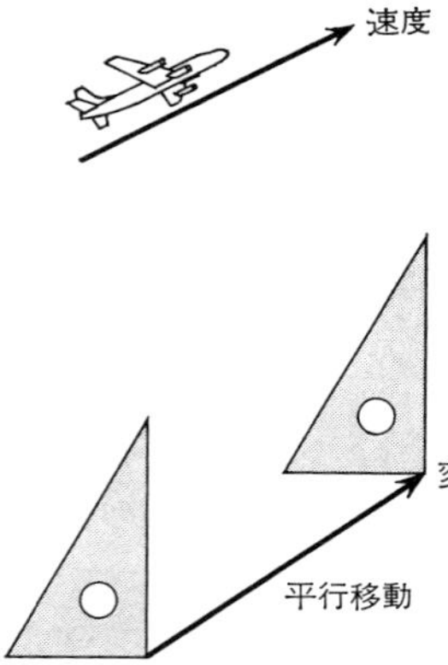

図 1-1

これに対し，体積，質量などのように，大きさだけで表わされる量を**スカラー** (scalar) という．ベクトルでない，ただの数値 1, 2, … などをスカラーということもある．

ベクトルは太文字で $\boldsymbol{v}, \boldsymbol{a}, \boldsymbol{A}$ などと書き，スカラーは細文字で a, k, x などと書いて，これらを区別する．

ベクトルを幾何学的に表わすには矢印を用いる．速度が 300 km/時 なら長さ 3 cm の矢印，200 km/時 なら長さ 2 cm の矢印というように，その量の大きさに比例した長さの矢印を，そのベクトルの向きに描いてベクトルを表現する．このようにベクトルは**有向線分**で表わされ，この矢印の起点を P，終点を Q と

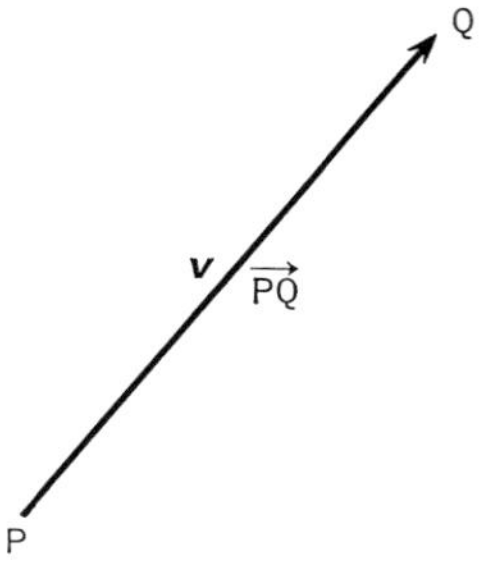

図 1-2

するとき，ベクトルを $\overrightarrow{PQ}$ と記すこともある(図 1-2).

「北へ 1 km 歩く」とか「60 km/時 で北東へ進む」といえば，それが大阪でも東京でも同じである．この変位や速度のように場所が問題にならないベクトルを**自由ベクトル**ということがある．これに対して，たとえば地図で駅から北へ 1 km のところと，隣りの駅から北へ 1 km のところとでは全くちがってしまう．この**位置ベクトル**のように，起点を定めなければならないベクトルを**束縛ベクトル**という．しかし，以下においては，主に自由ベクトルを扱い，単にベクトルといえば，自由ベクトルを意味するものとする．

ベクトルの合同　2 つのベクトル $\boldsymbol{A}$ と $\boldsymbol{B}$ は，その長さが等しく，向きが同じとき，たがいに等しいといい，

$$\boldsymbol{A} = \boldsymbol{B}$$

で表わす(われわれは自由ベクトルを考えているので，$\boldsymbol{A}$ の起点と $\boldsymbol{B}$ の起点が異なっても差し支えない)．したがって，ベクトル $\boldsymbol{A}$ の矢印を平行にずらしたものは同じベクトルである(図 1-3).

ベクトル $\boldsymbol{A}$ と同じ大きさをもち，向きが逆のベクトルを $-\boldsymbol{A}$ で表わす．

ベクトル $\boldsymbol{A}$ と向きが同じで大きさが k 倍のベクトルを $k\boldsymbol{A}$ で表わす．$k<0$ のとき $k\boldsymbol{A}$ は $\boldsymbol{A}$ と逆向きのベクトルである．特に $k=0$ のとき $k\boldsymbol{A}$ は大きさがなくなってしまうが，これもベクトルと考え，**零ベクトル**といい，$\boldsymbol{0}$(ゼロ)で表わす．

ベクトル $\boldsymbol{A}$ の大きさを $|\boldsymbol{A}|$，あるいは単に A で表わし，これをベクトル $\boldsymbol{A}$ の**絶対値**という．$\boldsymbol{C}=k\boldsymbol{A}$ ならば $|\boldsymbol{C}|=|k||\boldsymbol{A}|$ である．

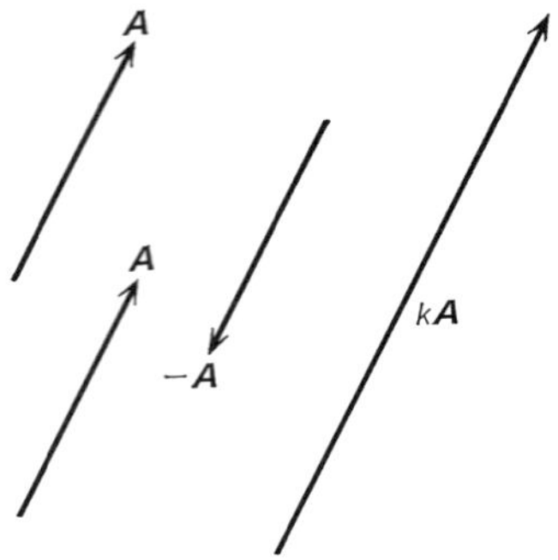

図 1-3

ベクトルの和　図 1-4 に示す実験で，2 つのおもり P と Q の重さによる力 $\boldsymbol{A}$ と $\boldsymbol{B}$ がおもり R の重さによる力 $\boldsymbol{W}$ と釣り合っている．このとき $\boldsymbol{A}$ と $\boldsymbol{B}$ の合力を $\boldsymbol{C}$ とすれば，$\boldsymbol{C}$ と $\boldsymbol{W}$ が釣り合っていることになる．実験によれば，合力 $\boldsymbol{C}$ は $\boldsymbol{A}$ と $\boldsymbol{B}$ で作られる平行四辺形の対角線で与えられる．このことを**平行四辺形の法則**という．一般のベクトルに対してもこの法則によってベクトルの和を次のように定義する．

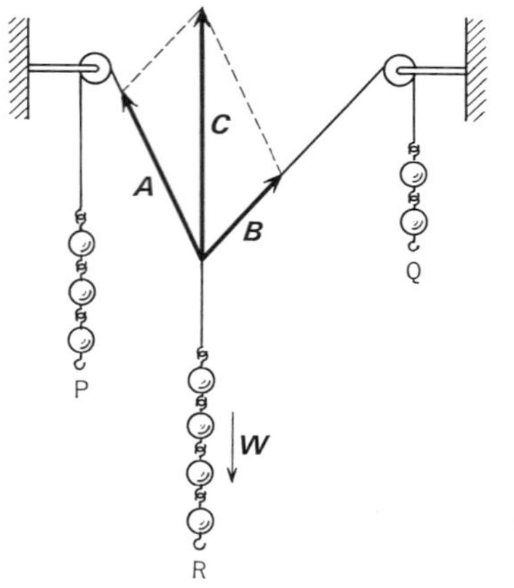

図 1-4

1 つの点 O からベクトル $\boldsymbol{A}$ を表わす矢印と $\boldsymbol{B}$ を表わす矢印を引き，これらを 2 辺とする平行四辺形を作る(図 1-5)．このとき O を起点とする対角線で表わされるベクトル $\boldsymbol{C}$ を $\boldsymbol{A}$ と $\boldsymbol{B}$ の**和**とよび

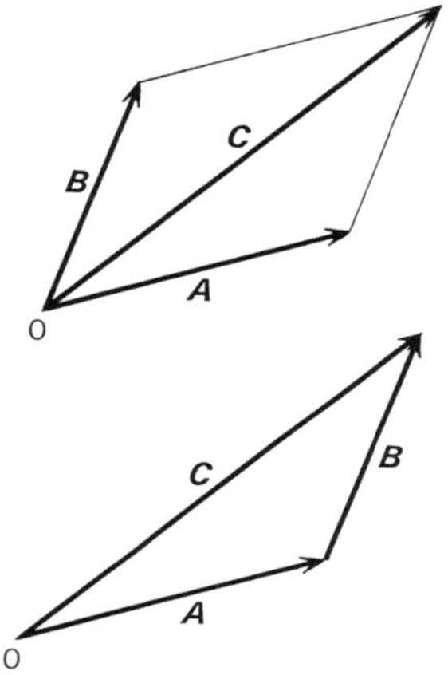

図 1-5

$\boldsymbol{C} = \boldsymbol{A}+\boldsymbol{B}$

$\quad = \boldsymbol{B}+\boldsymbol{A}$

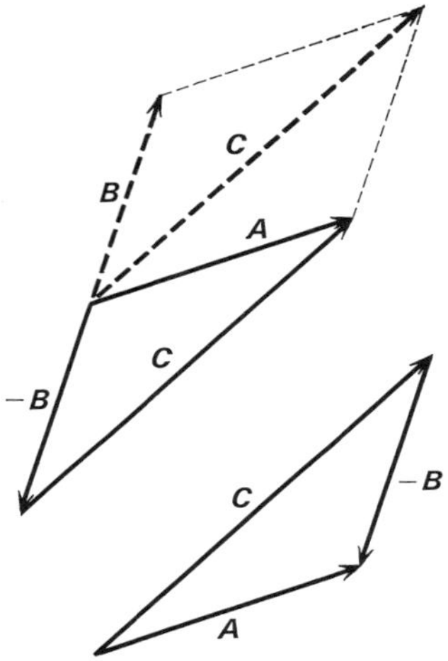

図 1-6

$\boldsymbol{A} = \boldsymbol{C}-\boldsymbol{B}$

$\boldsymbol{C} = \boldsymbol{A}+\boldsymbol{B}$

$$\boldsymbol{C} = \boldsymbol{A}+\boldsymbol{B} \tag{1.1}$$

と書く．このことを**平行四辺形の法則**ということがある．$\boldsymbol{C}$ は $\boldsymbol{A}$ と $\boldsymbol{B}$ を**合成**したものであるといい，この合成をベクトルの**加法**ともいう．

ベクトルの加法は次のようにも述べられる．ベクトル $\boldsymbol{A}$ の終点からベクトル $\boldsymbol{B}$ を引けば，$\boldsymbol{A}$ の起点から $\boldsymbol{B}$ の終点へ引いた矢印が $\boldsymbol{A}$ と $\boldsymbol{B}$ の和 $\boldsymbol{C}$ である．

(1.1)が成り立つとき，$\boldsymbol{A}$ は $\boldsymbol{C}$ と $-\boldsymbol{B}$ の和である(図 1-6)．これを

$$\boldsymbol{A} = \boldsymbol{C}+(-\boldsymbol{B}) = \boldsymbol{C}-\boldsymbol{B} \tag{1.1$'$}$$

と書き，これを $\boldsymbol{C}$ と $\boldsymbol{B}$ の**差**という．

ベクトルの加減演算を要約すれば次のようになる．a と b を実数とするとき

$$\begin{aligned}(a+b)\boldsymbol{A} &= a\boldsymbol{A}+b\boldsymbol{A} \\ a(b\boldsymbol{A}) &= b(a\boldsymbol{A})\end{aligned} \tag{1.2}$$

$$\begin{aligned}\boldsymbol{A}+\boldsymbol{B} &= \boldsymbol{B}+\boldsymbol{A} && \text{(交換法則)} \\ a(\boldsymbol{A}+\boldsymbol{B}) &= a\boldsymbol{A}+a\boldsymbol{B} && \text{(分配法則)} \\ \boldsymbol{A}+(\boldsymbol{B}+\boldsymbol{C}) &= (\boldsymbol{A}+\boldsymbol{B})+\boldsymbol{C} && \text{(結合法則)}\end{aligned} \tag{1.3}$$

3個以上のベクトルの和は，ベクトルをつぎつぎと合成することによって得られる．加える順序を変えても全部のベクトルを加えた結果は同じになることが示される．また図を用いても証明できるが，すぐ後に述べるようにベクトルの成分を考えれば容易に示される．

零ベクトルを加えてもベクトルは変わらない．すなわち $\mathbf{0}$ を零ベクトルとし，$\boldsymbol{A}$ を任意のベクトルとすれば

$$\boldsymbol{A}+\mathbf{0} = \mathbf{0}+\boldsymbol{A} = \boldsymbol{A}$$

である．以下で零ベクトルは特に0で表わすことにする．

［例1］　上に述べたように，力はベクトルの和の規則によって合成される．他の例を挙げよう．

(i)　変位ベクトルの合成．図1-7(a)のように，物体がPからQへ変位し，さらにQからRへ変位したとすると，全体としての変位はベクトル $\overrightarrow{\mathrm{PR}}$ であって，これはベクトル $\overrightarrow{\mathrm{PQ}}$ と $\overrightarrow{\mathrm{QR}}$ の和

$$\overrightarrow{\mathrm{PR}} = \overrightarrow{\mathrm{PQ}}+\overrightarrow{\mathrm{QR}}$$

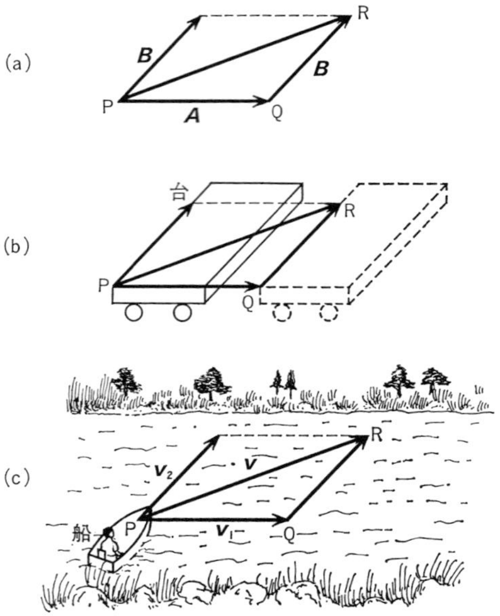

図 1-7

である．

この例で，変位 $\overrightarrow{\mathrm{PQ}}$ と $\overrightarrow{\mathrm{QR}}$ は同時に起こってもよい．物体が乗っている台が地面に対して，東へ $\overrightarrow{\mathrm{PQ}}$ だけ動き，その間に台に対して物体が $\overrightarrow{\mathrm{QR}}$ だけ変位したとすれば，物体は地面に対し $\overrightarrow{\mathrm{PR}}$ だけ移動したことになる(図 1-7(b))．

(ii)　速度の合成．図 1-7(b)の変位 $\overrightarrow{\mathrm{PQ}}$ と $\overrightarrow{\mathrm{QR}}$ が同時に，1 秒間に生じたとすれば，$\boldsymbol{v}_1=\overrightarrow{\mathrm{PQ}}$ と $\boldsymbol{v}_2=\overrightarrow{\mathrm{QR}}$ はそれぞれ速度であり，物体は同時に 2 つの向きに速度 $\boldsymbol{v}_1$ と $\boldsymbol{v}_2$ をもつことになる．その結果，物体は合成された速度

$$\boldsymbol{v} = \boldsymbol{v}_1+\boldsymbol{v}_2$$

をもつことになる．図 1-7(c)のように，速度 $\boldsymbol{v}_1$ の流れの中にある船が，さらに流れに対して $\boldsymbol{v}_2$ の速度をもつならば，この船の岸に対する速度は $\boldsymbol{v}_1+\boldsymbol{v}_2$ になるわけである．▎

単位ベクトル　単位の大きさ(単位の長さ)をもったベクトルを**単位ベクトル** (unit vector) という．

$$\boldsymbol{e}_A = \frac{\boldsymbol{A}}{A} \qquad (A=|\boldsymbol{A}|) \tag{1.4}$$

とおけば

$$|\boldsymbol{e}_A| = 1. \tag{1.5}$$

したがって $\boldsymbol{e}_A$ はベクトル $\boldsymbol{A}$ の向きを表わす単位ベクトルである．これを用いれば，ベクトル $\boldsymbol{A}$ は

$$\boldsymbol{A} = |\boldsymbol{A}|\boldsymbol{e}_A \tag{1.6}$$

とも書ける．これは何でもないようなことであるが，これを用いると大変便利なことがある．

問　題 1-1

1. 力学におけるスカラー量とベクトル量の例を挙げよ．

2. 放物体がある瞬間に，水平方向に 4 m/秒，鉛直上方に 3 m/秒 の速度をもっていたとする．この瞬間における放物体の速さは何程か．

3. 1つの物体に，たがいに垂直な2力 $\boldsymbol{F}_1$ と $\boldsymbol{F}_2$ とがはたらいている．この2力の合力の大きさは何程か．2力がたがいに垂直でなく，角 θ をなすときの合力の大きさは何程か．

1-2　ベクトルの成分

紙の上に1点Oをとり，ここからベクトルの矢印 $\boldsymbol{A}=\overrightarrow{\mathrm{OP}}$ を引く．このベクトルの大きさと向きを表わすには，Oを原点とする直交座標系を使うと便利である．図1-8のようにベクトル $\boldsymbol{A}$ の直交座標軸 $\mathrm{O}x, \mathrm{O}y$ への正射影を A_x, A_y とし，これらをベクトル $\boldsymbol{A}$ の**成分**という．ベクトル $\boldsymbol{A}$ は成分 A_x と A_y によって表わされる．この2次元ベクトルの長さはピタゴラスの定理により

$$|\boldsymbol{A}| = \sqrt{A_x{}^2+A_y{}^2} \tag{1.7}$$

で与えられる．

例題1.1　$A_x=3\,\mathrm{cm}$，$A_y=4\,\mathrm{cm}$ のベクトルの長さを求めよ．

[解]　$|\boldsymbol{A}|=\sqrt{3^2+4^2}=5\,(\mathrm{cm})$．❙

3次元空間のベクトル $\boldsymbol{A}$ の起点(始点)を原点にとり，直交座標系 $\mathrm{O}x, \mathrm{O}y,$

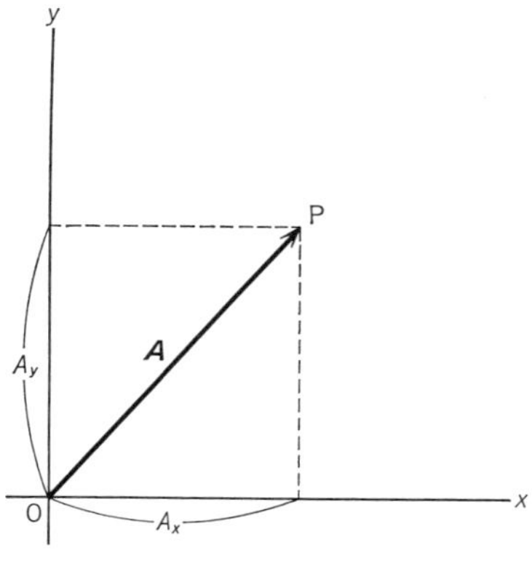

図1-8

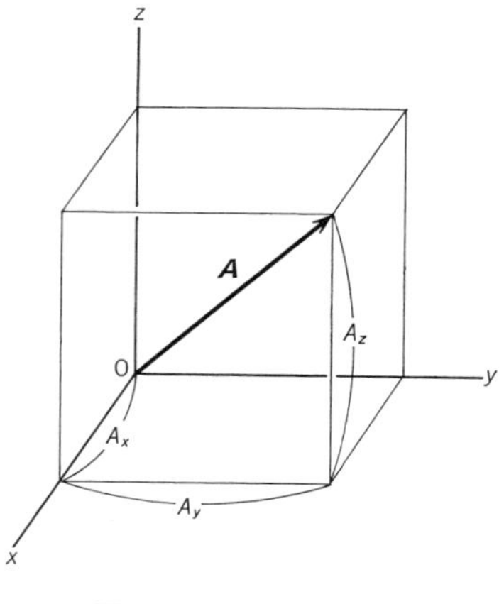

図1-9　$\boldsymbol{A}=(A_x, A_y, A_z)$

Oz をとったとき，$\boldsymbol{A}$ の終点の座標 A_x, A_y, A_z がベクトル $\boldsymbol{A}$ の成分である(図1-9).

ベクトルを成分で表わし，

$$\boldsymbol{A} = (A_x, A_y, A_z) \tag{1.8}$$

と書く．成分を縦に書いて

$$\boldsymbol{A} = \begin{pmatrix} A_x \\ A_y \\ A_z \end{pmatrix} \tag{1.9}$$

と書くことも多い．このようにベクトル成分を縦に書くと，後にわかるようにこれは1列3行の行列であり，種々の演算に便利である．しかし，縦に書くと場所をとるので，(1.8)のように横に書くことも多い(後の(1.97)参照).

例題1.2 ベクトル $\boldsymbol{A}=(A_x, A_y, A_z)$ とベクトル $\boldsymbol{B}=(B_x, B_y, B_z)$ の和を成分で表わせば

$$\begin{aligned} \boldsymbol{A}+\boldsymbol{B} &= (A_x+B_x, A_y+B_y, A_z+B_z) \\ \boldsymbol{A}-\boldsymbol{B} &= (A_x-B_x, A_y-B_y, A_z-B_z) \end{aligned} \tag{1.10}$$

であることを示せ．多数のベクトルの和についてはどうか．

［解］ $\boldsymbol{A}, \boldsymbol{B}$ が平面上のベクトル $\boldsymbol{A}=(A_x, A_y)$，$\boldsymbol{B}=(B_x, B_y)$ であるときは，図1-10を参照すれば，$\boldsymbol{A}+\boldsymbol{B}$ の x 成分を $(\boldsymbol{A}+\boldsymbol{B})_x$ と書くとき $(\boldsymbol{A}+\boldsymbol{B})_x=A_x+B_x$，同様に $(\boldsymbol{A}+\boldsymbol{B})_y=A_y+B_y$ であることが明らかである．$\boldsymbol{A}$ と $\boldsymbol{B}$ が3次元ベクトルのときは，たとえば xy 面への射影について同様のことが成り立ち，$(\boldsymbol{A}+\boldsymbol{B})_x=A_x+B_x$，$(\boldsymbol{A}+\boldsymbol{B})_y=A_y+B_y$ が導かれる．同様に，yz 面，あるいは zx 面への射影から $(\boldsymbol{A}+\boldsymbol{B})_z=A_z+B_z$ が導かれる．多数のベクトル $\boldsymbol{A}, \boldsymbol{B}, \boldsymbol{C}, \boldsymbol{D}, \cdots$ の和についても同様に

$$(\boldsymbol{A}+\boldsymbol{B}+\boldsymbol{C}+\boldsymbol{D}+\cdots)_x = A_x+B_x+C_x+D_x+\cdots \quad \text{など} \tag{1.11}$$

が成り立つ．差のときも同様である．❙

ベクトルの絶対値と向き ベクトル $\boldsymbol{A}$ と成分 A_x, A_y, A_z との関係を表わす図1-11において，P はベクトルの終点，H は xy 面への P の射影である．ピタゴラスの定理により $(\overline{\mathrm{OH}})^2=A_x{}^2+A_y{}^2$ であり，$|\boldsymbol{A}|^2=(\overline{\mathrm{OH}})^2+(\overline{\mathrm{PH}})^2$ である．

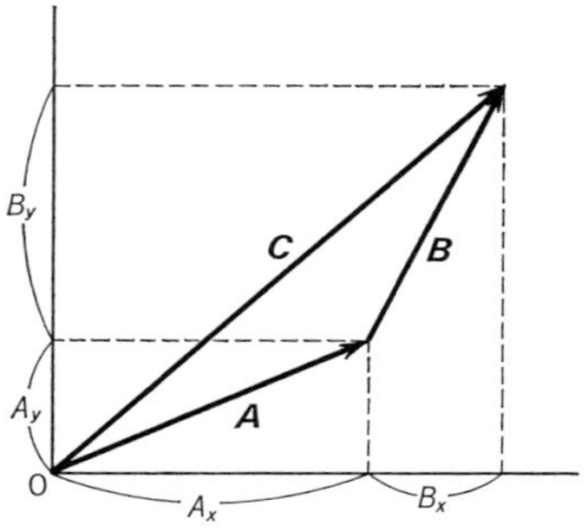

図 1-10

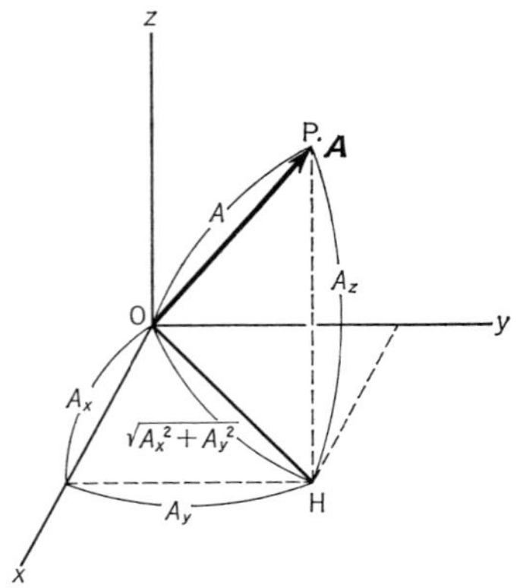

図 1-11

$A=|\boldsymbol{A}|=\sqrt{A_x{}^2+A_y{}^2+A_z{}^2}$

したがってベクトル $\boldsymbol{A}$ の絶対値(長さ)は

$$A=|\boldsymbol{A}|=\sqrt{A_x{}^2+A_y{}^2+A_z{}^2} \tag{1.12}$$

で与えられる.

ベクトル $\boldsymbol{A}$ が x 軸, y 軸, z 軸となす角をそれぞれ α, β, γ とするとき, $\cos\alpha=A_x/|\boldsymbol{A}|$ などが成り立つ(図 1-12).

$$l\equiv\cos\alpha=\frac{A_x}{|\boldsymbol{A}|}, \qquad m\equiv\cos\beta=\frac{A_y}{|\boldsymbol{A}|}, \qquad n\equiv\cos\gamma=\frac{A_z}{|\boldsymbol{A}|} \tag{1.13}$$

はベクトルの方向を表わすので**方向余弦**という. (1.12)により l, m, n の間には関係式

$$l^2+m^2+n^2=1 \tag{1.14}$$

が成り立っている. ベクトル $\boldsymbol{A}$ の成分は x, y, z 軸への正射影の長さ

$$A_x=|\boldsymbol{A}|\cos\alpha, \qquad A_y=|\boldsymbol{A}|\cos\beta, \qquad A_z=|\boldsymbol{A}|\cos\gamma \tag{1.15}$$

である. 方向余弦 (l, m, n) を用いれば, 次のように書ける.

$$A_x=|\boldsymbol{A}|\,l, \qquad A_y=|\boldsymbol{A}|\,m, \qquad A_z=|\boldsymbol{A}|\,n \tag{1.16}$$

位置ベクトル 空間内の 1 点 P の座標が x, y, z であるとき, これを $\mathrm{P}(x, y, z)$ と表わす. また原点 O から P へ引いた位置ベクトルを $\boldsymbol{r}$ とすると, その成

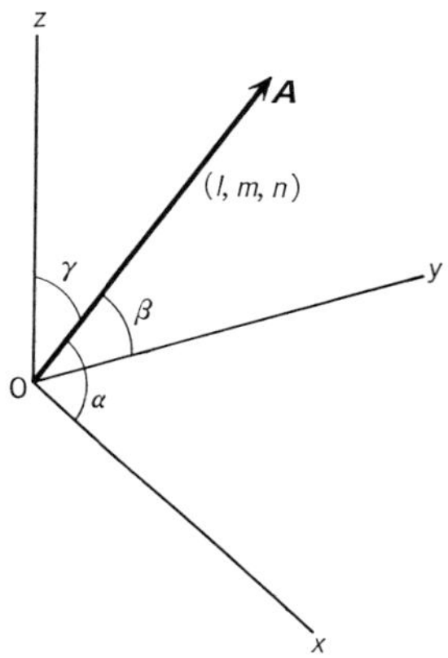

図 1-12

分は (x, y, z) なので $\boldsymbol{r}=(x, y, z)$ である．これを点Pの位置ベクトルとよぶことにしよう．これは常に原点を起点とするので束縛ベクトルであり，その終点は点Pを定める．

変位ベクトル　点 $\mathrm{P}_1(x_1, y_1, z_1)$ の位置ベクトルを $\boldsymbol{r}_1$ とし，点 $\mathrm{P}_2(x_2, y_2, z_2)$ の位置ベクトルを $\boldsymbol{r}_2$ とすると，P_1 から P_2 へ引いたベクトルは

$$\boldsymbol{r}_2-\boldsymbol{r}_1 = (x_2-x_1, y_2-y_1, z_2-z_1) \tag{1.17}$$

であり，これは P_1 から P_2 への変位を表わす変位ベクトルである．

2点 $\mathrm{P}_1, \mathrm{P}_2$ を共にベクトル $\boldsymbol{a}$ だけ平行移動させた点を $\mathrm{P}_1', \mathrm{P}_2'$ とし，その位置ベクトルを $\boldsymbol{r}_1', \boldsymbol{r}_2'$ とすれば(図 1-13)

$$\boldsymbol{r}_1' = \boldsymbol{r}_1+\boldsymbol{a}, \qquad \boldsymbol{r}_2' = \boldsymbol{r}_2+\boldsymbol{a}$$

であり，P_1' から P_2' への変位ベクトルは

$$\boldsymbol{r}_2'-\boldsymbol{r}_1' = \boldsymbol{r}_2-\boldsymbol{r}_1$$

これは P_1 から P_2 への変位ベクトルに等しい．変位ベクトルはそのまま平行移動しても同じ変位を与えるわけで，変位ベクトルは自由ベクトルである．

点 $\boldsymbol{r}_1=(x_1, y_1, z_1)$ から点 $\boldsymbol{r}_2=(x_2, y_2, z_2)$ へ引いたベクトル $\boldsymbol{r}_2-\boldsymbol{r}_1$ の成分は(1.17)で与えられるから，その長さ L は

$$L = |\boldsymbol{r}_2-\boldsymbol{r}_1| = \sqrt{(x_2-x_1)^2+(y_2-y_1)^2+(z_2-z_1)^2} \tag{1.18}$$

であり，その方向余弦は

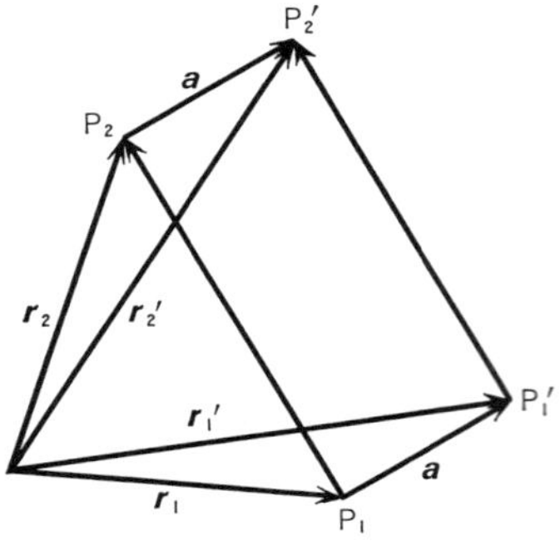

図 1-13

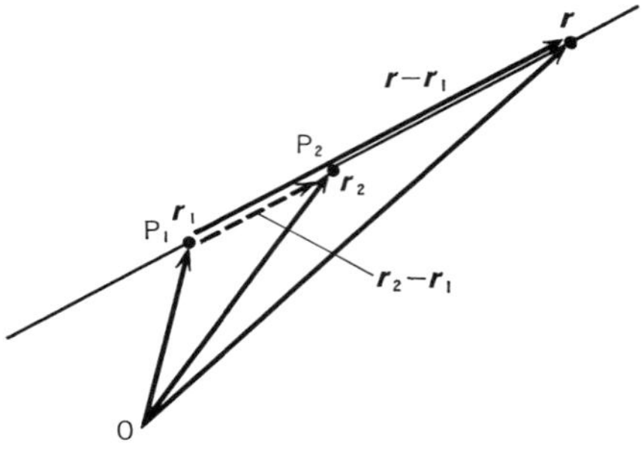

図 1-14

$$l = \frac{x_2 - x_1}{L}, \quad m = \frac{y_2 - y_1}{L}, \quad n = \frac{z_2 - z_1}{L} \tag{1.19}$$

で与えられる.

2点を通る直線　与えられた点 $\boldsymbol{r}_1 = (x_1, y_1, z_1)$ と $\boldsymbol{r}_2 = (x_2, y_2, z_2)$ を通る直線を考えよう(図 1-14). この直線上の任意の点の位置ベクトルを $\boldsymbol{r} = (x, y, z)$ とすれば, 図からわかるように $\boldsymbol{r} - \boldsymbol{r}_1$ と $\boldsymbol{r}_2 - \boldsymbol{r}_1$ は同一直線上にある. この関係はパラメタ t を用いて

$$\boldsymbol{r} - \boldsymbol{r}_1 = (\boldsymbol{r}_2 - \boldsymbol{r}_1)t \quad (-\infty < t < \infty) \tag{1.20}$$

と書ける. t を変えれば, 点 $\boldsymbol{r}$ が動く. 書き直すと

$$\boldsymbol{r} = \boldsymbol{r}_1 + (\boldsymbol{r}_2 - \boldsymbol{r}_1)t \tag{1.21}$$

これが求める直線の方程式である. 成分で書けば

$$x = x_1 + (x_2 - x_1)t, \quad y = y_1 + (y_2 - y_1)t, \quad z = z_1 + (z_2 - z_1)t \tag{1.21$'$}$$

あるいは, これから $t = (x - x_1)/(x_2 - x_1)$ など. したがって t を消去すれば, この直線の方程式

$$\frac{x - x_1}{x_2 - x_1} = \frac{y - y_1}{y_2 - y_1} = \frac{z - z_1}{z_2 - z_1} \tag{1.22}$$

を得る.

この場合のように, ベクトル演算を用いると幾何学的な問題が簡単に解ける

ことが多い．これはベクトルを用いるメリットの１つであって，以下でもこのような例にしばしば会うであろう．

基本ベクトル　直交座標の x, y, z 軸の正の向きにとった単位ベクトルをそれぞれ $\boldsymbol{i}, \boldsymbol{j}, \boldsymbol{k}$ とする(図 1-15)．任意のベクトル $\boldsymbol{A}$ の成分を A_x, A_y, A_z とすると，$\boldsymbol{A}$ は

$$\boldsymbol{A} = A_x\boldsymbol{i}+A_y\boldsymbol{j}+A_z\boldsymbol{k} \tag{1.23}$$

と表わされる．この $\boldsymbol{i}, \boldsymbol{j}, \boldsymbol{k}$ を**基本ベクトル**という．成分で表わせば $\boldsymbol{i}=(1, 0, 0)$, $\boldsymbol{j}=(0, 1, 0)$, $\boldsymbol{k}=(0, 0, 1)$ となる．その長さは１であるから

$$|\boldsymbol{i}| = |\boldsymbol{j}| = |\boldsymbol{k}| = 1 \tag{1.24}$$

である．

ベクトルの成分は方向余弦を用いて(1.16)のように表わされるから(1.23)を書き直すと

$$\boldsymbol{A} = |\boldsymbol{A}|(l\boldsymbol{i}+m\boldsymbol{j}+n\boldsymbol{k}) \tag{1.25}$$

となる．また，$\boldsymbol{A}$ の向きの単位ベクトル $\boldsymbol{e}_A$ は $\boldsymbol{A}$ の方向余弦 (l, m, n) を用いて

$$\boldsymbol{e}_A = l\boldsymbol{i}+m\boldsymbol{j}+n\boldsymbol{k} \tag{1.26}$$

と書ける．いいかえれば，方向余弦 (l, m, n) はベクトル $\boldsymbol{A}$ と同じ向きの単位ベクトルの成分である．

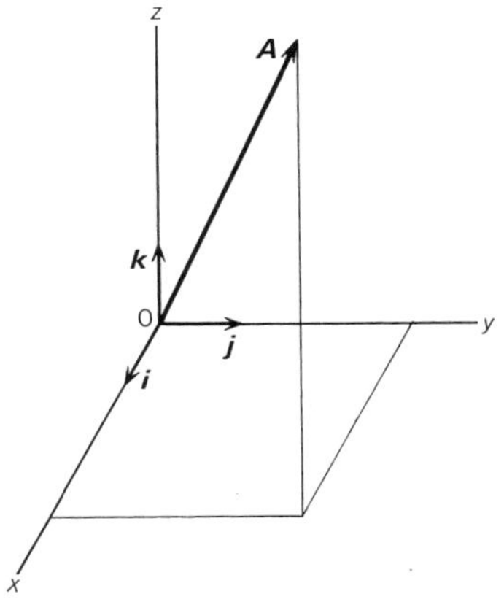

図 1-15

例題 1.3　ベクトル $\boldsymbol{A}=\boldsymbol{i}+2\boldsymbol{j}+3\boldsymbol{k}$ と同じ向きの単位ベクトルの成分を求めよ．

［解］　$|\boldsymbol{A}|=\sqrt{1+2^2+3^2}=\sqrt{14}$，したがって，$l=1/\sqrt{14}$，$m=2/\sqrt{14}$，$n=3/\sqrt{14}$．∎

例題 1.4　2 点 $\boldsymbol{r}_1=\boldsymbol{i}+3\boldsymbol{j}+5\boldsymbol{k}$ と $\boldsymbol{r}_2=\boldsymbol{i}+5\boldsymbol{j}+8\boldsymbol{k}$ とする．$\boldsymbol{r}_2-\boldsymbol{r}_1$ とその絶対値を求めよ．

［解］

$$\begin{aligned}\boldsymbol{r}_2-\boldsymbol{r}_1 &= (1-1)\boldsymbol{i}+(5-3)\boldsymbol{j}+(8-5)\boldsymbol{k}\\ &= 2\boldsymbol{j}+3\boldsymbol{k}\end{aligned}$$

$$|\boldsymbol{r}_2-\boldsymbol{r}_1| = \sqrt{2^2+3^2} = \sqrt{13}$$ ∎

Coffee Break

ベクトルと物理学

ニュートンの時代には，ベクトルという考えはなかった．速度や力を表現するのに，そのような考えが有効なことを示したのはメビウス(A.F.Möbius, 1790–1868)であったといわれている．彼は表裏の区別のない面，いわゆるメビウスの帯の発見者としても有名である．

マクスウェル(J. C. Maxwell, 1831–1879)の電磁気学はベクトル記号を用いないで書かれていたが，これをベクトル記号を使って整理したのはヘビサイド(O. Heaviside, 1850–1925)であった．ヘビサイドは電波を反射する電離層(ケネリ-ヘビサイド層)の予想や，電気回路に対する演算子法の導入でも名高い．

ハミルトン(W. R. Hamilton, 1805–1865)が考えた 4 元数(1843)はベクトル解析や線形代数の形成に大きな役割を果たした．統計力学や熱力学で有名なギブズ(W. Gibbs, 1839–1903)は独自に研究を進めて 1880 年代に学生のために “Elements of Vector Analysis” を印刷したが，このためにハミルトンの信奉者との間でトラブルがあった．

問　題 1-2

1. 2つのベクトル $\boldsymbol{A}=(A_x, A_y, A_z)$ と $\boldsymbol{B}=(B_x, B_y, B_z)$ の和の大きさ $|\boldsymbol{A}+\boldsymbol{B}|$ と差の大きさ $|\boldsymbol{A}-\boldsymbol{B}|$ をこれらの成分を用いて表わせ.

2. $\boldsymbol{A}+\boldsymbol{B}$ と $\boldsymbol{A}-\boldsymbol{B}$ を2つのベクトル $\boldsymbol{A}$ と $\boldsymbol{B}$ の成分，および基本ベクトルを用いて表わせ.

3. 基本ベクトル $\boldsymbol{i}, \boldsymbol{j}, \boldsymbol{k}$ の和 $\boldsymbol{i}\pm\boldsymbol{j}$, $\boldsymbol{j}\pm\boldsymbol{k}$, $\boldsymbol{k}\pm\boldsymbol{i}$, $\boldsymbol{i}\pm\boldsymbol{j}\pm\boldsymbol{k}$ は，それぞれどのようなベクトルか. これらの x 成分，y 成分，z 成分を書き並べよ.

1-3　スカラー積

力学では仕事を次のように定義している. 物体に力がはたらいて変位させたとき，力は物体に対して仕事をしたという. そしてこの仕事の量 W は力の大きさ F と力の向きに物体が移動した距離 x との積

$$W = Fx \tag{1.27}$$

で与えられる. 力を表わすベクトルを $\boldsymbol{F}$ とし，物体の変位を $\boldsymbol{s}$，その大きさを s とする. また $\boldsymbol{F}$ と $\boldsymbol{s}$ の間の角を θ とすると(図1-16)

$$x = s\cos\theta \tag{1.28}$$

したがって

$$W = Fs\cos\theta \tag{1.29}$$

これは $W=sF\cos\theta$ とも書けるから，仕事の量は物体の変位 s とその向きの力 $\boldsymbol{F}$ の成分 $F_s=F\cos\theta$ の積であるといってもよい. $0\leqq\theta<\dfrac{\pi}{2}$ ならば $W>0$. これは力が物体に対して仕事をしたことを意味する. また $\dfrac{\pi}{2}<\theta\leqq\pi$ ならば $W<0$. これは力を及ぼしているものに対して物体が仕事をしたことを意味する. 力 $\boldsymbol{F}$，変位 $\boldsymbol{s}$ はベクトルであるが，これらから定義される仕事はスカラー量である.

これを一般化して，2つのベクトル $\boldsymbol{A}$ と $\boldsymbol{B}$ の**スカラー積**(scalar product)を

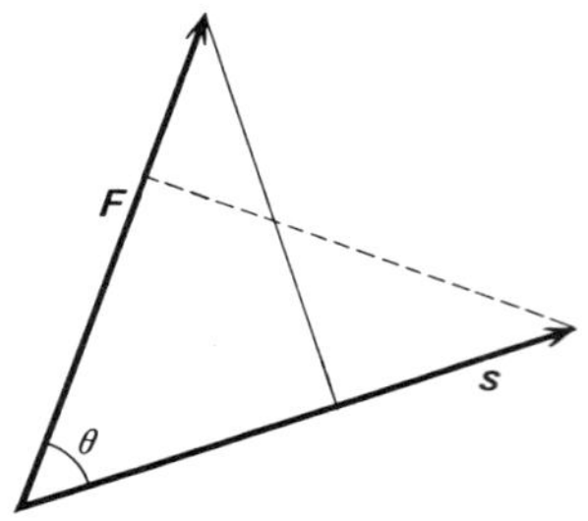

図 1-16 仕事 $W=Fs\cos\theta$

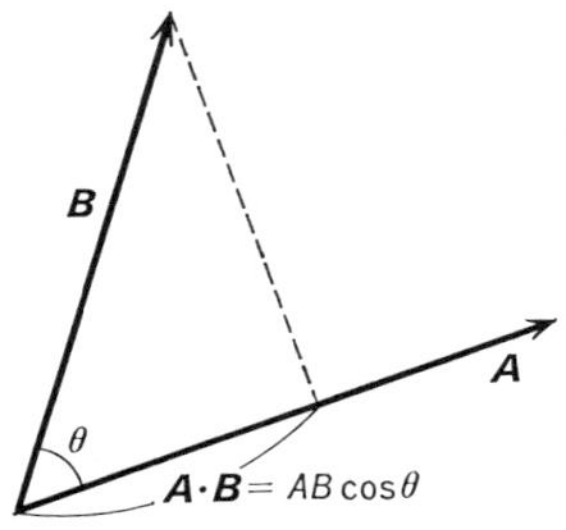

図 1-17

$$\boldsymbol{A}\cdot\boldsymbol{B} = AB\cos\theta \tag{1.30}$$

で定義する．ここに $A=|\boldsymbol{A}|$，$B=|\boldsymbol{B}|$ は $\boldsymbol{A}$ と $\boldsymbol{B}$ の絶対値，θ はこれらのベクトルの間の角である(図 1-17)．スカラー積は**内積**(inner product)ともよばれる．また $(\boldsymbol{A}, \boldsymbol{B})$ で表わすこともある．スカラー積は，二つのベクトルから作られるスカラーである．

スカラー積の演算 $\boldsymbol{A}, \boldsymbol{B}, \boldsymbol{C}$ を任意のベクトル，c をスカラーとするとき

$$\begin{aligned} \boldsymbol{A}\cdot\boldsymbol{B} &= \boldsymbol{B}\cdot\boldsymbol{A} && \text{(交換法則)} \\ c(\boldsymbol{A}\cdot\boldsymbol{B}) &= (c\boldsymbol{A})\cdot\boldsymbol{B} && \text{(結合法則)} \\ (\boldsymbol{A}+\boldsymbol{B})\cdot\boldsymbol{C} &= \boldsymbol{A}\cdot\boldsymbol{C}+\boldsymbol{B}\cdot\boldsymbol{C} && \text{(分配法則)} \end{aligned} \tag{1.31}$$

が成り立つ．交換法則と結合法則とは，スカラー積の定義からただちに導かれる．分配法則の証明は次のようにすればよい．

図 1-18 において $\overrightarrow{\mathrm{OA}}=\boldsymbol{A}$，$\overrightarrow{\mathrm{AB}}=\boldsymbol{B}$ とし，A, B を通って $\boldsymbol{C}$ に垂直な面が $\boldsymbol{C}$ と交わる点を A′, B′ とする．$\overline{\mathrm{OB'}}$ は $\boldsymbol{A}+\boldsymbol{B}$ の $\boldsymbol{C}$ 方向への正射影の長さであるから，

$$(\boldsymbol{A}+\boldsymbol{B})\cdot\boldsymbol{C} = \overline{\mathrm{OB'}}\,|\boldsymbol{C}| = (\overline{\mathrm{OA'}}+\overline{\mathrm{A'B'}})|\boldsymbol{C}|$$

しかるに $\overline{\mathrm{OA'}}$，$\overline{\mathrm{A'B'}}$ はそれぞれ $\boldsymbol{A}, \boldsymbol{B}$ の $\boldsymbol{C}$ 方向の正射影の長さであるから，$\overline{\mathrm{OA'}}|\boldsymbol{C}|=\boldsymbol{A}\cdot\boldsymbol{C}$，$\overline{\mathrm{A'B'}}|\boldsymbol{C}|=\boldsymbol{B}\cdot\boldsymbol{C}$．したがって $(\boldsymbol{A}+\boldsymbol{B})\cdot\boldsymbol{C}=\boldsymbol{A}\cdot\boldsymbol{C}+\boldsymbol{B}\cdot\boldsymbol{C}$ である．

垂直なベクトル $\boldsymbol{A}$ と $\boldsymbol{B}$ をたがいに垂直なベクトルであるとすれば $\theta=\dfrac{\pi}{2}$，$\cos\theta=0$ なので $\boldsymbol{A}\cdot\boldsymbol{B}=0$．すなわち

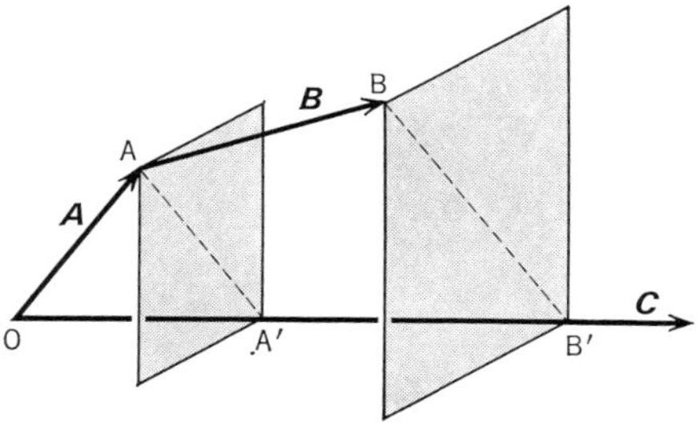

図 1–18

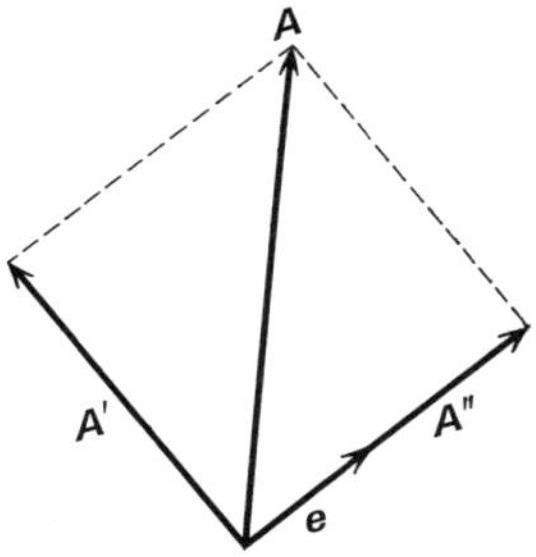

図 1–19

$$\text{(i)}\qquad \boldsymbol{A}\perp\boldsymbol{B}\quad \text{ならば}\quad \theta=\frac{\pi}{2},\qquad \boldsymbol{A}\cdot\boldsymbol{B}=0 \tag{1.32}$$

また，$\boldsymbol{A}\neq 0$，$\boldsymbol{B}\neq 0$ で $\boldsymbol{A}\cdot\boldsymbol{B}=0$ ならば $\cos\theta=0$ なので $\theta=\dfrac{\pi}{2}$ である．したがって

$$\text{(ii)}\qquad \boldsymbol{A}\cdot\boldsymbol{B}=0\quad(\boldsymbol{A}\neq 0,\ \boldsymbol{B}\neq 0)\quad \text{ならば}\quad \boldsymbol{A}\perp\boldsymbol{B} \tag{1.33}$$

(i), (ii)はよく用いられる重要な事柄である．

例題 1.5　任意のベクトル $\boldsymbol{A}$ を与えられた単位ベクトル $\boldsymbol{e}$ の方向のベクトル $\boldsymbol{A}''$ と，これに垂直なベクトル $\boldsymbol{A}'$ に分解せよ(A'' を $\boldsymbol{e}$ 方向の $\boldsymbol{A}$ の**成分**という(図 1–19))．

［解］　題意により

$$\boldsymbol{A}=\boldsymbol{A}''+\boldsymbol{A}' \tag{1.34}$$

である．この場合，与えられた方向の単位ベクトルを $\boldsymbol{e}$ とすれば，$\boldsymbol{A}'$ はこれに垂直なので

$$\boldsymbol{e}\cdot\boldsymbol{A}'=0$$

したがって $\boldsymbol{e}\cdot\boldsymbol{A}=\boldsymbol{e}\cdot\boldsymbol{A}''+\boldsymbol{e}\cdot\boldsymbol{A}'=\boldsymbol{e}\cdot\boldsymbol{A}''$.

ここで $\boldsymbol{A}''$ は $\boldsymbol{e}$ の方向にあるから

$$\boldsymbol{e}\cdot\boldsymbol{A}=\boldsymbol{e}\cdot\boldsymbol{A}''=|\boldsymbol{A}''|,\qquad \boldsymbol{A}''=|\boldsymbol{A}''|\boldsymbol{e}$$

また $\boldsymbol{A}'=\boldsymbol{A}-\boldsymbol{A}''$ である．したがって求める分解は

$$\boldsymbol{A}''=(\boldsymbol{e}\cdot\boldsymbol{A})\boldsymbol{e}$$

$$\boldsymbol{A}'=\boldsymbol{A}-(\boldsymbol{e}\cdot\boldsymbol{A})\boldsymbol{e}\qquad \blacksquare$$

平行なベクトル　2つのベクトル $\boldsymbol{A}$ と $\boldsymbol{B}$ が平行ならば，$\theta=0$ であるから $\boldsymbol{A}\cdot\boldsymbol{B}=|\boldsymbol{A}||\boldsymbol{B}|$ となる．すなわち

$$\boldsymbol{A}/\!/\boldsymbol{B} \quad \text{ならば} \quad (\theta=0) \qquad \boldsymbol{A}\cdot\boldsymbol{B} = |\boldsymbol{A}||\boldsymbol{B}| = AB$$

特に $\boldsymbol{A}=\boldsymbol{B}$ のときは $\boldsymbol{A}\cdot\boldsymbol{A}$ を $\boldsymbol{A}^2$ と書くことがある．

$$\begin{aligned}\boldsymbol{A}\cdot\boldsymbol{A} &= \boldsymbol{A}^2 \\ &= |\boldsymbol{A}|^2 = A^2\end{aligned} \tag{1.35}$$

である．

$\boldsymbol{A}$ と $\boldsymbol{B}$ の向きが逆(反平行)のときは $\theta=\pi$ であり，$\boldsymbol{A}\cdot\boldsymbol{B}=-|\boldsymbol{A}||\boldsymbol{B}|=-AB$ である．

基本ベクトルのスカラー積　基本ベクトル $\boldsymbol{i},\boldsymbol{j},\boldsymbol{k}$ は長さが1で，たがいに直交するから，そのスカラー積は

$$\begin{aligned}&\boldsymbol{i}^2 = \boldsymbol{j}^2 = \boldsymbol{k}^2 = 1 \\ &\boldsymbol{i}\cdot\boldsymbol{j} = \boldsymbol{j}\cdot\boldsymbol{k} = \boldsymbol{k}\cdot\boldsymbol{i} = 0 \\ &\boldsymbol{j}\cdot\boldsymbol{i} = \boldsymbol{k}\cdot\boldsymbol{j} = \boldsymbol{i}\cdot\boldsymbol{k} = 0\end{aligned} \tag{1.36}$$

である．

成分で書いたスカラー積　2つのベクトル $\boldsymbol{A},\boldsymbol{B}$ の成分 (A_x, A_y, A_z), (B_x, B_y, B_z) を用いて書けば

$$\begin{aligned}\boldsymbol{A} &= A_x\boldsymbol{i}+A_y\boldsymbol{j}+A_z\boldsymbol{k} \\ \boldsymbol{B} &= B_x\boldsymbol{i}+B_y\boldsymbol{j}+B_z\boldsymbol{k}\end{aligned} \tag{1.37}$$

これらのスカラー積を作ると

$$\boldsymbol{A}\cdot\boldsymbol{B} = (A_x\boldsymbol{i}+A_y\boldsymbol{j}+A_z\boldsymbol{k})\cdot(B_x\boldsymbol{i}+B_y\boldsymbol{j}+B_z\boldsymbol{k})$$

ここで $B_x\boldsymbol{i}$ を1つのベクトルに $B_y\boldsymbol{j}+B_z\boldsymbol{k}$ を別のベクトルと考え，分配法則を用いて

$$\begin{aligned}\boldsymbol{A}\cdot\boldsymbol{B} = (A_x\boldsymbol{i}+A_y\boldsymbol{j}+A_z\boldsymbol{k})\cdot B_x\boldsymbol{i} \\ +(A_x\boldsymbol{i}+A_y\boldsymbol{j}+A_z\boldsymbol{k})\cdot(B_y\boldsymbol{j}+B_z\boldsymbol{k})\end{aligned}$$

と書ける．同様の手続きでつぎつぎに積をほぐせば

$$\begin{aligned}\boldsymbol{A}\cdot\boldsymbol{B} = (A_xB_x\boldsymbol{i}^2+A_yB_y\boldsymbol{j}^2+A_zB_z\boldsymbol{k}^2) \\ +(A_xB_y\boldsymbol{i}\cdot\boldsymbol{j}+A_yB_x\boldsymbol{j}\cdot\boldsymbol{i})+(A_yB_z\boldsymbol{j}\cdot\boldsymbol{k}+A_zB_y\boldsymbol{k}\cdot\boldsymbol{j})\end{aligned}$$

$$+(A_zB_x\boldsymbol{k}\cdot\boldsymbol{i}+A_xB_z\boldsymbol{i}\cdot\boldsymbol{k})$$

となる．

ここで基本ベクトルのスカラー積に対して(1.36)を用いれば

$$\boldsymbol{A}\cdot\boldsymbol{B} = A_xB_x+A_yB_y+A_zB_z \tag{1.38}$$

を得る．これは重要な式である．

特に $\boldsymbol{B}=\boldsymbol{A}$ とおけば上式は

$$\boldsymbol{A}^2 = A^2 = A_x{}^2+A_y{}^2+A_z{}^2$$

となる．$\boldsymbol{B}^2$ についても同様である．(1.30)から

$$\cos\theta = \frac{1}{AB}(A_xB_x+A_yB_y+A_zB_z) \tag{1.39}$$

を得る．また $\boldsymbol{A}$ の方向余弦を (l_1, m_1, n_1) とし，$\boldsymbol{B}$ の方向余弦を (l_2, m_2, n_2) とすれば

$$A_x = Al_1, \quad A_y = Am_1, \quad A_z = An_1$$
$$B_x = Bl_2, \quad B_y = Bm_2, \quad B_z = Bn_2$$
$$l_1{}^2+m_1{}^2+n_1{}^2 = l_2{}^2+m_2{}^2+n_2{}^2 = 1$$

なので

$$\cos\theta = l_1l_2+m_1m_2+n_1n_2 \tag{1.40}$$

となる．これは方向余弦が (l_1, m_1, n_1) と (l_2, m_2, n_2) の2直線のなす角 θ を与える三角公式である．

注意　この三角公式は三角形の性質から次のようにして直接証明される．2点 (l_1, m_1, n_1) と (l_2, m_2, n_2) を考え，これらを P_1 と P_2 とする．原点 O と $\mathrm{P}_1, \mathrm{P}_2$ を結び三角形 $\mathrm{OP}_1\mathrm{P}_2$ を作り，その3辺の長さを $\overline{\mathrm{OP}_1}, \overline{\mathrm{P}_1\mathrm{P}_2}, \overline{\mathrm{OP}_2}$ とする．OP_1 と OP_2 の間の角を θ とすれば，三角公式により

$$\overline{\mathrm{P}_1\mathrm{P}_2}^2 = \overline{\mathrm{OP}_1}^2+\overline{\mathrm{OP}_2}^2-2\overline{\mathrm{OP}_1}\cdot\overline{\mathrm{OP}_2}\cos\theta$$

ここで $\overline{\mathrm{OP}_1}^2=l_1{}^2+m_1{}^2+n_1{}^2=1$，$\overline{\mathrm{OP}_2}^2=l_2{}^2+m_2{}^2+n_2{}^2=1$ であるから

$$\overline{\mathrm{P}_1\mathrm{P}_2}^2 = 2(1-\cos\theta) \tag{1.41}$$

他方で

$$\overline{\mathrm{P_1P_2}}^2 = (l_2-l_1)^2+(m_2-m_1)^2+(n_2-n_1)^2$$
$$= l_2^2+m_2^2+n_2^2+l_1^2+m_1^2+n_1^2-2(l_1l_2+m_1m_2+n_1n_2)$$
$$= 2\{1-(l_1l_2+m_1m_2+n_1n_2)\} \tag{1.42}$$

である．これらを比べれば，(1.40)が得られる．さらに $1-\cos^2\theta=\sin^2\theta$ を計算すれば，少しめんどうな計算により

$$\sin^2\theta = (m_1n_2-m_2n_1)^2+(n_1l_2-n_2l_1)^2+(l_1m_2-l_2m_1)^2 \tag{1.43}$$

を示すことができる(後の(1.78)参照)．

平面内のベクトル　いままで3次元空間内のベクトルについて述べてきたが，2次元のベクトル，すなわち1つの平面内のベクトルを考えるときは，たとえばベクトルの z 成分をすべて0にすればよい．こうすれば xy 面内のベクトルに関する式が得られる．このとき，ベクトルはすべて z 軸に垂直であるから，方向余弦の z 成分 n も0になる．

xy 面内のベクトルを $\boldsymbol{A}=(A_x, A_y)$, $\boldsymbol{B}=(B_x, B_y)$ とし，これらの方向余弦をそれぞれ $(l_1, m_1), (l_2, m_2)$, $\boldsymbol{A}$ と $\boldsymbol{B}$ の間の角を θ とすれば

$$\boldsymbol{A}\cdot\boldsymbol{B} = |\boldsymbol{A}||\boldsymbol{B}|\cos\theta$$
$$= A_xB_x+A_yB_y \tag{1.44}$$

$$\cos\theta = l_1l_2+m_1m_2 \tag{1.45}$$

$$l_1 = \frac{A_x}{|\boldsymbol{A}|}, \quad m_1 = \frac{A_y}{|\boldsymbol{A}|}, \quad l_2 = \frac{B_x}{|\boldsymbol{B}|}, \quad m_2 = \frac{B_y}{|\boldsymbol{B}|} \tag{1.46}$$

となる．

平面内の直線　平面上において，原点Oから1点 $\mathrm{P_1}(x_1, y_1)$ へ引いたベクトルを $\boldsymbol{r}_1=(x_1, y_1)$ とする．$\mathrm{P_1}$ を通り，$\boldsymbol{r}_1$ に垂直な直線を表わす式を求めよう．

求める直線上の任意の点の位置ベクトルを $\boldsymbol{r}=(x, y)$ とすると，図1-20からわかるように，この直線がベクトル $\boldsymbol{r}_1$ に垂直であることは $\boldsymbol{r}_1$ と $\boldsymbol{r}-\boldsymbol{r}_1$ とが垂直であること，すなわち

$$\boldsymbol{r}_1\cdot(\boldsymbol{r}-\boldsymbol{r}_1) = 0 \tag{1.47}$$

で表わせる．成分を使って書けば

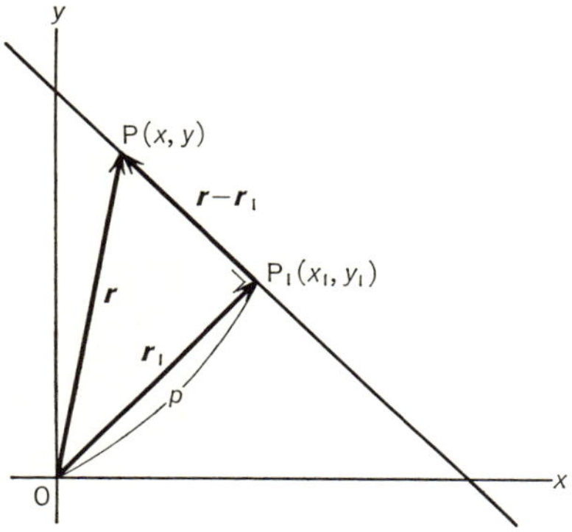

図 1-20

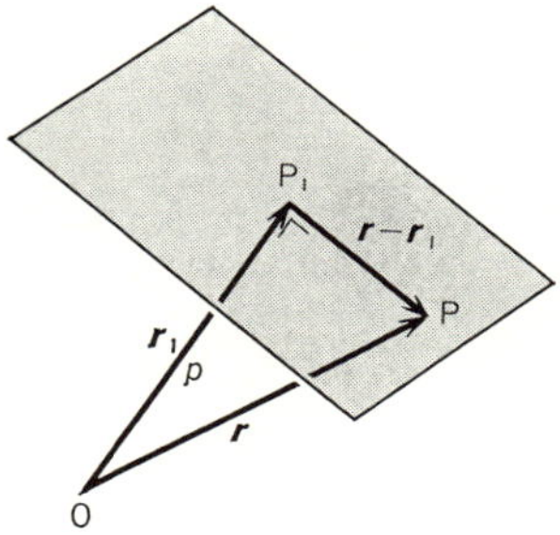

図 1-21

$$x_1(x-x_1)+y_1(y-y_1) = 0 \tag{1.48}$$

これが求める直線の方程式である．書き直すと

$$x_1x+y_1y-(x_1{}^2+y_1{}^2) = 0 \tag{1.49}$$

となる．ここで x_1, y_1 は与えられた定数であるから，これは x, y に関する1次方程式である．このように座標 x, y に関する1次方程式は平面内の直線を表わす．

ベクトル $\boldsymbol{r}_1$ は求める直線への垂線で，その長さは

$$p = \sqrt{x_1{}^2+y_1{}^2} \tag{1.50}$$

であり，その方向余弦は

$$l = \frac{x_1}{p}, \qquad m = \frac{y_1}{p} \tag{1.51}$$

である．したがって求める直線の方程式は

$$lx+my-p = 0 \tag{1.52}$$

と書ける．ここで l, m は原点から直線へおろした垂線の方向余弦，p はその長さであり，(1.52)は平面内の直線を表わす**ヘッセ**(Hesse)**の標準形**という．

空間内の平面　3次元空間における平面も前項と同様に扱える．原点から1点 $\mathrm{P}_1(x_1, y_1, z_1)$ へ引いたベクトルを $\boldsymbol{r}_1=(x_1, y_1, z_1)$ とする．P_1 を通り $\boldsymbol{r}_1$ に垂直な平面を表わす式を求めよう．

求める平面上の任意の点の位置ベクトルを $\boldsymbol{r}=(x, y, z)$ とすると，図 1-21 からわかるように，この平面がベクトル $\boldsymbol{r}_1$ に垂直であることは，$\boldsymbol{r}_1$ と $\boldsymbol{r}-\boldsymbol{r}_1$ とがたがいに垂直であること，すなわち

$$\boldsymbol{r}_1\cdot(\boldsymbol{r}-\boldsymbol{r}_1) = 0 \tag{1.53}$$

で表わされる．成分を使って書けば

$$x_1(x-x_1)+y_1(y-y_1)+z_1(z-z_1) = 0 \tag{1.54}$$

これが求める平面の方程式である．原点から P_1 までの距離，すなわち原点から平面へおろした垂線の長さを p とすると

$$p = \sqrt{x_1{}^2+y_1{}^2+z_1{}^2} \tag{1.55}$$

であり，この垂線の方向余弦は

$$l = \frac{x_1}{p}, \qquad m = \frac{y_1}{p}, \qquad n = \frac{z_1}{p} \tag{1.56}$$

で与えられる．これらを用いると，求める平面の方程式は

$$lx+my+nz-p = 0 \tag{1.57}$$

となる．これを平面に関する**ヘッセの標準形**という．

空間内の直線　x, y, z に関する 1 次方程式

$$ax+by+cz+d = 0 \qquad (a, b, c, d \text{ は定数}) \tag{1.58}$$

は一般に 3 次元空間の平面を表わす．

x, y に関する 1 次方程式

$$ax+by+c = 0 \tag{1.59}$$

は xy 面内の直線を表わす方程式であるが，3 次元的にみればこれは図 1-22(a) のように z 軸に平行な平面を表わしている．

特に

$$\frac{x-x_1}{x_2-x_1} = \frac{y-y_1}{y_2-y_1} \tag{1.60}$$

は xy 面内で点 $\mathrm{P}_1(x_1, y_1)$ と $\mathrm{P}_2(x_2, y_2)$ を通る直線であるが，これは P_1 と P_2 を通り z 軸に平行な平面でもある．同様に y と z の 1 次方程式

$$\frac{y-y_1}{y_2-y_1} = \frac{z-z_1}{z_2-z_1} \tag{1.60$'$}$$

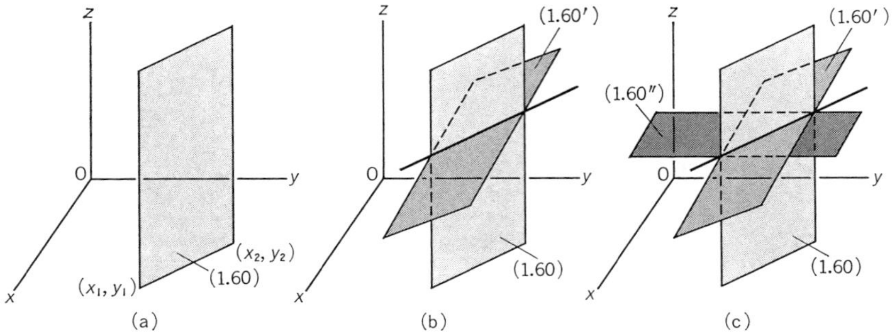

図 1-22

は yz 面内の点 $Q_1(y_1, z_1)$ と $Q_2(y_2, z_2)$ を通り，x 軸に平行な平面を与える．

これら 2 つの平面の交わるところは図 1-22(b) のように 1 つの直線を形成する．この交線は 2 点 $\boldsymbol{r}_1=(x_1, y_1, z_1)$ と $\boldsymbol{r}_2=(x_2, y_2, z_2)$ を通る直線であり，これはすでに(1.22)で与えたものである．(1.60) と (1.60′) は (1.22) を分解して書いたものにほかならない．交線上では

$$\frac{x-x_1}{x_2-x_1}=\frac{z-z_1}{z_2-z_1} \tag{1.60''}$$

も同時に満たされる．これは y 軸に平行な面の方程式である．これらの平面の交線が 1 つの直線を定める様子を図 1-22(c) に示した．

一般に空間内の 2 平面が交われば交線は 1 つの直線を定める．空間内の直線はたがいに平行でない 2 つの平面の交線として与えられるといってもよい．したがって 2 平面を表わす方程式を

$$\begin{aligned} a_1x+b_1y+c_1z+d_1 &= 0 \\ a_2x+b_2y+c_2z+d_2 &= 0 \end{aligned} \tag{1.61}$$

とすれば，これらを連立させた連立方程式は一般に 1 つの直線を与えることになる．

例題 1.6　(1.61) で与えられる 2 つの平面が交わり，したがって 1 つの交線をもつ条件を求めよ．

[解]　これらの平面をヘッセの標準形の形にしたとき

$$l_1x+m_1y+n_1z-p_1 = 0$$
$$l_2x+m_2y+n_2z-p_2 = 0$$

となるとしよう．このとき

$$a_1:b_1:c_1 = l_1:m_1:n_1$$
$$a_2:b_2:c_2 = l_2:m_2:n_2$$
$$l_1^2+m_1^2+n_1^2 = l_2^2+m_2^2+n_2^2 = 1$$

ここで(l_1, m_1, n_1)と(l_2, m_2, n_2)は原点から2平面へおろした垂線の方向余弦であり，これらの垂線の間の角をθとすれば

$$\cos\theta = l_1l_2+m_1m_2+n_1n_2$$
$$= \frac{a_1a_2+b_1b_2+c_1c_2}{\sqrt{a_1^2+b_1^2+c_1^2}\sqrt{a_2^2+b_2^2+c_2^2}}$$

2平面が交わる条件は2つの垂線が平行$(\theta=0)$，あるいは反平行$(\theta=\pi)$でないことである．したがってこの条件は$\cos\theta \neq \pm 1$，あるいは

$$(a_1a_2+b_1b_2+c_1c_2)^2 \neq (a_1^2+b_1^2+c_1^2)(a_2^2+b_2^2+c_2^2)$$

である．これを書き直すとこの条件は

$$(a_1b_2-a_2b_1)^2+(b_1c_2-b_2c_1)^2+(c_1a_2-c_2a_1)^2 \neq 0$$

となる．これは

$$\frac{a_1}{a_2} = \frac{b_1}{b_2} = \frac{c_1}{c_2}$$

が成り立たないための条件である．▎

問　題 1-3

1. ベクトル$\boldsymbol{A}$をベクトル$\boldsymbol{B}$に垂直なベクトル$\boldsymbol{A}'$と$\boldsymbol{B}$に平行なベクトル$\boldsymbol{A}''$に分解すれば

(1) $\boldsymbol{A}'\cdot\boldsymbol{B} = 0$　　　(2) $\boldsymbol{A}''\cdot\boldsymbol{B} = \boldsymbol{A}\cdot\boldsymbol{B}$

となることを示せ．

2. 原点を中心とする，xy面内の一様な円運動の点(x, y)における速度$\boldsymbol{v}$は(図1-23)

$$\boldsymbol{v} = (-y\boldsymbol{i}+x\boldsymbol{j})\omega$$

で表わされ，これに働く向心力 $\boldsymbol{f}$ は

$$\boldsymbol{f} = -m\omega^2(x\boldsymbol{i}+y\boldsymbol{j})$$

で与えられる(後の(2.19)参照；m は質点の質量，ω は角速度)．向心力は速度に垂直であること，すなわち

$$\boldsymbol{v}\cdot\boldsymbol{f} = 0$$

であることを示せ．このとき，向心力のする仕事は何程か．

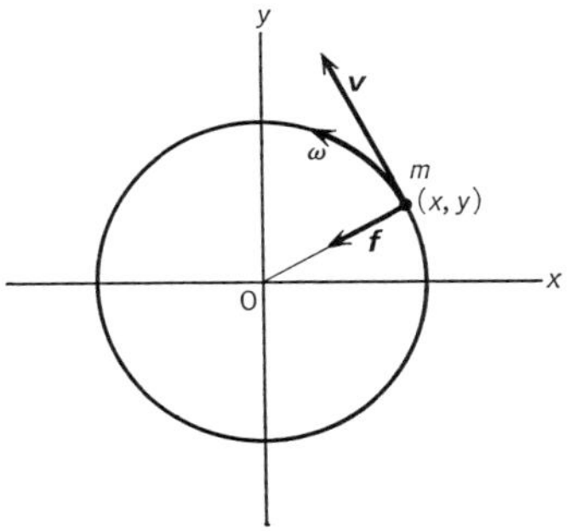

図 1-23

3. 点(1,0)と(0,2)を結ぶ直線の方程式を求め，この直線に原点から下した垂線の長さ p を求めよ．

4. 直線 $y=0$ と $\sqrt{3}\,x=y$ とがなす角 θ を求めよ．

1-4　ベクトル積

スカラー積は2つのベクトルから作られるスカラーであったが，2つのベクトルで作られるベクトルもある．これを2つのベクトルのベクトル積という．これは次のような具体的な量として現われる．

図1-24のように，1つの平面上で支点Oを回転軸としてそのまわりに自由に回れる物体(剛体)を考え，この物体の点 P_1 と P_2 に同一平面内の力 $\boldsymbol{F}_1$ と $\boldsymbol{F}_2$ とがはたらいているとしよう．$\mathrm{P}_1, \mathrm{P}_2$ を $\boldsymbol{F}_1, \boldsymbol{F}_2$ の作用点といい，ここを通り

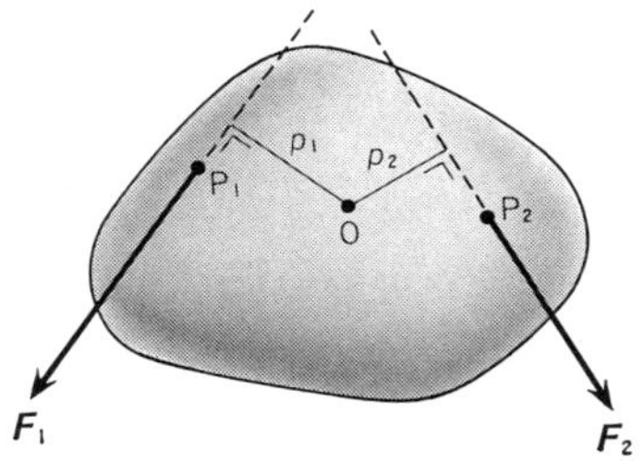

図 1-24

$\boldsymbol{F}_1, \boldsymbol{F}_2$ の方向の直線を作用線という．物体が静止し，力 $\boldsymbol{F}_1$ と $\boldsymbol{F}_2$ が釣り合う条件は

$$p_1 F_1 = p_2 F_2 \tag{1.62}$$

で与えられる．ここに F_1, F_2 は $\boldsymbol{F}_1, \boldsymbol{F}_2$ の大きさであり，p_1, p_2 は支点Oから $\boldsymbol{F}_1, \boldsymbol{F}_2$ の作用線におろした垂線の長さである．力を作用線の上でずらしても釣り合いは変化しない．特に $\boldsymbol{F}_1$ と $\boldsymbol{F}_2$ が平行な場合は，(1.62)はてこの釣り合いの条件を与える．

ここで p_1F_1, p_2F_2 は点Oに関する**力のモーメント**とよばれる量である．p_1F_1 は図1-24において力 $\boldsymbol{F}_1$ が物体を左まわりに回すはたらきを表わし，p_2F_2 は右まわりに回すはたらきを表わす．(1.62)は力のモーメントの釣り合いを表わしている．

このように，力のモーメントは物体を回そうとする力のはたらきを表わすものであるが，左まわりのモーメントと右まわりの区別をしなければならない．そこでOのまわりの $\boldsymbol{F}_1$ のモーメントを表わすのに紙面から上へ向けたベクトル $\boldsymbol{N}_1$ を考え，その大きさは p_1F_1 に等しいとする．これは左まわりのモーメントである．これに対して $\boldsymbol{F}_2$ による右まわりのモーメントは逆に紙面から向う側へ向けてベクトル $\boldsymbol{N}_2$ で表わし，その大きさは p_2F_2 に等しいとする．こうすれば力のモーメントの釣り合いは

$$\boldsymbol{N}_1 + \boldsymbol{N}_2 = 0 \tag{1.63}$$

で表わせる．ただし

$$|\boldsymbol{N}_1| = p_1F_1, \qquad |\boldsymbol{N}_2| = p_2F_2 \tag{1.64}$$

であり，$\boldsymbol{N}_1$ と $\boldsymbol{N}_2$ は逆向きのベクトルである．

上に述べたことをまとめて，一般的な力のモーメントを定義しよう．図1-25のように，点Oから力の作用点Pへ引いたベクトルを $\boldsymbol{r}$ とし，力を $\boldsymbol{F}$ とする．$\boldsymbol{r}$ と $\boldsymbol{F}$ を含む面 S を考え，$\boldsymbol{r}$ の向きから $\boldsymbol{F}$ の向きへ角 π よりも小さな角でまわすときに右ねじが進む向きに面 S の垂線方向のベクトル $\boldsymbol{N}$ を立てる．このベクトル $\boldsymbol{N}$ の大きさは，Oから力の作用線へおろした垂線の長さ p と力の大きさ F の積である．このことを

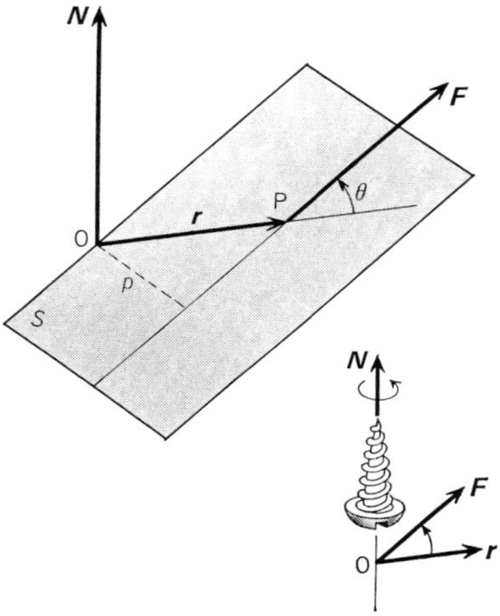

図 1-25

$$\boldsymbol{N} = \boldsymbol{r} \times \boldsymbol{F} \qquad (1.65)$$

で表わし，右辺を $\boldsymbol{r}$ と $\boldsymbol{F}$ の**ベクトル積**(vector product)あるいは**外積**(outer product)という($[\boldsymbol{r}, \boldsymbol{F}]$とも書く).

積 pF は $\boldsymbol{r}$ と $\boldsymbol{F}$ を2辺とする平行四辺形の面積に等しい. 実際 $\boldsymbol{r}$ と $\boldsymbol{F}$ の間の角を θ とすれば

$$p = |\boldsymbol{r}| \sin\theta \qquad (1.66)$$

であり，したがって $\boldsymbol{N}$ の絶対値 pF は

$$\begin{aligned} |\boldsymbol{N}| &= |\boldsymbol{r}||\boldsymbol{F}| \sin\theta \\ &= (\boldsymbol{r} \text{ と } \boldsymbol{F} \text{ を2辺とする平行四辺形の面積}) \end{aligned} \qquad (1.67)$$

このようなベクトル積は任意の2つのベクトル $\boldsymbol{A}, \boldsymbol{B}$ についてもいえることである. 次にこれを述べよう.

一般のベクトル積　2つのベクトル $\boldsymbol{A}$ と $\boldsymbol{B}$ の間の角を θ とし，$|\boldsymbol{A}|=A$, $|\boldsymbol{B}|=B$ とすると，$\boldsymbol{A}$ と $\boldsymbol{B}$ を2辺とする平行四辺形の面積は $S=AB\sin\theta$ である. この面積を表わす長さをもち，$\boldsymbol{A}$ と $\boldsymbol{B}$ に垂直なベクトル $\boldsymbol{C}$ を考え，これを $\boldsymbol{A}$ と $\boldsymbol{B}$ の**ベクトル積**とよび $\boldsymbol{A} \times \boldsymbol{B}$ と書く. ただし $\boldsymbol{C}=\boldsymbol{A}\times\boldsymbol{B}$ の向きは $\boldsymbol{A}$ から $\boldsymbol{B}$ へ180°以内の角でまわすときに右ねじの進む向きとする(図1-26). ベクトル

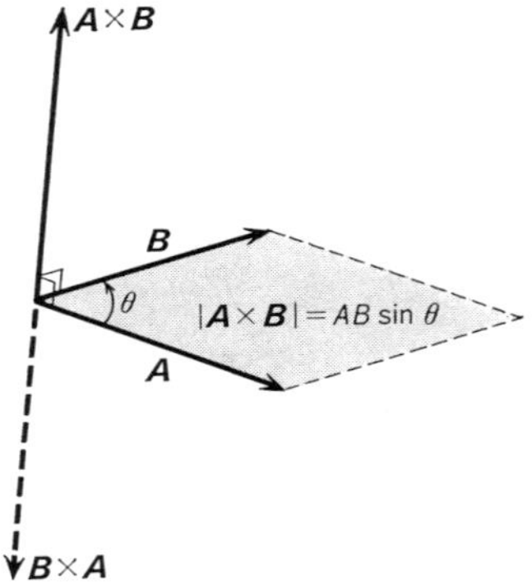

図 1-26

積の大きさは

$$|\boldsymbol{A}\times\boldsymbol{B}| = AB\sin\theta = S \tag{1.68}$$

である.

$\boldsymbol{A}$ と $\boldsymbol{B}$ がたがいに垂直 $(\boldsymbol{A}\perp\boldsymbol{B})$ ならば $|\boldsymbol{A}\times\boldsymbol{B}|=AB$ である. また, $\boldsymbol{A}$ と $\boldsymbol{B}$ がたがいに平行 $(\boldsymbol{A}/\!/\boldsymbol{B})$ あるいは反平行ならば $|\boldsymbol{A}\times\boldsymbol{B}|=0$, あるいは $\boldsymbol{A}\times\boldsymbol{B}=0$ である. 特に同じベクトル同士のベクトル積は

$$\boldsymbol{A}\times\boldsymbol{A} = 0 \tag{1.69}$$

である.

ベクトル積の定義から直ちに

$$\boldsymbol{A}\times\boldsymbol{B} = -\boldsymbol{B}\times\boldsymbol{A} \tag{1.70}$$

が導かれる(図 1-26 参照). 掛ける順序を逆にすれば符号が変わることは特に注意を要する. また c をただの実数とすれば

$$(c\boldsymbol{A})\times\boldsymbol{B} = \boldsymbol{A}\times(c\boldsymbol{B}) = c(\boldsymbol{A}\times\boldsymbol{B}) \tag{1.71}$$

が成り立つことも明らかであろう.

例題 1.7　ベクトル $\boldsymbol{A}$ をベクトル $\boldsymbol{B}$ に平行なベクトル $a\boldsymbol{B}$ とベクトル $\boldsymbol{B}$ に垂直なベクトル $\boldsymbol{A}'$ とに分解する. すなわち

$$\boldsymbol{A} = a\boldsymbol{B}+\boldsymbol{A}' \qquad (\boldsymbol{A}'\perp\boldsymbol{B}) \tag{1.72}$$

このとき

$$\boldsymbol{A}\times\boldsymbol{B} = \boldsymbol{A}'\times\boldsymbol{B} \tag{1.73}$$

が成り立つことを示せ.

［解］ ベクトル $\boldsymbol{A}\times\boldsymbol{B}$ は $\boldsymbol{A}$ と $\boldsymbol{B}$ とに垂直であり，$\boldsymbol{A}'\times\boldsymbol{B}$ も同じ向きにある(図1-27). そして $A'=|\boldsymbol{A}'|=A\sin\theta$ なので

$$|\boldsymbol{A}\times\boldsymbol{B}| = AB\sin\theta = A'B$$

したがって(1.73)が成り立つ. ▎

例題 1.8　任意のベクトル $\boldsymbol{A},\boldsymbol{B},\boldsymbol{C}$ について等式

$$\boldsymbol{A}\times(\boldsymbol{B}+\boldsymbol{C}) = \boldsymbol{A}\times\boldsymbol{B}+\boldsymbol{A}\times\boldsymbol{C} \tag{1.74}$$

が成り立つことを示せ.

［解］ まず $\boldsymbol{A},\boldsymbol{B},\boldsymbol{C}$ が同一平面上にあるときから考えよう. このときは図1-28において $\boldsymbol{A},\boldsymbol{B},\boldsymbol{C}$ がすべて紙面上にあるとすると，$\boldsymbol{A}\times(\boldsymbol{B}+\boldsymbol{C})$, $\boldsymbol{A}\times\boldsymbol{B}$, $\boldsymbol{A}\times\boldsymbol{C}$ は紙面に垂直で下方を向いて同一方向にある. したがってこれらの大きさの関係として(1.74)を示せばよい. 図1-28ですべての点は同一平面上にある. 平行四辺形OPRQとO′P′R′Q′は合同で，たがいに平行である. 図から明らかなように $|\boldsymbol{A}\times\boldsymbol{B}|=\square$OPP′O′$=\square$OLNO′, $|\boldsymbol{A}\times\boldsymbol{C}|=\square$OQQ′O′$=\square$PRR′P′$=\square$LRR′N, したがって $|\boldsymbol{A}\times\boldsymbol{B}|+|\boldsymbol{A}\times\boldsymbol{C}|=\square$ORR′O′$=|\boldsymbol{A}\times(\boldsymbol{B}+\boldsymbol{C})|$. したがって(1.74)が成り立つ.

$\boldsymbol{A},\boldsymbol{B},\boldsymbol{C}$ が同一平面上にないときを考える. $\boldsymbol{B},\boldsymbol{C},\boldsymbol{B}+\boldsymbol{C}$ をそれぞれ $\boldsymbol{A}$ に平行なベクトル $b\boldsymbol{A}, c\boldsymbol{A}, (b+c)\boldsymbol{A}$ および $\boldsymbol{A}$ に垂直なベクトル $\boldsymbol{B}',\boldsymbol{C}'$ および $(\boldsymbol{B}+$

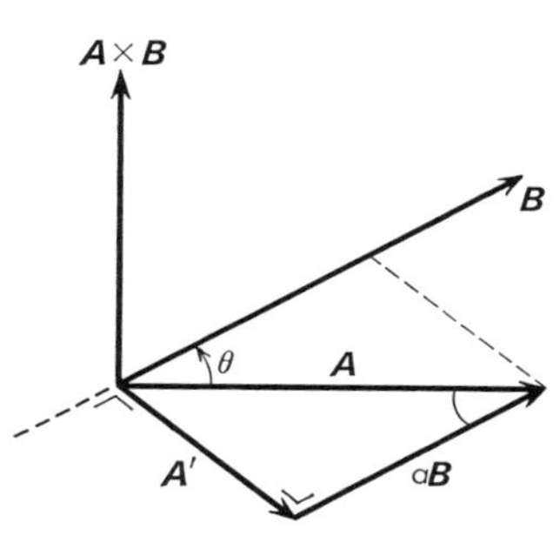

図 1-27

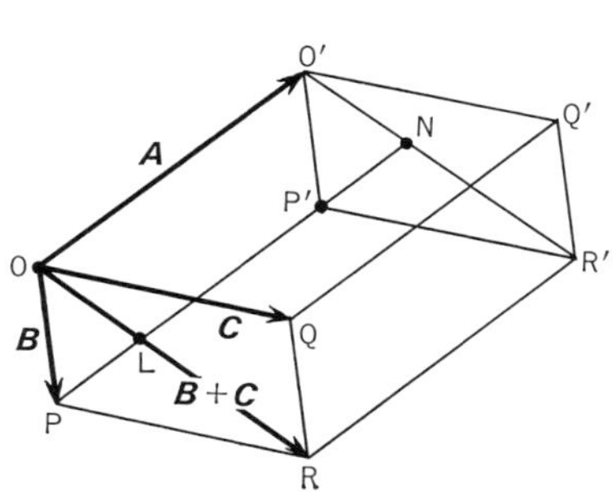

図 1-28　すべての点は同一面内にある.

$\boldsymbol{C})'=\boldsymbol{B}'+\boldsymbol{C}'$ に分解する．すなわち $\boldsymbol{B}=b\boldsymbol{A}+\boldsymbol{B}'$，$\boldsymbol{C}=c\boldsymbol{A}+\boldsymbol{C}'$ とする．すると $\boldsymbol{A}\times\boldsymbol{B}=\boldsymbol{A}\times\boldsymbol{B}'$，$\boldsymbol{A}\times\boldsymbol{C}=\boldsymbol{A}\times\boldsymbol{C}'$，$\boldsymbol{A}\times(\boldsymbol{B}+\boldsymbol{C})=\boldsymbol{A}\times(\boldsymbol{B}'+\boldsymbol{C}')$ となる．しかるに $\boldsymbol{A}\times\boldsymbol{B}'$，$\boldsymbol{A}\times\boldsymbol{C}'$ はそれぞれ $\boldsymbol{B}',\boldsymbol{C}'$ と直角の向きにあるから，図1-29において $\boldsymbol{B}',\boldsymbol{C}'$ の作る平行四辺形と $\boldsymbol{A}\times\boldsymbol{B}',\boldsymbol{A}\times\boldsymbol{C}'$ の作る平行四辺形は相似であって $90°$ 回せば向きがそろう．この回転によって $\boldsymbol{B}'+\boldsymbol{C}'$ は $\boldsymbol{A}\times\boldsymbol{B}'$ と $\boldsymbol{A}\times\boldsymbol{C}'$ の作る平行四辺形の対角線と向きが一致することも明らかである．そしてこれらの平行四辺形が相似なことから，$\boldsymbol{A}\times(\boldsymbol{B}'+\boldsymbol{C}')=\boldsymbol{A}\times\boldsymbol{B}'+\boldsymbol{A}\times\boldsymbol{C}'$ となる．ところがすぐ前の例題により $\boldsymbol{A}\times(\boldsymbol{B}+\boldsymbol{C})'=\boldsymbol{A}\times(\boldsymbol{B}+\boldsymbol{C})$，$\boldsymbol{A}\times\boldsymbol{B}'=\boldsymbol{A}\times\boldsymbol{B}$，$\boldsymbol{A}\times\boldsymbol{C}'=\boldsymbol{A}\times\boldsymbol{C}$．したがって(1.74)が成り立つ．▍

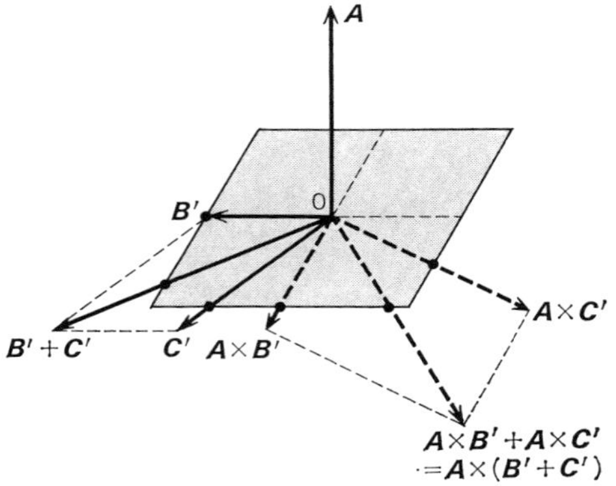

図 1-29

基本ベクトルのベクトル積　直交する基本ベクトル $\boldsymbol{i},\boldsymbol{j},\boldsymbol{k}$ の間に次の関係が成り立つのは明らかであろう．

$$\boldsymbol{i}\times\boldsymbol{i}=\boldsymbol{j}\times\boldsymbol{j}=\boldsymbol{k}\times\boldsymbol{k}=0$$
$$\boldsymbol{i}\times\boldsymbol{j}=-\boldsymbol{j}\times\boldsymbol{i}=\boldsymbol{k},\quad \boldsymbol{j}\times\boldsymbol{k}=-\boldsymbol{k}\times\boldsymbol{j}=\boldsymbol{i},\quad \boldsymbol{k}\times\boldsymbol{i}=-\boldsymbol{i}\times\boldsymbol{k}=\boldsymbol{j} \tag{1.75}$$

2つのベクトル $\boldsymbol{A}=(A_x,A_y,A_z)$ と $\boldsymbol{B}=(B_x,B_y,B_z)$ とのベクトル積を作るには，積をほぐして

$$\begin{aligned}\boldsymbol{A}\times\boldsymbol{B}&=(A_x\boldsymbol{i}+A_y\boldsymbol{j}+A_z\boldsymbol{k})\times(B_x\boldsymbol{i}+B_y\boldsymbol{j}+B_z\boldsymbol{k})\\&=A_xB_x\boldsymbol{i}\times\boldsymbol{i}+A_yB_y\boldsymbol{j}\times\boldsymbol{j}+A_zB_z\boldsymbol{k}\times\boldsymbol{k}\end{aligned}$$

$$+A_xB_y\boldsymbol{i}\times\boldsymbol{j}+A_yB_x\boldsymbol{j}\times\boldsymbol{i}+A_yB_z\boldsymbol{j}\times\boldsymbol{k}+A_zB_y\boldsymbol{k}\times\boldsymbol{j}$$
$$+A_zB_x\boldsymbol{k}\times\boldsymbol{i}+A_xB_z\boldsymbol{i}\times\boldsymbol{k}$$

とし，これに(1.75)を適用すればよい．こうして次の結果を得る．

ベクトル積の成分　ベクトル $\boldsymbol{A}=(A_x, A_y, A_z)$ と $\boldsymbol{B}=(B_x, B_y, B_z)$ のベクトル積の x, y, z 成分を $(\boldsymbol{A}\times\boldsymbol{B})_x$, $(\boldsymbol{A}\times\boldsymbol{B})_y$, $(\boldsymbol{A}\times\boldsymbol{B})_z$ とすれば

$$\boldsymbol{A}\times\boldsymbol{B} = (\boldsymbol{A}\times\boldsymbol{B})_x\boldsymbol{i}+(\boldsymbol{A}\times\boldsymbol{B})_y\boldsymbol{j}+(\boldsymbol{A}\times\boldsymbol{B})_z\boldsymbol{k} \tag{1.76}$$

ここに

$$\begin{aligned}(\boldsymbol{A}\times\boldsymbol{B})_x &= A_yB_z-A_zB_y\\ (\boldsymbol{A}\times\boldsymbol{B})_y &= A_zB_x-A_xB_z\\ (\boldsymbol{A}\times\boldsymbol{B})_z &= A_xB_y-A_yB_x\end{aligned} \tag{1.77}$$

となる．これらの式の小の添字は，例えば $(\boldsymbol{A}\times\boldsymbol{B})$ の x 成分は A の y 成分と B の z 成分の積からはじまるので添字が $x\rightarrow y\rightarrow z$ と変わる．このように x, y, z を周期的に回すとおぼえればよい．

ベクトル積は

$$\boldsymbol{A}\times\boldsymbol{B} = \begin{vmatrix}\boldsymbol{i} & \boldsymbol{j} & \boldsymbol{k}\\ A_x & A_y & A_z\\ B_x & B_y & B_z\end{vmatrix} \tag{1.77$'$}$$

と書ける．右辺は**行列式**(本コース2『行列と1次変換』参照)である．ここでは(1.76), (1.77)をその定義とみてもよい．

ベクトル $\boldsymbol{A}$ の方向余弦を (l_1, m_1, n_1) とし，ベクトル $\boldsymbol{B}$ の方向余弦を (l_2, m_2, n_2) とすると(1.77)は

$$\begin{aligned}(\boldsymbol{A}\times\boldsymbol{B})_x &= AB(m_1n_2-n_1m_2)\\ (\boldsymbol{A}\times\boldsymbol{B})_y &= AB(n_1l_2-l_1n_2)\\ (\boldsymbol{A}\times\boldsymbol{B})_z &= AB(l_1m_2-m_1l_2)\end{aligned} \tag{1.77$''$}$$

となる．したがって

$$|\boldsymbol{A}\times\boldsymbol{B}|^2 = (AB)^2\{(m_1n_2-m_2n_1)^2+(n_1l_2-n_2l_1)^2+(l_1m_2-l_2m_1)^2\} \tag{1.78}$$

これと(1.68)とから，(1.43)が確かめられる.

例題 1.9　原点 O と A(x_1, y_1) を結ぶ線分と O と B(x_2, y_2) を結ぶ線分を 2 辺とする平行四辺形の面積は

$$S = |x_1y_2 - x_2y_1| \tag{1.79}$$

であることを示せ.

[解]　ベクトル $\boldsymbol{A}=(x_1, y_1)$ と $\boldsymbol{B}=(x_2, y_2)$ のベクトル積の大きさは(1.77)の第 3 式により $(\boldsymbol{A}\times\boldsymbol{B})_z = x_1y_2 - x_2y_1$ であり，これが(1.68)により求める面積に等しい. ▎

図 1-30 において平行四辺形の面積が 2 つの矩形の面積の差に等しいことになる. 読者はこれを初等幾何学で証明してみるとよい.

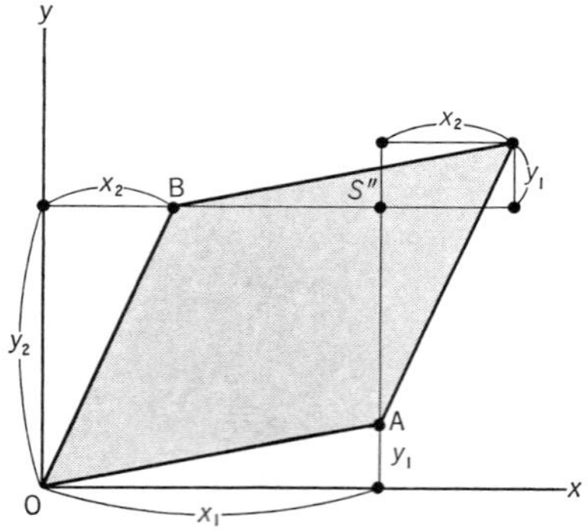

図 1-30

問　題 1-4

1. $\boldsymbol{A}=(A_x, A_y, A_z)$ と $\boldsymbol{B}=(B_x, B_y, B_z)$ のなす角を θ とすれば次式が成り立つことを示せ.

$$\cos\theta = \frac{A_xB_x + A_yB_y + A_zB_z}{\sqrt{A_x^2+A_y^2+A_z^2}\sqrt{B_x^2+B_y^2+B_z^2}}$$

$$\sin\theta = \frac{\sqrt{(A_yB_z - A_zB_y)^2 + (A_zB_x - A_xB_z)^2 + (A_xB_y - A_yB_x)^2}}{\sqrt{A_x^2+A_y^2+A_z^2}\sqrt{B_x^2+B_y^2+B_z^2}}$$

2. 三角形 △ABC の頂点の位置ベクトルを $\boldsymbol{A}, \boldsymbol{B}, \boldsymbol{C}$ とするとき，△ABC の面積

Sは

$$S = \frac{1}{2}|\boldsymbol{A}\times\boldsymbol{B}+\boldsymbol{B}\times\boldsymbol{C}+\boldsymbol{C}\times\boldsymbol{A}|$$

で与えられることを示せ．特に$\boldsymbol{A}=(a,0,0)$，$\boldsymbol{B}=(0,b,0)$，$\boldsymbol{C}=(0,0,c)$のときのSを求めよ．

1-5　ベクトルの3重積

スカラー3重積　$\boldsymbol{A}\cdot(\boldsymbol{B}\times\boldsymbol{C})$を$\boldsymbol{A},\boldsymbol{B},\boldsymbol{C}$の**スカラー3重積**(scalar triple product)という．すぐわかるように次の公式が成り立つ．

$$\boldsymbol{A}\cdot(\boldsymbol{B}\times\boldsymbol{C}) = \boldsymbol{B}\cdot(\boldsymbol{C}\times\boldsymbol{A}) = \boldsymbol{C}\cdot(\boldsymbol{A}\times\boldsymbol{B}) \tag{1.80}$$

ここで$\boldsymbol{A}\to\boldsymbol{B}\to\boldsymbol{C}$と周期的に回しているが，その順序が変わっていないことを注意しなければならない．この等式のために$\boldsymbol{A},\boldsymbol{B},\boldsymbol{C}$のスカラー3重積は

$$[\boldsymbol{A},\boldsymbol{B},\boldsymbol{C}] = \boldsymbol{A}\cdot(\boldsymbol{B}\times\boldsymbol{C}) \tag{1.81}$$

のように書かれる．順序を変えると

$$[\boldsymbol{A},\boldsymbol{B},\boldsymbol{C}] = -[\boldsymbol{B},\boldsymbol{A},\boldsymbol{C}] \tag{1.82}$$

のように符号が変わる．

$\boldsymbol{B}\times\boldsymbol{C}$はベクトル$\boldsymbol{B}$と$\boldsymbol{C}$で作られる平行四辺形の面積$S$を表わし，その向きは図1-31のようにこの平行四辺形に垂直である．$\boldsymbol{B}\times\boldsymbol{C}$と$\boldsymbol{A}$の間の角を$\theta$とすると，$\boldsymbol{A}$と$\boldsymbol{B}\times\boldsymbol{C}$のスカラー積は$SA\cos\theta$であるが，これは$\boldsymbol{A},\boldsymbol{B},\boldsymbol{C}$で

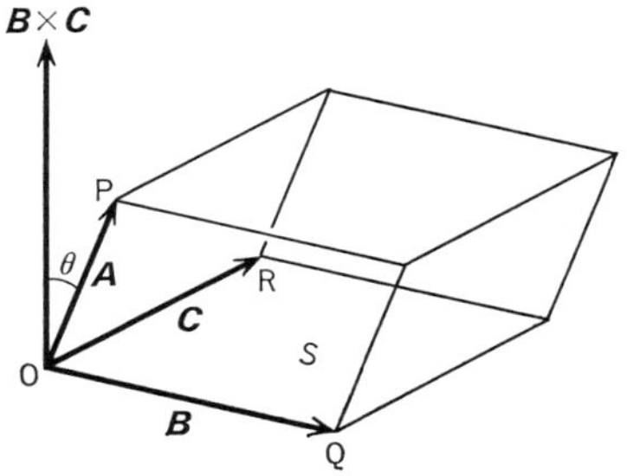

図1-31

作られる平行6面体の体積に等しい．したがってスカラー3重積はこの6面体の体積を表わすわけである．ただし，図の場合のように矢印 $\boldsymbol{A}, \boldsymbol{B}, \boldsymbol{C}$ の終点 P, Q, R が右手系を作るときは $[\boldsymbol{A}, \boldsymbol{B}, \boldsymbol{C}]>0$ であるが，左手系を作るときは $[\boldsymbol{A}, \boldsymbol{B}, \boldsymbol{C}]<0$ である．したがってスカラー3重積 $[\boldsymbol{A}, \boldsymbol{B}, \boldsymbol{C}]$ は $\boldsymbol{A}, \boldsymbol{B}, \boldsymbol{C}$ で作られる平行6面体の「向きのついた体積」であるといわれる．

もしも

$$[\boldsymbol{A}, \boldsymbol{B}, \boldsymbol{C}] = 0 \tag{1.83}$$

ならば，起点を一致させるとき，3つのベクトル $\boldsymbol{A}, \boldsymbol{B}, \boldsymbol{C}$ は一平面上にある．

ベクトル3重積　3つのベクトルから作ったベクトル $\boldsymbol{A}\times(\boldsymbol{B}\times\boldsymbol{C})$ および $(\boldsymbol{A}\times\boldsymbol{B})\times\boldsymbol{C}$ をベクトル**3重積**(vector triple product)という．

例題 1.10　次の公式を証明せよ(順序に注意)．

$$\boldsymbol{A}\times(\boldsymbol{B}\times\boldsymbol{C}) = \boldsymbol{B}(\boldsymbol{C}\cdot\boldsymbol{A})-\boldsymbol{C}(\boldsymbol{A}\cdot\boldsymbol{B}) \tag{1.84}$$

[解]　(1.84)の左辺を書き直すと

$$(A_x\boldsymbol{i}+A_y\boldsymbol{j}+A_z\boldsymbol{k})\times\{(B_yC_z-B_zC_y)\boldsymbol{i}+(B_zC_x-B_xC_z)\boldsymbol{j}+(B_xC_y-B_yC_x)\boldsymbol{k}\}$$

したがって，その x 成分を求めると

$$\begin{aligned} &A_y(B_xC_y-B_yC_x)-A_z(B_zC_x-B_xC_z) \\ &\quad = B_x(C_xA_x+C_yA_y+C_zA_z)-C_x(A_xB_x+A_yB_y+A_zB_z) \end{aligned}$$

となり，右辺の x 成分と一致する．y 成分，z 成分についても同様である．▎

例題 1.11　$\boldsymbol{A}, \boldsymbol{B}, \boldsymbol{C}$ を3つの任意のベクトルとするとき

$$\boldsymbol{A}\times(\boldsymbol{B}\times\boldsymbol{C})+\boldsymbol{B}\times(\boldsymbol{C}\times\boldsymbol{A})+\boldsymbol{C}\times(\boldsymbol{A}\times\boldsymbol{B}) = 0 \tag{1.85}$$

が成り立つことを示せ．

[解]　式(1.84)と同様に

$$\boldsymbol{B}\times(\boldsymbol{C}\times\boldsymbol{A}) = \boldsymbol{C}(\boldsymbol{A}\cdot\boldsymbol{B})-\boldsymbol{A}(\boldsymbol{B}\cdot\boldsymbol{C})$$

$$\boldsymbol{C}\times(\boldsymbol{A}\times\boldsymbol{B}) = \boldsymbol{A}(\boldsymbol{B}\cdot\boldsymbol{C})-\boldsymbol{B}(\boldsymbol{C}\cdot\boldsymbol{A})$$

を加え合わせれば(1.85)が得られる．▎

問　題 1-5

1. スカラー3重積は

$$[\boldsymbol{A}, \boldsymbol{B}, \boldsymbol{C}] = A_x(B_yC_z - B_zC_y) + A_y(B_zC_x - B_xC_z) + A_z(B_xC_y - B_yC_x) \tag{1.86}$$

あるいは行列式の形で次のように書けることを示せ.

$$[\boldsymbol{A}, \boldsymbol{B}, \boldsymbol{C}] = \begin{vmatrix} A_x & A_y & A_z \\ B_x & B_y & B_z \\ C_x & C_y & C_z \end{vmatrix} \tag{1.87}$$

2. 前題の式を用いて，$\boldsymbol{A}=(a, 0, 0)$, $\boldsymbol{B}=(0, b, 0)$, $\boldsymbol{C}=(0, 0, c)$ で作られる立方体の体積を求めよ.

1-6 座標変換

変換行列　原点Oと x 軸，y 軸，z 軸からなる直交直線座標系の基本ベクトルを $\boldsymbol{i}, \boldsymbol{j}, \boldsymbol{k}$ とし，これと原点Oを共有し x' 軸，y' 軸，z' 軸からなる別の直交直線座標系の基本ベクトルを $\boldsymbol{i}', \boldsymbol{j}', \boldsymbol{k}'$ とする(図1-32)．$\boldsymbol{i}', \boldsymbol{j}', \boldsymbol{k}'$ を $\boldsymbol{i}, \boldsymbol{j}, \boldsymbol{k}$ で表わした式を

$$\boldsymbol{i}' = a_{11}\boldsymbol{i} + a_{12}\boldsymbol{j} + a_{13}\boldsymbol{k}$$

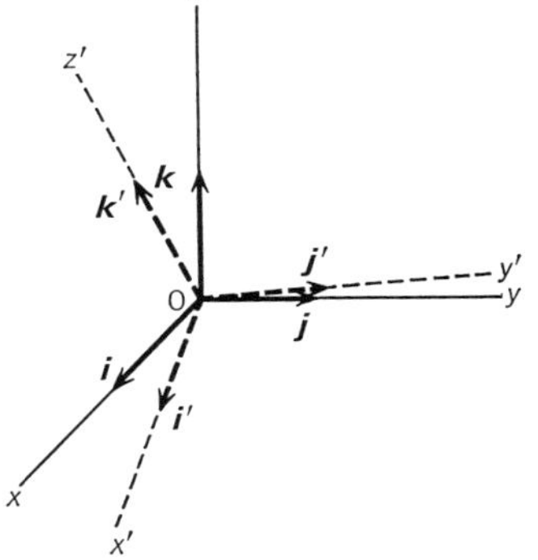

図 1-32

$$\boldsymbol{j}' = a_{21}\boldsymbol{i}+a_{22}\boldsymbol{j}+a_{23}\boldsymbol{k} \tag{1.88}$$
$$\boldsymbol{k}' = a_{31}\boldsymbol{i}+a_{32}\boldsymbol{j}+a_{33}\boldsymbol{k}$$

とする．第1式に$\boldsymbol{i}$をスカラー的に掛けると$\boldsymbol{i}\cdot\boldsymbol{i}'=a_{11}$を得る．こうして

$$\begin{aligned} a_{11} &= \boldsymbol{i}\cdot\boldsymbol{i}' & a_{12} &= \boldsymbol{j}\cdot\boldsymbol{i}' & a_{13} &= \boldsymbol{k}\cdot\boldsymbol{i}' \\ a_{21} &= \boldsymbol{i}\cdot\boldsymbol{j}' & a_{22} &= \boldsymbol{j}\cdot\boldsymbol{j}' & a_{23} &= \boldsymbol{k}\cdot\boldsymbol{j}' \\ a_{31} &= \boldsymbol{i}\cdot\boldsymbol{k}' & a_{32} &= \boldsymbol{j}\cdot\boldsymbol{k}' & a_{33} &= \boldsymbol{k}\cdot\boldsymbol{k}' \end{aligned} \tag{1.89}$$

この表を縦に読むとベクトル$\boldsymbol{i}$の$\boldsymbol{i}', \boldsymbol{j}', \boldsymbol{k}'$成分がそれぞれ$a_{11}, a_{21}, a_{31}$であることがわかる．したがって逆の式

$$\begin{aligned} \boldsymbol{i} &= a_{11}\boldsymbol{i}'+a_{21}\boldsymbol{j}'+a_{31}\boldsymbol{k}' \\ \boldsymbol{j} &= a_{12}\boldsymbol{i}'+a_{22}\boldsymbol{j}'+a_{32}\boldsymbol{k}' \\ \boldsymbol{k} &= a_{13}\boldsymbol{i}'+a_{23}\boldsymbol{j}'+a_{33}\boldsymbol{k}' \end{aligned} \tag{1.90}$$

が成り立つ．(a_{jk})を**変換行列**という．

(a_{11}, a_{12}, a_{13})は$\boldsymbol{i}'$と$(\boldsymbol{i}, \boldsymbol{j}, \boldsymbol{k})$の間の方向余弦，$(a_{21}, a_{22}, a_{23})$は$\boldsymbol{j}'$と$(\boldsymbol{i}, \boldsymbol{j}, \boldsymbol{k})$の間の方向余弦，$(a_{31}, a_{32}, a_{33})$は$\boldsymbol{k}'$と$(\boldsymbol{i}, \boldsymbol{j}, \boldsymbol{k})$の間の方向余弦である．また縦に読むと$(a_{11}, a_{21}, a_{31})$は$\boldsymbol{i}$と$(\boldsymbol{i}', \boldsymbol{j}', \boldsymbol{k}')$の間の方向余弦，$(a_{12}, a_{22}, a_{32})$は$\boldsymbol{j}$と$(\boldsymbol{i}', \boldsymbol{j}', \boldsymbol{k}')$の間の方向余弦，$(a_{13}, a_{23}, a_{33})$は$\boldsymbol{k}$と$(\boldsymbol{i}', \boldsymbol{j}', \boldsymbol{k}')$の間の方向余弦とみることができる．

$\boldsymbol{i}'\cdot\boldsymbol{i}'=\boldsymbol{j}'\cdot\boldsymbol{j}'=\boldsymbol{k}'\cdot\boldsymbol{k}'=1$，$\boldsymbol{i}'\cdot\boldsymbol{j}'=\boldsymbol{j}'\cdot\boldsymbol{k}'=\boldsymbol{k}'\cdot\boldsymbol{i}'=0$から

$$\begin{cases} a_{11}{}^2+a_{12}{}^2+a_{13}{}^2 = 1 \\ a_{21}{}^2+a_{22}{}^2+a_{23}{}^2 = 1 \\ a_{31}{}^2+a_{32}{}^2+a_{33}{}^2 = 1 \end{cases} \quad \begin{cases} a_{11}a_{21}+a_{12}a_{22}+a_{13}a_{23} = 0 \\ a_{21}a_{31}+a_{22}a_{32}+a_{23}a_{33} = 0 \\ a_{31}a_{11}+a_{32}a_{12}+a_{33}a_{13} = 0 \end{cases} \tag{1.91}$$

また$\boldsymbol{i}\cdot\boldsymbol{i}=\boldsymbol{j}\cdot\boldsymbol{j}=\boldsymbol{k}\cdot\boldsymbol{k}=1$，$\boldsymbol{i}\cdot\boldsymbol{j}=\boldsymbol{j}\cdot\boldsymbol{k}=\boldsymbol{k}\cdot\boldsymbol{i}=0$から

$$\begin{cases} a_{11}{}^2+a_{21}{}^2+a_{31}{}^2 = 1 \\ a_{12}{}^2+a_{22}{}^2+a_{32}{}^2 = 1 \\ a_{13}{}^2+a_{23}{}^2+a_{33}{}^2 = 1 \end{cases} \quad \begin{cases} a_{11}a_{12}+a_{21}a_{22}+a_{31}a_{32} = 0 \\ a_{12}a_{13}+a_{22}a_{23}+a_{32}a_{33} = 0 \\ a_{13}a_{11}+a_{23}a_{21}+a_{33}a_{31} = 0 \end{cases} \tag{1.92}$$

を得る．(1.91)と(1.92)は実は独立でなく，一方から他方を導くことができる．

(1.91)，(1.92)をまとめて

$$\sum_{j=1}^{3} a_{kj}a_{lj} = \delta_{kl} = \begin{cases} 1 & (k=l) \\ 0 & (k\neq l) \end{cases} \tag{1.93 a}$$

$$\sum_{j=1}^{3} a_{jk}a_{jl} = \delta_{kl} = \begin{cases} 1 & (k=l) \\ 0 & (k\neq l) \end{cases} \tag{1.93 b}$$

と書ける．これを**直交関係**という．また δ_{kl} は**クローネッカーの $\boldsymbol{\delta}$**(デルタ)**関数**とよばれる．$\boldsymbol{i}, \boldsymbol{j}, \boldsymbol{k}$ は辺の長さが 1 の正立方体を作り，その体積は $[\boldsymbol{i}, \boldsymbol{j}, \boldsymbol{k}]=1$ である．これを (a_{jk}) の行列式で書くと

$$\begin{vmatrix} a_{11} & a_{12} & a_{13} \\ a_{21} & a_{22} & a_{23} \\ a_{31} & a_{32} & a_{33} \end{vmatrix} = 1 \tag{1.94}$$

となる．

ベクトルの変換　任意のベクトル $\boldsymbol{A}$ に対して

$$\begin{aligned} \boldsymbol{A} &= A_x\boldsymbol{i}+A_y\boldsymbol{j}+A_z\boldsymbol{k} \\ &= A_x(a_{11}\boldsymbol{i}'+a_{21}\boldsymbol{j}'+a_{31}\boldsymbol{k}') \\ &\quad +A_y(a_{12}\boldsymbol{i}'+a_{22}\boldsymbol{j}'+a_{32}\boldsymbol{k}' \\ &\quad +A_z(a_{13}\boldsymbol{i}'+a_{23}\boldsymbol{j}'+a_{33}\boldsymbol{k}') \\ &= A_x'\boldsymbol{i}'+A_y'\boldsymbol{j}'+A_z'\boldsymbol{k}' \end{aligned} \tag{1.95}$$

と表わすと

$$\begin{aligned} A_x' &= a_{11}A_x+a_{12}A_y+a_{13}A_z \\ A_y' &= a_{21}A_x+a_{22}A_y+a_{23}A_z \\ A_z' &= a_{31}A_x+a_{32}A_y+a_{33}A_z \end{aligned} \tag{1.96}$$

これは行列に関する記号を用いれば

$$\begin{pmatrix} A_x' \\ A_y' \\ A_z' \end{pmatrix} = \begin{pmatrix} a_{11} & a_{12} & a_{13} \\ a_{21} & a_{22} & a_{23} \\ a_{31} & a_{32} & a_{33} \end{pmatrix} \begin{pmatrix} A_x \\ A_y \\ A_z \end{pmatrix} \tag{1.97}$$

と書ける．同様にして逆の変換は

$$\begin{pmatrix} A_x \\ A_y \\ A_z \end{pmatrix} = \begin{pmatrix} a_{11} & a_{21} & a_{31} \\ a_{12} & a_{22} & a_{32} \\ a_{13} & a_{23} & a_{33} \end{pmatrix} \begin{pmatrix} A_x' \\ A_y' \\ A_z' \end{pmatrix} \tag{1.98}$$

と書ける.

回転操作　前項では2つの座標系(x, y, z)と(x', y', z')との間の変換を調べた. これらの座標系の関係は, 一方の座標系を「**回転**」するともう1つの座標系と一致させることができる, などと表現することがある. この場合の「回転」という言葉は時間的に持続する運動(**回転運動**)ではなく, 座標系を空間的に別の傾きにする操作(**回転操作**)で, これらの区別は場合によってはきちんとしておいた方がいい.

2つの座標系が原点を共有する場合, 座標系の変換はただ1回の回転操作で達成できることが証明される(証明は略す). 座標系に固定した剛体を考えればわかるように, このことは座標系に限らず, 剛体の回転についても成り立つ. すなわち, 1点を不動点とする剛体の回転はただ1回の回転操作で達成することができる.

さて, 2次元平面内の回転操作は簡単に重ね合わせることができる. すなわち座標系(x, y)を角φ_1だけまわす回転操作と, 角φ_2だけまわす回転操作とを相ついでおこなった結果は, 順序を逆にしてφ_2だけまわしてからφ_1まわした結果と同じで, 結局$\varphi_1+\varphi_2$だけまわしたことになる. すなわち2次元の回転操作は2つの操作の順序をとりかえても同じになる.

しかし, 空間的な回転変位の場合はそうはいかない. たとえば, 図1-33のように細長く平べったい箱を東西南北の向きに一致させて机上に置いたとする. 東西方向を軸として図の矢印の向きに90°箱をまわす操作をΩ_1とし, 南北方向を軸として矢印の向きに90°まわす操作をΩ_2とする. このときΩ_1を先におこなってからΩ_2をおこなった結果Aと, Ω_2を先におこなってからΩ_1をおこなった結果Bとは明らかに異なる. 2つの回転操作の順序をとりかえるとちがう結果になるのである.

上の説明では箱の回転操作と無関係な東西南北の方向を基準にして回転操作を定めたが, 箱に固定した軸を基準にして回転操作を定義することもできる. しかしこのようにしても, やはり空間的な変位の順序をとりかえるとちがう結果になることがわかる.

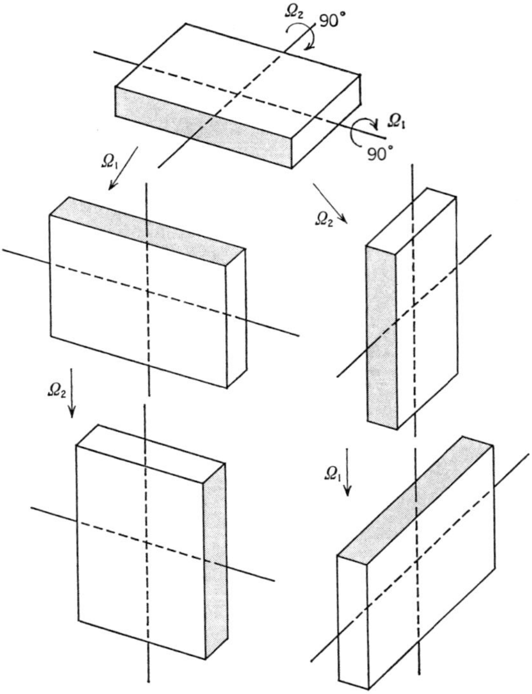

図 1-33

問　題 1-6

1. z 軸を共有する 2 つの座標系においては

$$a_{11}{}^2+a_{12}{}^2=1, \quad a_{21}{}^2+a_{22}{}^2=1, \quad a_{11}a_{21}+a_{12}a_{22}=0$$

が成り立つことを示せ．このとき xy 面の変換は

$$x'=x\cos\varphi+y\sin\varphi, \quad y'=-x\sin\varphi+y\cos\varphi$$
$$x=x'\cos\varphi-y'\sin\varphi, \quad y=x'\sin\varphi+y'\cos\varphi$$

と書けることを確かめ，$a_{11}, a_{12}, a_{21}, a_{22}$ を φ で表わせ．

2. 変換(1.96)(1.98)において $|\boldsymbol{A}|^2$ は不変であることを確かめよ．

第 1 章 演 習 問 題

[1]　ベクトル $\boldsymbol{A}$ をベクトル $\boldsymbol{B}$ に平行なベクトル $\boldsymbol{A}''$ と $\boldsymbol{B}$ に垂直なベクトル $\boldsymbol{A}'$ とに分解すると

$$\boldsymbol{A}'' = \frac{\boldsymbol{A}\cdot\boldsymbol{B}}{\boldsymbol{B}\cdot\boldsymbol{B}}\boldsymbol{B}, \qquad \boldsymbol{A}' = \boldsymbol{A}-\boldsymbol{A}''$$

したがって

$$\boldsymbol{A} = \frac{\boldsymbol{A}\cdot\boldsymbol{B}}{\boldsymbol{B}\cdot\boldsymbol{B}}\boldsymbol{B}+\left(\boldsymbol{A}-\frac{\boldsymbol{A}\cdot\boldsymbol{B}}{\boldsymbol{B}\cdot\boldsymbol{B}}\boldsymbol{B}\right)$$

となることを示せ.

[2]　次の諸式を証明せよ.

(1)
$$(\boldsymbol{A}\times\boldsymbol{B})\cdot(\boldsymbol{C}\times\boldsymbol{D}) = (\boldsymbol{A}\cdot\boldsymbol{C})(\boldsymbol{B}\cdot\boldsymbol{D})-(\boldsymbol{A}\cdot\boldsymbol{D})(\boldsymbol{B}\cdot\boldsymbol{C}) \tag{1.99}$$

(2)
$$\begin{aligned}(\boldsymbol{A}\times\boldsymbol{B})\times(\boldsymbol{C}\times\boldsymbol{D}) &= [\boldsymbol{A},\boldsymbol{B},\boldsymbol{D}]\boldsymbol{C}-[\boldsymbol{A},\boldsymbol{B},\boldsymbol{C}]\boldsymbol{D} \\ &= [\boldsymbol{A},\boldsymbol{C},\boldsymbol{D}]\boldsymbol{B}-[\boldsymbol{B},\boldsymbol{C},\boldsymbol{D}]\boldsymbol{A}\end{aligned} \tag{1.100}$$

(1.99)をラグランジュの恒等式という.

(3)
$$[\boldsymbol{A},\boldsymbol{B},\boldsymbol{C}][\boldsymbol{E},\boldsymbol{F},\boldsymbol{G}] = \begin{vmatrix}\boldsymbol{A}\cdot\boldsymbol{E} & \boldsymbol{A}\cdot\boldsymbol{F} & \boldsymbol{A}\cdot\boldsymbol{G}\\ \boldsymbol{B}\cdot\boldsymbol{E} & \boldsymbol{B}\cdot\boldsymbol{F} & \boldsymbol{B}\cdot\boldsymbol{G}\\ \boldsymbol{C}\cdot\boldsymbol{E} & \boldsymbol{C}\cdot\boldsymbol{F} & \boldsymbol{C}\cdot\boldsymbol{G}\end{vmatrix} \tag{1.101}$$

[3]　$\boldsymbol{X}, \boldsymbol{Y}, \boldsymbol{Z}$ を任意のベクトルとし

$$\begin{aligned}\boldsymbol{X}' &= a_{11}\boldsymbol{X}+a_{12}\boldsymbol{Y}+a_{13}\boldsymbol{Z}\\ \boldsymbol{Y}' &= a_{21}\boldsymbol{X}+a_{22}\boldsymbol{Y}+a_{23}\boldsymbol{Z}\\ \boldsymbol{Z}' &= a_{31}\boldsymbol{X}+a_{32}\boldsymbol{Y}+a_{33}\boldsymbol{Z}\end{aligned}$$

とするとき

$$[\boldsymbol{X}', \boldsymbol{Y}', \boldsymbol{Z}'] = \begin{vmatrix}a_{11} & a_{12} & a_{13}\\ a_{21} & a_{22} & a_{23}\\ a_{31} & a_{32} & a_{33}\end{vmatrix}[\boldsymbol{X}, \boldsymbol{Y}, \boldsymbol{Z}]$$

が成り立つことを示せ.

Coffee Break

ラジアンと立体角

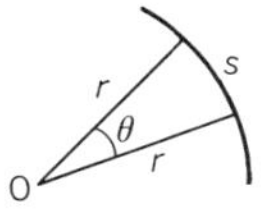

2つの直線のなす角は30°40′というように度，分を使っても表わされるが，数学や物理学などではラジアンで表わすことが多い．直線の交点を中心とする円を描き，2直線との交点の間の円弧の長さをs，円の半径をrとすれば，2直線のなす角θは

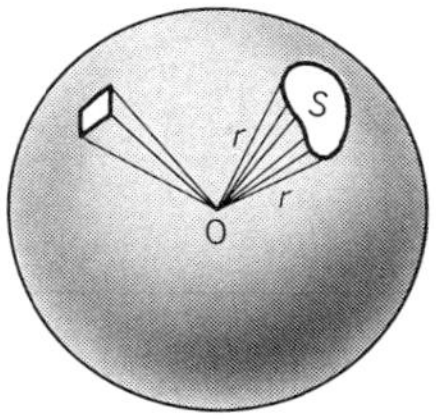

$$\theta = \frac{s}{r} \qquad (\text{ラジアン})$$

である．

天窓の視角的な広さなどを表わすのには立体角(solid angle)が使われる．半径rの球面上に描いた閉曲線を考え，その面積をSとする．このとき

$$\Omega = \frac{S}{r^2}$$

は，球の中心からSを見たときの視角的な広がりを表わす．これが立体角である．

球の全表面積は$4\pi r^2$であるから，全球の中心に対する立体角は4πであり，半球の中心に対する立体角は2πである．

2

ベクトルの微分

この章ではベクトルの微分演算について学ぶ．たとえば質点の位置をベクトルで表わすと，位置の変化，すなわち速度は位置ベクトルの時間に関する微分係数で与えられるはずである．位置ベクトルと速度ベクトルの関係をどのように表わしたらよいであろうか，というようなことからはじめよう．これがよくわかったら速度ベクトルの時間変化の割合いとして加速度が導かれるから，ニュートンの運動方程式がベクトル方程式として書けるわけである．

2-1 運　動

力学では小さな物体(質点)の運動を扱うが，運動はその物体の位置の時間的変化である．そこで物体の位置Pの座標 x, y, z が時間 t の関数であるとし，$x(t), y(t), z(t)$ と書こう．原点OからPへ引いたベクトル，すなわちPの位置ベクトル $\boldsymbol{r}$ の成分は $x(t), y(t), z(t)$ であり，t をパラメタとするので $\boldsymbol{r}(t)$ と書く．縦ベクトルの形で書くと変化が見やすいので，位置ベクトルを

$$\boldsymbol{r}(t) = \begin{pmatrix} x(t) \\ y(t) \\ z(t) \end{pmatrix} \tag{2.1}$$

と書こう．時間が t から t' になったときの位置ベクトルを $\boldsymbol{r}(t')$ とし，そのときのPの座標を $x(t'), y(t'), z(t')$ とすると

$$\boldsymbol{r}(t') = \begin{pmatrix} x(t') \\ y(t') \\ z(t') \end{pmatrix} \tag{2.2}$$

であり，これらの差

$$\boldsymbol{r}(t')-\boldsymbol{r}(t) = \begin{pmatrix} x(t')-x(t) \\ y(t')-y(t) \\ z(t')-z(t) \end{pmatrix} \tag{2.3}$$

はPの変位を与える．$t' \to t$ の極限

$$\lim_{t' \to t} \frac{x(t')-x(t)}{t'-t} = \frac{dx(t)}{dt} \tag{2.4}$$

は $x(t)$ を t について微分したもの，すなわち x の t に関する導関数(微分係数)である．また，これは x の時間的変化の割合い，すなわち**速度**の x 成分である．y 成分，z 成分についても同様である．そこで

$$\boldsymbol{v}(t) = \lim_{t' \to t} \frac{\boldsymbol{r}(t')-\boldsymbol{r}(t)}{t'-t} = \frac{d\boldsymbol{r}(t)}{dt} \tag{2.5}$$

と書けば，$\boldsymbol{v}(t)$ は速度を表わすベクトルであって，成分で書くと

$$\boldsymbol{v}(t) = \frac{d\boldsymbol{r}(t)}{dt} = \begin{pmatrix} \dfrac{dx}{dt} \\ \dfrac{dy}{dt} \\ \dfrac{dz}{dt} \end{pmatrix} \tag{2.6}$$

となる．このように，ベクトル $\boldsymbol{r}(t)$ のパラメタ t に関する導関数は，$\boldsymbol{r}(t)$ の成分の導関数を成分とするベクトルである．

$t'-t=dt$ が十分小さいとすると

$$d\boldsymbol{r} = \boldsymbol{r}(t+dt)-\boldsymbol{r}(t) = \boldsymbol{v}(t)dt \tag{2.7}$$

は図 2-1 からわかるように，瞬間的な運動の向きを与え，運動の道筋(**軌道**という)の曲線 C の**接線**の方向にある．これを dt で割ったのが速度 $\boldsymbol{v}(t)$ であるから，速度も軌道の接線の向きにある．速さ $v(t)$ は速度 $\boldsymbol{v}(t)$ の絶対値であって

$$v(t) = |\boldsymbol{v}(t)| = \sqrt{\left(\frac{dx}{dt}\right)^2+\left(\frac{dy}{dt}\right)^2+\left(\frac{dz}{dt}\right)^2} \tag{2.8}$$

で与えられる．

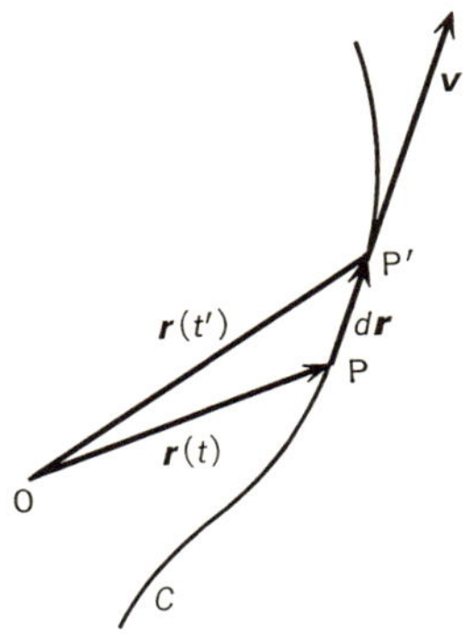

図 2-1

円運動　例として円運動を考えよう．円の中心を原点にとり，円の半径を a とする．図 2-2 のように円が x 軸を切る点を A とし，物体 P の位置ベクトルを $\boldsymbol{r}(t)$，その座標を (x, y)，角 AOP$=\theta(t)$ とすると

$$\boldsymbol{r} = \begin{pmatrix} x \\ y \end{pmatrix} = \begin{pmatrix} a\cos\theta(t) \\ a\sin\theta(t) \end{pmatrix} \tag{2.9}$$

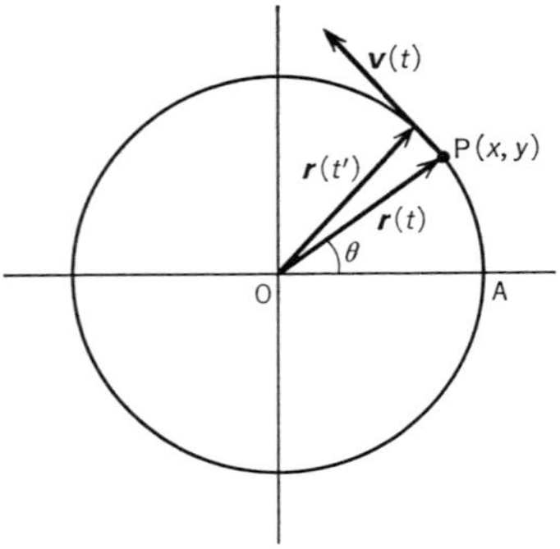

図 2-2

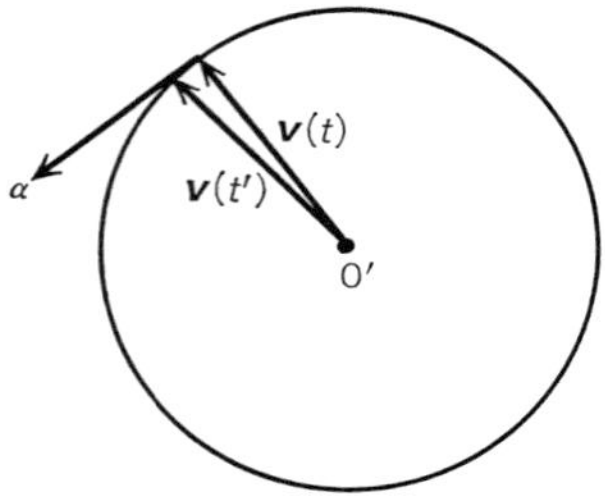

図 2-3

速度は

$$\boldsymbol{v} = \begin{pmatrix} \dfrac{dx}{dt} \\ \dfrac{dy}{dt} \end{pmatrix} = \begin{pmatrix} -a\sin\theta(t)\dfrac{d\theta}{dt} \\ a\cos\theta(t)\dfrac{d\theta}{dt} \end{pmatrix} \tag{2.10}$$

となる．ここで $\omega(t)=\dfrac{d\theta}{dt}$ を角速度という．速さは

$$v = \sqrt{\left(-a\sin\theta\frac{d\theta}{dt}\right)^2+\left(a\cos\theta\frac{d\theta}{dt}\right)^2} = a\frac{d\theta}{dt} \tag{2.11}$$

$\boldsymbol{r}$ と $\boldsymbol{v}$ のスカラー積を作ると(2.9), (2.10)を用いて

$$\boldsymbol{r}\cdot\boldsymbol{v} = x\frac{dx}{dt}+y\frac{dy}{dt} = 0 \tag{2.12}$$

となる．したがって半径を表わす $\boldsymbol{r}$ と速度 $\boldsymbol{v}$ とはたがいに垂直であるが，これは円周上の運動では当然なことである．

加速度　速度の時間的変化の割合いを表わすベクトルが加速度である．速度ベクトル $\boldsymbol{v}(t)$ が時間につれて変わる様子をわかりやすくするために，共通の起点 O′ から時々刻々の速度ベクトル $\boldsymbol{v}(t)$ の矢印を引く(図 2-3 参照)．このような速度ベクトルの図を**ホドグラフ**という．図 2-3 は図 2-2 の円運動に相当するホドグラフである．この図で，時間が t から $t'=t+dt$ (dt は微小量)へ変わったときの速度 $\boldsymbol{v}$ の変化を $d\boldsymbol{v}$ とすると

$$\boldsymbol{a} \equiv \frac{d\boldsymbol{v}(t)}{dt} = \frac{\boldsymbol{v}(t+dt)-\boldsymbol{v}(t)}{dt} \tag{2.13}$$

は，点Pの速度の時間変化の割合い，すなわち**加速度**である．加速度ベクトルは速度ベクトル(2.6)の導関数

$$\boldsymbol{a} = \frac{d^2\mathbf{r}(t)}{dt^2} = \left(\frac{d^2x(t)}{dt^2}, \frac{d^2y(t)}{dt^2}, \frac{d^2z(t)}{dt^2}\right) \tag{2.14}$$

である．スペースを倹約するため，これから先きは主に横ベクトルの形を用いることにする．

運動方程式　質点の加速度 $\boldsymbol{a}$ はこれにはたらく力 $\boldsymbol{F}$ に比例し，質点の質量 m に反比例する．すなわち $\boldsymbol{a}=\boldsymbol{F}/m$．これがニュートンの運動方程式であり，(2.14)により，

$$m\frac{d^2\mathbf{r}(t)}{dt^2} = \boldsymbol{F} \tag{2.15}$$

と書ける．ここで質量 m はスカラーの定数であるから，力 $\boldsymbol{F}$ は加速度 $d^2\mathbf{r}/dt^2$ と同様にベクトルである．

例題 2.1　平面上の一様な円運動をさせる力(**向心力**)を求めよ．

[解]　円運動をする質点の座標は

$$\boldsymbol{r} = (x, y) = (a\cos\omega t, a\sin\omega t) \tag{2.16}$$

で与えられる(a＝半径，ω＝角速度)．よって速度は

$$\boldsymbol{v} = \frac{d\boldsymbol{r}}{dt} = \left(\frac{dx}{dt}, \frac{dy}{dt}\right) = (-a\omega\sin\omega t, a\omega\cos\omega t) \tag{2.17}$$

であり，円運動の加速度は

$$\boldsymbol{a} = \frac{d^2\boldsymbol{r}}{dt^2} = \left(\frac{d^2x}{dt^2}, \frac{d^2y}{dt^2}\right) = (-a\omega^2\cos\omega t, -a\omega^2\sin\omega t) = -\omega^2\boldsymbol{r} \tag{2.18}$$

したがって，円運動をさせる力は

$$\boldsymbol{F} = m\frac{d^2\boldsymbol{r}}{dt^2} = -m\omega^2\boldsymbol{r} \tag{2.19}$$

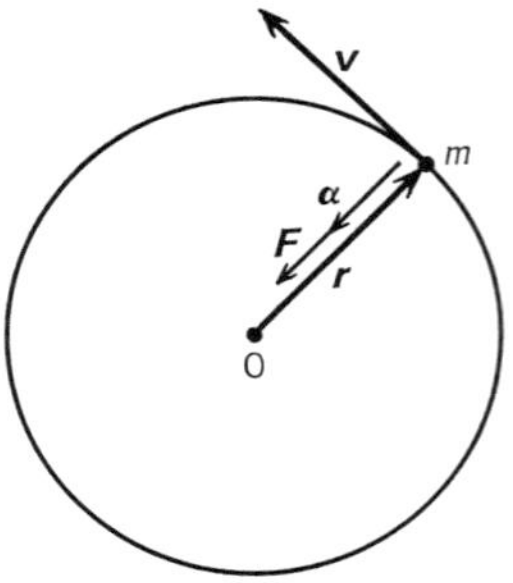

図 2-4

故に，加速度と力は，円運動の中心から引いた位置ベクトル $\boldsymbol{r}$ と同じ方向にあり，向きが逆，すなわち円運動の中心に向かう．$|\boldsymbol{r}|=a$ であるから，向心力 $\boldsymbol{F}$ の大きさは

$$F = |\boldsymbol{F}| = ma\omega^2 \tag{2.20}$$

である．円運動の速さ $v=|\boldsymbol{v}|$ と角速度 ω の間には

$$v = \sqrt{\left(\frac{dx}{dt}\right)^2+\left(\frac{dy}{dt}\right)^2} = a\omega \tag{2.21}$$

の関係があるので，向心力の大きさは

$$F = \frac{mv^2}{a} \tag{2.22}$$

で与えられる．∎

問　題 2-1

1. x_0, y_0, z_0, α を定数とし，

$$\boldsymbol{r} = \begin{pmatrix} x_0+\dfrac{1}{2}\alpha t^2 \\ y_0 \\ z_0 \end{pmatrix}$$

とするとき $\dfrac{d\boldsymbol{r}}{dt}$，$\dfrac{d^2\boldsymbol{r}}{dt^2}$，$\dfrac{d^3\boldsymbol{r}}{dt^3}$ を求めよ．

2. $x_0, y_0, z_0, \alpha, \beta, g$ を定数とし

$$\boldsymbol{r} = \begin{pmatrix} x_0+\alpha t \\ y_0 \\ z_0+\beta t-\dfrac{g}{2}t^2 \end{pmatrix}$$

とするとき $\dfrac{d\boldsymbol{r}}{dt}$，$\dfrac{d^2\boldsymbol{r}}{dt^2}$ を求めよ．

2-2　微分と積分

ベクトルの導関数　前節では位置ベクトル $\boldsymbol{r}(t)$ を時間 t に関して微分することについて考えたが，それはほとんどそのままで一般のベクトルにも通用する．成分 A_x, A_y, A_z があるパラメタ t に依存する一般のベクトルを

$$\boldsymbol{A}(t) = \begin{pmatrix} A_x(t) \\ A_y(t) \\ A_z(t) \end{pmatrix} \tag{2.23}$$

と書こう．パラメタが h だけ変わったときの変化は

$$\boldsymbol{A}(t+h)-\boldsymbol{A}(t) = \begin{pmatrix} A_x(t+h)-A_x(t) \\ A_y(t+h)-A_y(t) \\ A_z(t+h)-A_z(t) \end{pmatrix} \tag{2.24}$$

である．これを h で割って，h を 0 に近づけたものが $\boldsymbol{A}(t)$ の導関数である．すなわち

$$\frac{d\boldsymbol{A}(t)}{dt} = \lim_{h\to 0}\frac{\boldsymbol{A}(t+h)-\boldsymbol{A}(t)}{h} \tag{2.25}$$

これを成分で書けば，横ベクトルで書いて

$$\frac{d\boldsymbol{A}(t)}{dt} = \left(\frac{dA_x}{dt}, \frac{dA_y}{dt}, \frac{dA_z}{dt}\right) \tag{2.26}$$

このように，ベクトルの導関数は成分の導関数を成分とするベクトルである．

x, y, z 方向の基本ベクトル $\boldsymbol{i}, \boldsymbol{j}, \boldsymbol{k}$ を用いればベクトル $\boldsymbol{A}(t)$ は

$$\boldsymbol{A}(t) = A_x(t)\boldsymbol{i}+A_y(t)\boldsymbol{j}+A_z(t)\boldsymbol{k} \tag{2.27}$$

と書ける．この場合，座標軸 x, y, z の方向は変わらないとし，ベクトル $\boldsymbol{A}$ の

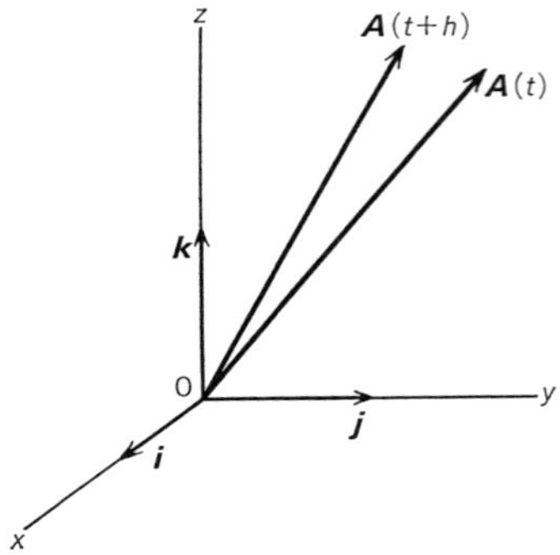

図 2-5

成分 A_x, A_y, A_z がパラメタ t に依存するとして，これらを $A_x(t), A_y(t), A_z(t)$ としている(図 2-5 参照)．したがって基本ベクトル $\boldsymbol{i}, \boldsymbol{j}, \boldsymbol{k}$ はパラメタ t によらず，(2.27)を微分すると

$$\frac{d\boldsymbol{A}(t)}{dt} = \frac{dA_x(t)}{dt}\boldsymbol{i} + \frac{dA_y(t)}{dt}\boldsymbol{j} + \frac{dA_z(t)}{dt}\boldsymbol{k} \tag{2.28}$$

となる．これは(2.26)と同じ内容の式である．

パラメタに関する積分　微分について述べたから，その逆演算である積分について一言述べておこう．パラメタ t に依存するベクトル $\boldsymbol{A}(t) = (A_x(t), A_y(t), A_z(t))$ を考え，その導関数を $\boldsymbol{B}(t)$ と書くと

$$\boldsymbol{B}(t) = \frac{d\boldsymbol{A}(t)}{dt} = \left(\frac{dA_x(t)}{dt}, \frac{dA_y(t)}{dt}, \frac{dA_z(t)}{dt}\right) \tag{2.29}$$

であり，$\boldsymbol{B}(t) = (B_x, B_y, B_z)$ の成分は

$$B_x(t) = \frac{dA_x(t)}{dt} \quad \text{など} \tag{2.30}$$

である．

さて，ここで $\boldsymbol{B}(t) = (B_x(t), B_y(t), B_z(t))$ が先に与えられたとし，微分すると $\boldsymbol{B}(t)$ になるベクトル $\boldsymbol{A}(t)$ を求める問題に切りかえる．$\boldsymbol{A}(t)$ は(2.29)あるいは(2.30)を満たすベクトルであるから，その成分は(2.30)を積分した

$$\int_{t_0}^{t} B_x(t')dt' = A_x(t) - A_x(t_0) \quad \text{など} \tag{2.31}$$

で与えられる．ここで t_0 は任意の値であり，$A_x(t_0)$ は積分定数である（y 成分，z 成分についても同様）．したがって，ベクトル $\boldsymbol{B}(t)$ の積分は

$$\begin{aligned}\boldsymbol{A}(t)-\boldsymbol{A}(t_0) &= \int_{t_0}^{t}\boldsymbol{B}(t')dt'\\ &= \left(\int_{t_0}^{t}B_x(t')dt',\ \int_{t_0}^{t}B_y(t')dt',\ \int_{t_0}^{t}B_z(t')dt'\right)\end{aligned} \tag{2.32}$$

で与えられるベクトル $\boldsymbol{A}(t)$ である．

［例 1］ 時刻 t における粒子の位置を $\boldsymbol{r}(t)$，速度を $\boldsymbol{v}(t)$ とすれば

$$\boldsymbol{v}(t) = \frac{d\boldsymbol{r}(t)}{dt}$$

$\boldsymbol{v}(t)$ が与えられているときは，これを積分して

$$\boldsymbol{r}(t)-\boldsymbol{r}(t_0) = \int_{t_0}^{t}\boldsymbol{v}(t')dt'$$

速度の x 成分を v_x とすると粒子の位置は

$$x(t)-x(t_0) = \int_{t_0}^{t}v_x(t')dt' \quad \text{など}$$

で与えられる．

また加速度を $\boldsymbol{\alpha}(t)$ とすれば

$$\boldsymbol{\alpha}(t) = \frac{d\boldsymbol{v}(t)}{dt}$$

これを積分すれば

$$\boldsymbol{v}(t)-\boldsymbol{v}(t_0) = \int_{t_0}^{t}\boldsymbol{\alpha}(t')dt' \qquad \blacksquare$$

［例 2］ 地表で鉛直上方に z 軸をとり，下方に向う重力の加速度を $-g$ とすれば（図 2-6）

$$\boldsymbol{\alpha} = (0, 0, -g)$$

である．簡単のため $t_0=0$ とし，$v_x(0)=v_{x0}$，$v_y(0)=v_{y0}$，$v_z(0)=v_{z0}$ と書けば (2.32) により

$$v_x(t)-v_{x0} = 0 \qquad \therefore\ v_x(t) = v_{x0} = \text{一定}$$

$$v_y(t)-v_{y0} = 0 \qquad \therefore\ v_y(t) = v_{y0} = \text{一定}$$

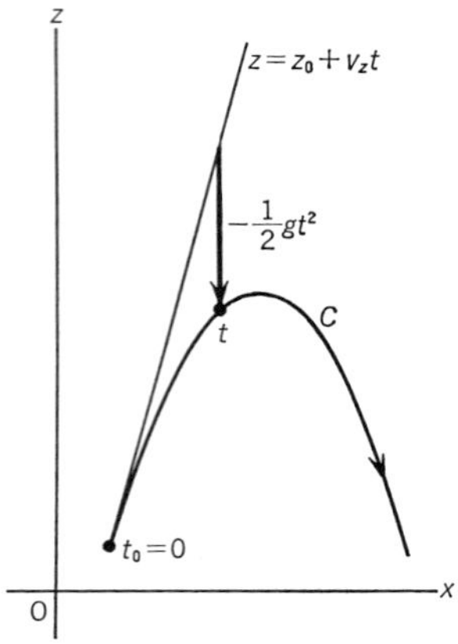

図 2-6

$$v_z(t)-v_{z0} = -\int_0^t g dt' = -gt$$

これらをもう一度積分すれば

$$x(t)-x(0) = v_{x0}t$$

$$y(t)-y(0) = v_{y0}t$$

$$z(t)-z(0) = \int_0^t v_z(t')dt' = \int_0^t (v_{z0}-gt')dt'$$

$$= v_{z0}t-\frac{1}{2}gt^2$$

$x(t)=x$, $x(0)=x_0$ などと書けば

$$x = x_0+v_{x0}t$$

$$y = y_0+v_{y0}t$$

$$z = z_0+v_{z0}t-\frac{1}{2}gt^2$$

これはよく知られた放物体の運動である. ▎

問　題 2-2

1. 速度に比例する抵抗がはたらくときの運動方程式

$$\frac{d\boldsymbol{v}}{dt} = -\gamma \boldsymbol{v} \qquad (\gamma \text{ は定数})$$

を積分して，$\boldsymbol{v}$ を時間 t の関数として表わせ．

2. 原点から投げた放物体の位置は

$$x = v_{x0}t$$

$$z = v_{z0}t - \frac{1}{2}gt^2$$

で与えられる．時間 t を消去して放物体の軌道 $z=z(x)$ が放物線であることを確かめよ．

2-3 微分演算

$f(t)$ をスカラーとし，ベクトル $\boldsymbol{A}(t)$ の f 倍 $f\boldsymbol{A}$ を考える．その x 成分をパラメタ t で微分すれば，

$$\frac{d}{dt}(f\boldsymbol{A})_x = \frac{d}{dt}(fA_x) = \frac{df}{dt}A_x + f\frac{dA_x}{dt}$$

y 成分，z 成分についても同様なので

$$\frac{d}{dt}(f\boldsymbol{A}) = \frac{df}{dt}\boldsymbol{A} + f\frac{d\boldsymbol{A}}{dt} \tag{2.33}$$

が成り立つ．

ベクトル $\boldsymbol{A}=\boldsymbol{A}(t)$ と $\boldsymbol{B}=\boldsymbol{B}(t)$ の和の x 成分 $A_x(t)+B_x(t)$ を微分すると

$$\frac{d}{dt}(\boldsymbol{A}+\boldsymbol{B})_x = \frac{d}{dt}(A_x+B_x) = \frac{dA_x}{dt} + \frac{dB_x}{dt}$$

y 成分，z 成分についても同様なので

$$\frac{d}{dt}(\boldsymbol{A}+\boldsymbol{B}) = \frac{d\boldsymbol{A}}{dt} + \frac{d\boldsymbol{B}}{dt} \tag{2.34}$$

が成り立つ．

ベクトル $\boldsymbol{A}, \boldsymbol{B}$ のスカラー積 $\boldsymbol{A}\cdot\boldsymbol{B} = A_xB_x + A_yB_y + A_zB_z$ をパラメタ t で微分すると

$$\frac{d}{dt}(\boldsymbol{A}\cdot\boldsymbol{B}) = \frac{d}{dt}(A_xB_x+A_yB_y+A_zB_z)$$
$$= \left(\frac{dA_x}{dt}B_x+\frac{dA_y}{dt}B_y+\frac{dA_z}{dt}B_z\right)$$
$$+\left(A_x\frac{dB_x}{dt}+A_y\frac{dB_y}{dt}+A_z\frac{dB_z}{dt}\right)$$

となる．右辺のはじめの 3 項はまとめて $\dfrac{d\boldsymbol{A}}{dt}\cdot\boldsymbol{B}$ と書け，後の 3 項はまとめて $\boldsymbol{A}\cdot\dfrac{d\boldsymbol{B}}{dt}$ と書ける．したがって

$$\frac{d}{dt}(\boldsymbol{A}\cdot\boldsymbol{B}) = \frac{d\boldsymbol{A}}{dt}\cdot\boldsymbol{B}+\boldsymbol{A}\cdot\frac{d\boldsymbol{B}}{dt} \tag{2.35}$$

この右辺第 1 項は $\boldsymbol{B}\cdot\dfrac{d\boldsymbol{A}}{dt}$ としてもよく，第 2 項は $\dfrac{d\boldsymbol{B}}{dt}\cdot\boldsymbol{A}$ としてもよい．

以上のように，ベクトルの和，ベクトルのスカラー積の微分は，2 つのベクトルの順序をとりかえてもよいという点で，ふつうのスカラーの和や積の微分と同じである．しかし次に述べるベクトル積の微分では順序を注意しなければならない．

ベクトル積 $\boldsymbol{A}\times\boldsymbol{B}$ の x 成分は $A_yB_z-A_zB_y$ である．これをパラメタ t で微分すると

$$\frac{d}{dt}(\boldsymbol{A}\times\boldsymbol{B})_x = \frac{d}{dt}(A_yB_z-A_zB_y)$$
$$= \left(\frac{dA_y}{dt}B_z-\frac{dA_z}{dt}B_y\right)+\left(A_y\frac{dB_z}{dt}-A_z\frac{dB_y}{dt}\right)$$
$$= \left\{\left(\frac{d\boldsymbol{A}}{dt}\right)_yB_z-\left(\frac{d\boldsymbol{A}}{dt}\right)_zB_y\right\}+\left\{A_y\left(\frac{d\boldsymbol{B}}{dt}\right)_z-A_z\left(\frac{d\boldsymbol{B}}{dt}\right)_y\right\}$$

となるから，

$$\frac{d}{dt}(\boldsymbol{A}\times\boldsymbol{B})_x = \left(\frac{d\boldsymbol{A}}{dt}\times\boldsymbol{B}\right)_x+\left(\boldsymbol{A}\times\frac{d\boldsymbol{B}}{dt}\right)_x$$
$$= \left(\frac{d\boldsymbol{A}}{dt}\times\boldsymbol{B}+\boldsymbol{A}\times\frac{d\boldsymbol{B}}{dt}\right)_x$$

である．y 成分，z 成分についても同様であるから

$$\frac{d}{dt}(\boldsymbol{A}\times\boldsymbol{B}) = \frac{d\boldsymbol{A}}{dt}\times\boldsymbol{B}+\boldsymbol{A}\times\frac{d\boldsymbol{B}}{dt} \tag{2.36}$$

である．ベクトル積は順序を変えると符号が変わるから，右辺の第1項，第2項については

$$\begin{aligned} \frac{d\boldsymbol{A}}{dt}\times\boldsymbol{B} &= -\boldsymbol{B}\times\frac{d\boldsymbol{A}}{dt} \\ \boldsymbol{A}\times\frac{d\boldsymbol{B}}{dt} &= -\frac{d\boldsymbol{B}}{dt}\times\boldsymbol{A} \end{aligned} \tag{2.37}$$

であって，順序を注意しなければならない．

ベクトル積は行列式の形で

$$\boldsymbol{A}(t)\times\boldsymbol{B}(t) = \begin{vmatrix} \boldsymbol{i} & \boldsymbol{j} & \boldsymbol{k} \\ A_x(t) & A_y(t) & A_z(t) \\ B_x(t) & B_y(t) & B_z(t) \end{vmatrix} \tag{2.38}$$

と書ける．この右辺の第2行を微分したものと，第3項を微分したものとを加えて行列式の計算をすると

$$\begin{aligned} &\begin{vmatrix} \boldsymbol{i} & \boldsymbol{j} & \boldsymbol{k} \\ \frac{dA_x}{dt} & \frac{dA_y}{dt} & \frac{dA_z}{dt} \\ B_x & B_y & B_z \end{vmatrix} + \begin{vmatrix} \boldsymbol{i} & \boldsymbol{j} & \boldsymbol{k} \\ A_x & A_y & A_z \\ \frac{dB_x}{dt} & \frac{dB_y}{dt} & \frac{dB_z}{dt} \end{vmatrix} \\ &= \left\{\left(\frac{dA_y}{dt}B_z-\frac{dA_z}{dt}B_y\right)+\left(A_y\frac{dB_z}{dt}-A_z\frac{dB_y}{dt}\right)\right\}\boldsymbol{i} \\ &\quad +\left\{\left(\frac{dA_z}{dt}B_x-\frac{dA_x}{dt}B_z\right)+\left(A_z\frac{dB_x}{dt}-A_x\frac{dB_z}{dt}\right)\right\}\boldsymbol{j} \\ &\quad +\left\{\left(\frac{dA_x}{dt}B_y-\frac{dA_y}{dt}B_x\right)+\left(A_x\frac{dB_y}{dt}-A_y\frac{dB_x}{dt}\right)\right\}\boldsymbol{k} \\ &= \frac{d\boldsymbol{A}}{dt}\times\boldsymbol{B}+\boldsymbol{A}\times\frac{d\boldsymbol{B}}{dt} \\ &= \frac{d}{dt}(\boldsymbol{A}\times\boldsymbol{B}) \end{aligned} \tag{2.39}$$

となる．一般にパラメタ t をもつ行列式の微分は

$$\frac{d}{dt}\begin{vmatrix} a_1(t) & a_2(t) & a_3(t) \\ b_1(t) & b_2(t) & b_3(t) \\ c_1(t) & c_2(t) & c_3(t) \end{vmatrix}$$

$$= \begin{vmatrix} \dfrac{da_1}{dt} & \dfrac{da_2}{dt} & \dfrac{da_3}{dt} \\ b_1 & b_2 & b_3 \\ c_1 & c_2 & c_3 \end{vmatrix} + \begin{vmatrix} a_1 & a_2 & a_3 \\ \dfrac{db_1}{dt} & \dfrac{db_2}{dt} & \dfrac{db_3}{dt} \\ c_1 & c_2 & c_3 \end{vmatrix} + \begin{vmatrix} a_1 & a_2 & a_3 \\ b_1 & b_2 & b_3 \\ \dfrac{dc_1}{dt} & \dfrac{dc_2}{dt} & \dfrac{dc_3}{dt} \end{vmatrix} \tag{2.40}$$

すなわち1行ずつを微分した行列式の和になることが示される．(2.38)においては基本ベクトル $\boldsymbol{i}, \boldsymbol{j}, \boldsymbol{k}$ は変わらないとしているので，この行列式の微分は，第2行を微分した行列式と第3行を微分した行列式の和になるのである．

スカラー3重積は

$$[\boldsymbol{A}, \boldsymbol{B}, \boldsymbol{C}] = \begin{vmatrix} A_x & A_y & A_z \\ B_x & B_y & B_z \\ C_x & C_y & C_z \end{vmatrix} \tag{2.41}$$

なので，$\boldsymbol{A}, \boldsymbol{B}, \boldsymbol{C}$ がパラメタ t を含むときは，3重積の微分は(2.40)により

$$\frac{d}{dt}[\boldsymbol{A}, \boldsymbol{B}, \boldsymbol{C}] = \begin{vmatrix} \dfrac{dA_x}{dt} & \dfrac{dA_y}{dt} & \dfrac{dA_z}{dt} \\ B_x & B_y & B_z \\ C_x & C_y & C_z \end{vmatrix} + \begin{vmatrix} A_x & A_y & A_z \\ \dfrac{dB_x}{dt} & \dfrac{dB_y}{dt} & \dfrac{dB_z}{dt} \\ C_x & C_y & C_z \end{vmatrix} + \begin{vmatrix} A_x & A_y & A_z \\ B_x & B_y & B_z \\ \dfrac{dC_x}{dt} & \dfrac{dC_y}{dt} & \dfrac{dC_z}{dt} \end{vmatrix}$$

したがって

$$\frac{d}{dt}[\boldsymbol{A}, \boldsymbol{B}, \boldsymbol{C}] = \left[\frac{d\boldsymbol{A}}{dt}, \boldsymbol{B}, \boldsymbol{C}\right] + \left[\boldsymbol{A}, \frac{d\boldsymbol{B}}{dt}, \boldsymbol{C}\right] + \left[\boldsymbol{A}, \boldsymbol{B}, \frac{d\boldsymbol{C}}{dt}\right] \tag{2.42}$$

が成り立つ．

問　題 2-3

1. 単位長さのベクトル $\boldsymbol{e}$ の向きが時間 t と共に変わるとき，$\boldsymbol{e}'=d\boldsymbol{e}/dt$ とおくと

$$\boldsymbol{e}\cdot\boldsymbol{e}' = \boldsymbol{e}'\cdot\boldsymbol{e} = 0$$

であることを示せ．

2. $\boldsymbol{e}$ を単位ベクトル，$\boldsymbol{e}'=d\boldsymbol{e}/dt$ とするとき

$$|\boldsymbol{e}\times\boldsymbol{e}'| = |\boldsymbol{e}'|,$$
$$\boldsymbol{e}\cdot(\boldsymbol{e}\times\boldsymbol{e}') = \boldsymbol{e}'\cdot(\boldsymbol{e}\times\boldsymbol{e}') = 0$$

を示せ．

2-4 回転操作

物体の微小な回転　3次元空間で物体の向きをわずかだけ変える回転を考察しよう．そのために，動かない座標系 S と物体に固定して物体と共に回わる座標系 S' を用意する．**S と S' は始め一致しているとし，**物体を S との共通の原点Oのまわりに少し回す(図2-7)．S' の基本ベクトル $\boldsymbol{i}', \boldsymbol{j}', \boldsymbol{k}'$ はこの回転で S の基本ベクトル $\boldsymbol{i}, \boldsymbol{j}, \boldsymbol{k}$ からわずかだけずれる．このずれを

$$d\boldsymbol{i}' = \boldsymbol{i}'-\boldsymbol{i}, \quad d\boldsymbol{j}' = \boldsymbol{j}'-\boldsymbol{j}, \quad d\boldsymbol{k}' = \boldsymbol{k}'-\boldsymbol{k} \tag{2.43}$$

と書こう．これらの微小なベクトルを

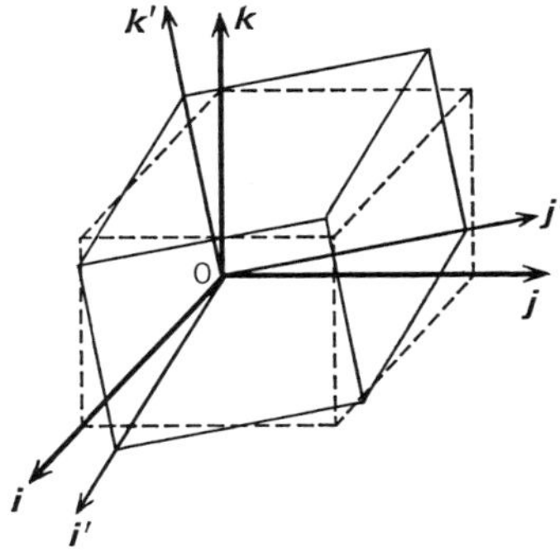

図 2-7

$$\begin{aligned} d\boldsymbol{i}' &= c_{11}\boldsymbol{i}'+c_{12}\boldsymbol{j}'+c_{13}\boldsymbol{k}' \\ d\boldsymbol{j}' &= c_{21}\boldsymbol{i}'+c_{22}\boldsymbol{j}'+c_{23}\boldsymbol{k}' \\ d\boldsymbol{k}' &= c_{31}\boldsymbol{i}'+c_{32}\boldsymbol{j}'+c_{33}\boldsymbol{k}' \end{aligned} \tag{2.44}$$

とおくと，成分 c_{jk} はすべて極めて小さい．ここで基本ベクトル $\boldsymbol{i}', \boldsymbol{j}', \boldsymbol{k}'$ はそれぞれ単位ベクトルで，たがいに直交するから

$$\boldsymbol{i}'\cdot\boldsymbol{i}' = \boldsymbol{j}'\cdot\boldsymbol{j}' = \boldsymbol{k}'\cdot\boldsymbol{k}' = 1 \tag{2.45}$$

$$\boldsymbol{i}'\cdot\boldsymbol{j}' = \boldsymbol{j}'\cdot\boldsymbol{k}' = \boldsymbol{k}'\cdot\boldsymbol{i}' = 0 \tag{2.45$'$}$$

が成りたつ．(2.45)を微分すれば $\boldsymbol{i}'\cdot d\boldsymbol{i}'+d\boldsymbol{i}'\cdot\boldsymbol{i}'=2\boldsymbol{i}'\cdot d\boldsymbol{i}'=0$ などを得る．また(2.45′)の微分は $d\boldsymbol{i}'\cdot\boldsymbol{j}'+\boldsymbol{i}'\cdot d\boldsymbol{j}'=0$ などを得る．したがって 6 個の等式

$$\begin{gathered} \boldsymbol{i}'\cdot d\boldsymbol{i}' = 0, \quad \boldsymbol{j}'\cdot d\boldsymbol{j}' = 0, \quad \boldsymbol{k}'\cdot d\boldsymbol{k}' = 0 \\ d\boldsymbol{i}'\cdot\boldsymbol{j}'+\boldsymbol{i}'\cdot d\boldsymbol{j}' = 0, \quad d\boldsymbol{j}'\cdot\boldsymbol{k}'+\boldsymbol{j}'\cdot d\boldsymbol{k}' = 0, \quad d\boldsymbol{k}'\cdot\boldsymbol{i}'+\boldsymbol{k}'\cdot d\boldsymbol{i}' = 0 \end{gathered} \tag{2.46}$$

が成り立つわけである．(2.44)の第 1 式に $\boldsymbol{i}'$ をスカラー的に掛けると

$$\boldsymbol{i}'\cdot d\boldsymbol{i}' = c_{11}\boldsymbol{i}'\cdot\boldsymbol{i}'+c_{12}\boldsymbol{i}'\cdot\boldsymbol{j}'+c_{13}\boldsymbol{i}'\cdot\boldsymbol{k}'$$

となるが(2.45)と(2.46)の第 1 式 $\boldsymbol{i}'\cdot d\boldsymbol{i}'=0$ により

$$\boldsymbol{i}'\cdot d\boldsymbol{i}' = c_{11} = 0$$

すなわち $c_{11}=0$ を得る．(2.46)のほかの式 $\boldsymbol{j}'\cdot d\boldsymbol{j}'=0$ などや $d\boldsymbol{i}'\cdot\boldsymbol{j}'+\boldsymbol{i}'\cdot d\boldsymbol{j}'=0$ などについても同様である．したがって 9 個の係数の間には 6 つの関係

$$\begin{gathered} c_{11} = 0, \quad c_{22} = 0, \quad c_{33} = 0 \\ c_{12}+c_{21} = 0, \quad c_{23}+c_{32} = 0, \quad c_{31}+c_{13} = 0 \end{gathered} \tag{2.47}$$

があることになり，独立なものは 3 つである．そこで $c_{12}=-c_{21}=c_3$，$c_{23}=-c_{32}=c_1$，$c_{31}=-c_{13}=c_2$ とおき

$$\begin{aligned} d\boldsymbol{i}' &= \phantom{-c_3\boldsymbol{i}'} \quad c_3\boldsymbol{j}'-c_2\boldsymbol{k}' \\ d\boldsymbol{j}' &= -c_3\boldsymbol{i}' \quad\quad\quad +c_1\boldsymbol{k}' \\ d\boldsymbol{k}' &= \quad c_2\boldsymbol{i}'-c_1\boldsymbol{j}' \end{aligned} \tag{2.48}$$

と書くことができる．S と S' とは極めて接近しているとしているから，c_1, c_2, c_3 は極めて小さく，$(\boldsymbol{i}', \boldsymbol{j}', \boldsymbol{k}')$ は $(\boldsymbol{i}, \boldsymbol{j}, \boldsymbol{k})$ に極めて近い．したがって高次の微小量を無視すれば上式は

$$\begin{aligned} d\boldsymbol{i}' &= \qquad\quad c_3\boldsymbol{j}-c_2\boldsymbol{k} \\ d\boldsymbol{j}' &= -c_3\boldsymbol{i} \qquad +c_1\boldsymbol{k} \\ d\boldsymbol{k}' &= \quad c_2\boldsymbol{i}-c_1\boldsymbol{j} \end{aligned} \tag{2.49}$$

としてよい．このように高次の微小量を無視できる無限に小さな回転を**無限小回転**という．

さて，物体の中の1点Pの位置ベクトルを $\overrightarrow{\mathrm{OP}}=\boldsymbol{r}$ としよう．微小な回転の後におけるこの点の座標を S 系で (x, y, z) とし，S' 系で (x', y', z') とすると

$$\begin{aligned} \boldsymbol{r} &= x\boldsymbol{i}+y\boldsymbol{j}+z\boldsymbol{k} \\ &= x'\boldsymbol{i}'+y'\boldsymbol{j}'+z'\boldsymbol{k}' \end{aligned} \tag{2.50}$$

である．S' 系は物体に固定されているとしているから，物体内の点Pの座標 (x', y', z') は不変である．また $\boldsymbol{i}, \boldsymbol{j}, \boldsymbol{k}$ は不動の基本ベクトルとしているから，S 系からみた座標 (x, y, z) の変化を (dx, dy, dz) とすると，上式の微分をとると(2.49)を用いることにより

$$\begin{aligned} \boldsymbol{i}dx+\boldsymbol{j}dy+\boldsymbol{k}dz &= x'd\boldsymbol{i}'+y'd\boldsymbol{j}'+z'd\boldsymbol{k}' \\ &= x'(c_3\boldsymbol{j}-c_2\boldsymbol{k})+y'(-c_3\boldsymbol{i}+c_1\boldsymbol{k})+z'(c_2\boldsymbol{i}-c_1\boldsymbol{j}) \\ &= (c_2z'-c_3y')\boldsymbol{i}+(c_3x'-c_1z')\boldsymbol{j}+(c_1y'-c_2x')\boldsymbol{k} \end{aligned} \tag{2.51}$$

を得る．ここで S と S' は極めて近く，c_1, c_2, c_3 は極めて小さいので，(x', y', z') と (x, y, z) との差を無視して (x', y', z') を (x, y, z) でおきかえてよい．したがって無限小回転に対しては

$$\begin{aligned} dx &= c_2z-c_3y \\ dy &= c_3x-c_1z \\ dz &= c_1y-c_2x \end{aligned} \tag{2.52}$$

が成り立つことがわかる．

回転軸　(2.52)によれば

$$x:y:z = c_1:c_2:c_3 \tag{2.53}$$

できまる方向の直線上では

$$dx = dy = dz = 0 \tag{2.54}$$

である．この直線上の点は S 系から見て動かないのである．したがって物体

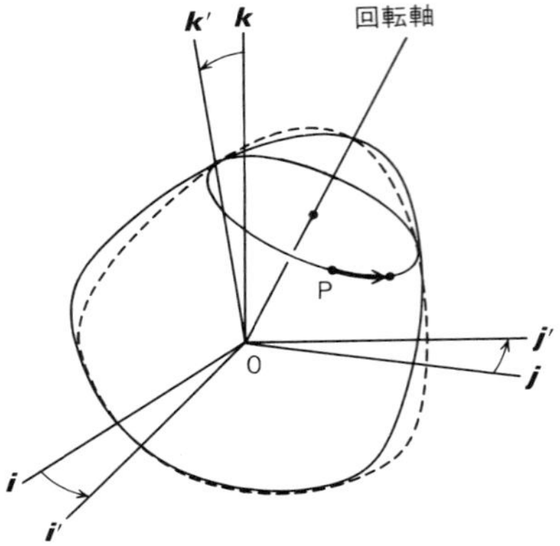

図 2-8

の回転は方向余弦の比が $c_1 : c_2 : c_3$ に等しい直線を軸として微小回転をしたことになる(図 2.8 参照).

(2.52)の 3 式にそれぞれ x, y, z を加えた結果は

$$\begin{pmatrix} x+dx \\ y+dy \\ z+dz \end{pmatrix} = \begin{pmatrix} x-c_3y+c_2z \\ c_3x+y-c_1z \\ -c_2x+c_1y+z \end{pmatrix} \tag{2.55}$$

と書ける．これは点 (x, y, z) が微小回転によって移った場所の座標 $(x+dx, y+dy, z+dz)$ を与える式である.

回転の重ね合わせ　(2.55)は

$$\begin{pmatrix} x+dx \\ y+dy \\ z+dz \end{pmatrix} = \begin{pmatrix} 1 & -c_3 & c_2 \\ c_3 & 1 & -c_1 \\ -c_2 & c_1 & 1 \end{pmatrix} \begin{pmatrix} x \\ y \\ z \end{pmatrix} \tag{2.56}$$

と書ける．この式の右辺は行列

$$U = \begin{pmatrix} 1 & -c_3 & c_2 \\ c_3 & 1 & -c_1 \\ -c_2 & c_1 & 1 \end{pmatrix} \tag{2.57}$$

と縦ベクトルとして書いた位置ベクトル $\boldsymbol{r}=(x, y, z)$ との積を意味する．一般に行列とベクトルの積は規則

$$\begin{pmatrix} a_{11} & a_{12} & a_{13} \\ a_{21} & a_{22} & a_{23} \\ a_{31} & a_{32} & a_{33} \end{pmatrix}\begin{pmatrix} x \\ y \\ z \end{pmatrix} = \begin{pmatrix} a_{11}x+a_{12}y+a_{13}z \\ a_{21}x+a_{22}y+a_{23}z \\ a_{31}x+a_{32}y+a_{33}z \end{pmatrix} \tag{2.58}$$

によって1つのベクトルを与える．また，2つの行列

$$A = \begin{pmatrix} a_{11} & a_{12} & a_{13} \\ a_{21} & a_{22} & a_{23} \\ a_{31} & a_{32} & a_{33} \end{pmatrix}, \quad B = \begin{pmatrix} b_{11} & b_{12} & b_{13} \\ b_{21} & b_{22} & b_{23} \\ b_{31} & b_{32} & b_{33} \end{pmatrix} \tag{2.59}$$

の積は

$$AB = \begin{pmatrix} a_{11}b_{11}+a_{12}b_{21}+a_{13}b_{31} & a_{11}b_{12}+a_{12}b_{22}+a_{13}b_{32} & a_{11}b_{13}+a_{12}b_{23}+a_{13}b_{33} \\ a_{21}b_{11}+a_{22}b_{21}+a_{23}b_{31} & a_{21}b_{12}+a_{22}b_{22}+a_{23}b_{32} & a_{21}b_{13}+a_{22}b_{23}+a_{23}b_{33} \\ a_{31}b_{11}+a_{32}b_{21}+a_{33}b_{31} & a_{31}b_{12}+a_{32}b_{22}+a_{33}b_{32} & a_{31}b_{13}+a_{32}b_{23}+a_{33}b_{33} \end{pmatrix} \tag{2.60}$$

で定義される．したがって一般に

$$AB \neq BA \tag{2.61}$$

である．行列の積では順序を交換すると一般にちがったものになる．

(2.57)の行列 U で表わされる微小回転を物体に与えると物体内の点 P(x, y, z) は $(x+dx,\ y+dy,\ z+dz)$ へ移る．これにさらに

$$V = \begin{pmatrix} 1 & -c_3' & c_2' \\ c_3' & 1 & -c_1' \\ -c_2' & c_1' & 1 \end{pmatrix} \tag{2.62}$$

で与えられる別の微小回転を与えると，点 P は

$$VU\begin{pmatrix} x \\ y \\ z \end{pmatrix} = \begin{pmatrix} 1-c_3'c_3-c_2'c_2 & -c_3-c_3'+c_1c_2' & c_2+c_3'c_1+c_2' \\ c_3'+c_3+c_1'c_2 & -c_3'c_3+1-c_1'c_1 & c_3'c_2-c_1-c_1' \\ -c_2'+c_1'c_3-c_2 & c_2'c_3+c_1'+c_1 & -c_2'c_2-c_1'c_1+1 \end{pmatrix}\begin{pmatrix} x \\ y \\ z \end{pmatrix} \tag{2.63}$$

へ移る．

しかし，非常に小さな微小回転(無限小回転)だけを考えているので，$c_1, c_2, \cdots, c_1', c_2', \cdots$ はすべて十分小さく，これらの積 $c_1'c_2$ などは無視できる．したがって無限小回転 U, V に対しては

$$VU = \begin{pmatrix} 1 & -(c_3+c_3') & c_2+c_2' \\ c_3+c_3' & 1 & -(c_1+c_1') \\ -(c_2+c_2') & c_1+c_1' & 1 \end{pmatrix} = UV \qquad (2.64)$$

が成り立つ．いいかえれば，2つの無限小回転を重ねるときはその順序を交換してもよいのである．

角速度 物体の微小な回転によって，物体内の1点Pが変位

$$(x, y, z) \to (x+dx, y+dy, z+dz)$$

をするとしてきた．この変位は物体の回転運動によって微小時間dtの間に達せられたとしよう．この回転運動は(2.53)により，$c_1{:}c_2{:}c_3$を方向余弦とする直線を軸とする回転である．そこで

$$\omega_1 = \frac{c_1}{dt}, \qquad \omega_2 = \frac{c_2}{dt}, \qquad \omega_3 = \frac{c_3}{dt} \qquad (2.65)$$

とおけば，不動の座標系Sから見た点Pの速度は(2.52)により

$$\begin{aligned} \frac{dx}{dt} &= \omega_2 z - \omega_3 y \\ \frac{dy}{dt} &= \omega_3 x - \omega_1 z \\ \frac{dz}{dt} &= \omega_1 y - \omega_2 x \end{aligned} \qquad (2.66)$$

で与えられる．したがってベクトル

$$\boldsymbol{\omega} = (\omega_1, \omega_2, \omega_3) \qquad (2.67)$$

を定義すれば，物体内の点$\boldsymbol{r}=(x, y, z)$の速度は

$$\frac{d\boldsymbol{r}}{dt} = \boldsymbol{\omega} \times \boldsymbol{r} \qquad (2.68)$$

で与えられることになる．$\boldsymbol{\omega}$を**角速度**という．$\boldsymbol{\omega}$が一定のまま持続する回転もあるが，一般には$\boldsymbol{\omega}$は瞬間的な回転軸の方向と，回転の角速度の大きさを与えるベクトルである．

(2.68)はベクトルで書かれた方程式であるから，規準にした座標系Sのとり方に無関係に成り立つ．ことに上の導き方で使った座標系S'は(2.68)には現

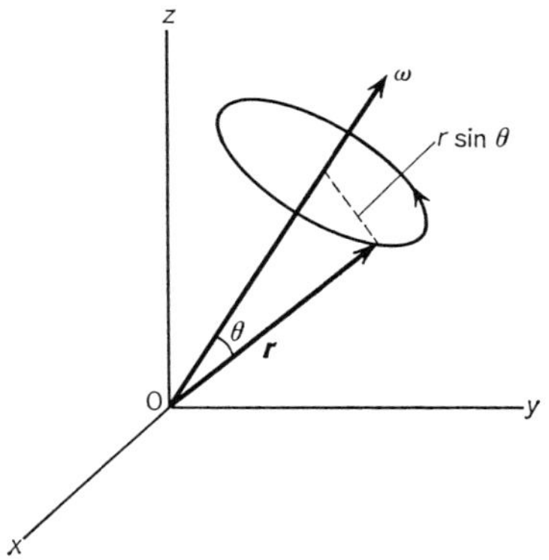

図 2-9

われていないし，もはや考える必要はないのである.

図 2-9 のように，物体は $\boldsymbol{\omega}$ の方向を軸として回転し，物体内の点 $\boldsymbol{r}$ の速さは

$$v = \left|\frac{d\boldsymbol{r}}{dt}\right| = \omega r \sin\theta \tag{2.69}$$

である．ここで θ は $\boldsymbol{\omega}$ と $\boldsymbol{r}$ との間の角であり，$r=|\boldsymbol{r}|$，物体の回転の角速度の大きさは $\omega=|\boldsymbol{\omega}|$ である.

問 題 2-4

1. 回転軸 $\boldsymbol{\omega}$ を z 軸にとれば，回転は

$$\frac{dx}{dt} = -\omega y, \qquad \frac{dy}{dt} = \omega x$$

で与えられることを示し，ω=一定のときこの式を積分して，これが一様な円運動であることを示せ.

2. 係数 c_1, c_2, c_3 について 2 次の項を無視する無限小変換 (2.55) においては原点 O から物体の点 P までの距離は不変であること，すなわち

$$(x+dx)^2+(y+dy)^2+(z+dz)^2 = x^2+y^2+z^2$$

であることを確かめよ.

第 2 章演習問題

[1] $\boldsymbol{A}(t)$ の大きさが一定であるとすれば $\boldsymbol{A}$ と $d\boldsymbol{A}/dt$ はたがいに垂直，すなわち

$$\boldsymbol{A}\cdot\frac{d\boldsymbol{A}}{dt} = \frac{d\boldsymbol{A}}{dt}\cdot\boldsymbol{A} = 0$$

であることを示し，その幾何学的意味を明らかにせよ．

[2] $\boldsymbol{A}(t)$ と $\boldsymbol{B}(t)$ が直交し，$d\boldsymbol{A}/dt$ と $\boldsymbol{B}$ も直交すれば，$\boldsymbol{A}$ と $d\boldsymbol{B}/dt$ も直交することを示せ．

[3] $\boldsymbol{B}$ と $\boldsymbol{C}$ が定ベクトルであるとし，$\boldsymbol{A}(t)$ がつねに

$$\boldsymbol{A}(t)\times\boldsymbol{B} = \boldsymbol{C} \qquad (|d\boldsymbol{A}/dt| \neq 0)$$

を満たすベクトルであるとすれば $d\boldsymbol{A}/dt$ は $\boldsymbol{B}$ と平行，あるいは逆平行であることを示せ．

[4] $\boldsymbol{B}$ が定ベクトル $(\boldsymbol{B}\neq 0)$ であるとし，$\boldsymbol{A}(t)$ が

$$\frac{d\boldsymbol{A}}{dt}\times\boldsymbol{B} = 0$$

を満たすならば $\boldsymbol{C}$ を任意の定ベクトルとして

$$\boldsymbol{A}(t) = F(t)\boldsymbol{B}+\boldsymbol{C}$$

であることを示せ．

[5] $\boldsymbol{B}$ と $\boldsymbol{C}$ を定ベクトルとし，$\boldsymbol{A}(t)$ が

$$\frac{d\boldsymbol{A}}{dt}\cdot\boldsymbol{B} = \frac{d\boldsymbol{A}}{dt}\cdot\boldsymbol{C} = 0$$

を満たすならば $\boldsymbol{A}(t)$ は

$$\boldsymbol{A}(t) = F(t)\boldsymbol{B}\times\boldsymbol{C}+\boldsymbol{D}$$

と表わせることを示せ．ただし，$\boldsymbol{D}$ は任意の定ベクトルである．

Coffee Break

2点を結ぶ最短曲線

平面上の2点を結ぶ曲線のうちで最短のものは，もちろん直線である．曲面上に与えられた2点を結ぶ曲面上の曲線のうち，その長さが極値をとるものは，**測地線**(geodesic line)とよばれ，平面上の直線に相当する．

球面上の測地線は，大円(球の中心を通る平面と球面の交線)である．たとえば地球表面にそって東京からアラスカのアンカレッジへ飛ぶ航空機の航路は，ふつうの地図の上では曲がっていて最短距離でないように見えるが，これらの空港を結ぶ大円になっているので最短距離なのである(原則として)．

測地線を直線とみなすとき，曲面上の幾何学はユークリッド幾何学でない幾何学，すなわち非ユークリッド幾何学になる．

3

曲線

紙上に描くいろいろな図形の中で，一番わかりやすいのは直線と円とであろう．２つの点をきめればこれを通る直線はきまる．３つの点をきめれば，これを通る円は１つしかない．複雑な曲線でも，その一部分をとれば直線か円に近い場合が多い．曲線上に接近する３つの点をとれば，この３点を通る円でその曲線を近似し，そこの曲がり方を知ることができる．

3-1 平面曲線

いままでにも平面上の直線や曲線についていくらか述べてきたが，この節では空間内の曲線や曲面について学ぶための準備として，平面曲線を考察することにする．直線を除けば一番わかりやすい曲線は円であり，わかりやすい曲面は球であるから，この章では円や球を具体的な例としてくりかえしとり上げることにしよう．

まず，原点 O を中心とする半径 a の円を考えよう．円の上の点 P の座標を (x, y) とすれば(図 3-1)

$$x^2+y^2 = a^2 \tag{3.1}$$

が，この円を表わす方程式である．(3.1)を y について解くと $y>0$ の部分(半円)は

$$y = \sqrt{a^2-x^2} \tag{3.2}$$

で表わせる．

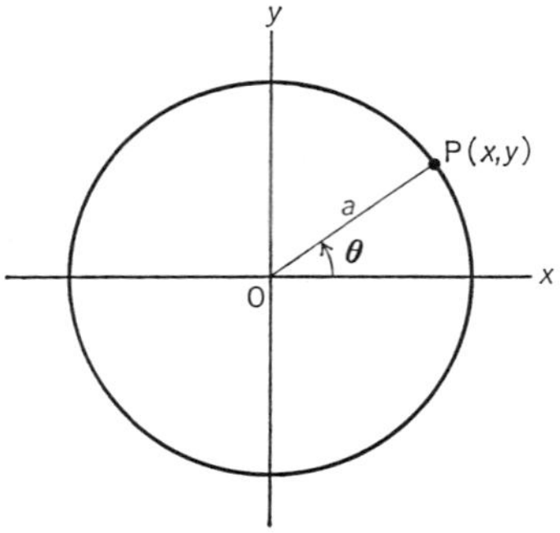

図 3-1

平面上の一般の曲線においても，x 座標に対して y の値を与えれば曲線が定まるので，曲線を方程式

$$y = f(x) \tag{3.3}$$

によって与えることができる．(3.3)は曲線を一般的に扱うのに便利な形なの

でよく用いられる．

円(3.1)は

$$x = a\cos\theta, \qquad y = a\sin\theta \tag{3.4}$$

と表わすこともできる．ここにθは曲線上の点Pと原点を結ぶ直線がx軸となす角である．(3.4)はθを媒介として円を与える式である．このようにある変数を媒介として曲線などが与えられるとき，この変数を**パラメタ**(**媒介変数**)という．

原点Oから曲線上の点Pへ引いたベクトル$\overrightarrow{\mathrm{OP}}$，すなわちPの位置ベクトルを$\boldsymbol{r}$とする．$\boldsymbol{r}$の成分$x, y$がパラメタ$s$の関数として与えられたとき，これらを$x(s), y(s)$と書けば

$$\boldsymbol{r} = \boldsymbol{r}(s) \equiv \begin{pmatrix} x(s) \\ y(s) \end{pmatrix} \tag{3.5}$$

は1つの曲線を与える．

曲線のパラメタとしては，曲線上のある定点から曲線にそって測った曲線の長さ(**弧長**)sをとることが多い．たとえば，円弧の長さは

$$s = a\theta \tag{3.6}$$

なので円の方程式は

$$\boldsymbol{r} = \boldsymbol{r}(s) \equiv \begin{pmatrix} a\cos(s/a) \\ a\sin(s/a) \end{pmatrix}$$

と書ける．

図3-2のように，接近した2点$\mathrm{P}(x, y)$と$\mathrm{P}'(x+dx, y+dy)$の位置ベクトルをそれぞれ$\boldsymbol{r}, \boldsymbol{r}'$，その差を$d\boldsymbol{r}$とし，$\mathrm{PP}'$の距離を$ds$とすれば，$d\boldsymbol{r}=\boldsymbol{r}'-\boldsymbol{r}$であり

$$ds = |d\boldsymbol{r}| = \sqrt{(dx)^2+(dy)^2} \tag{3.7}$$

となる．

接線 平面曲線C(図3-3)の上に2点PとP′をとり，P′を限りなくPに近づけるとき，PP′を延長した直線は曲線Cに接した直線になる．これを**接線**という．また，Pにおいて接線と直交する直線を**法線**という．

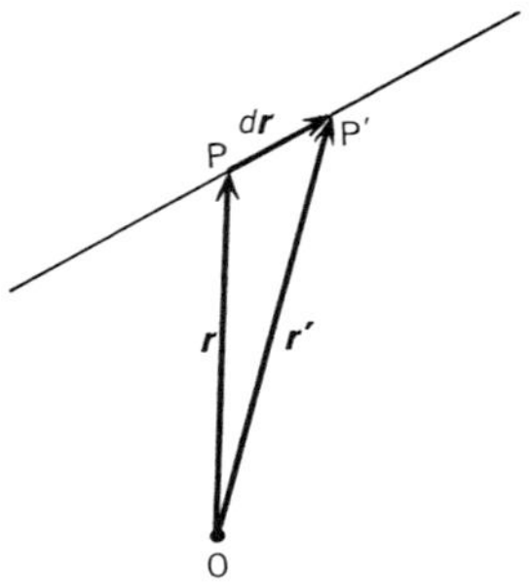

図 3-2

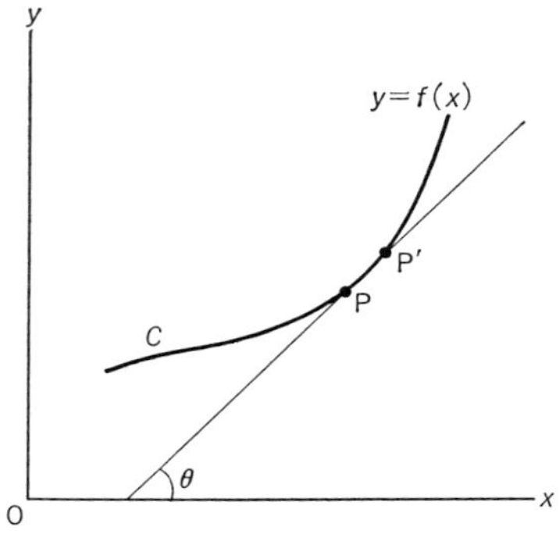

図 3-3

曲線が式(3.3)で与えられたとき，導関数

$$\frac{dy}{dx} = f'(x) = \tan\theta \tag{3.8}$$

は接線の傾き $\tan\theta$ (図 3-3)を表わす．

一般的な議論においては位置ベクトル $\boldsymbol{r}(s)$ を用いたパラメタ表示が便利である．図 3-3 のように曲線上の接近した 2 点 P, P′ をとれば，$d\boldsymbol{r}=\boldsymbol{r}'-\boldsymbol{r}$ は接線と方向が一致する．そこで

$$\boldsymbol{t} = \frac{d\boldsymbol{r}}{ds} = \begin{pmatrix} \dfrac{dx}{ds} \\ \dfrac{dy}{ds} \end{pmatrix} \tag{3.9}$$

を考えると

$$|\boldsymbol{t}| = \frac{|d\boldsymbol{r}|}{ds} = 1 \tag{3.10}$$

したがって $\boldsymbol{t}$ は接線を表わす単位長さのベクトルである．これを点 P における**接線ベクトル**という(接線は tangent なので文字 t を使う)．

[例 1]　円の接線ベクトル　円の方程式(3.4)を用いれば，接線ベクトル $\boldsymbol{t}$ の成分 (t_x, t_y) は

$$t_x = \frac{dx}{ds} = -\sin\left(\frac{s}{a}\right) = -\sin\theta$$

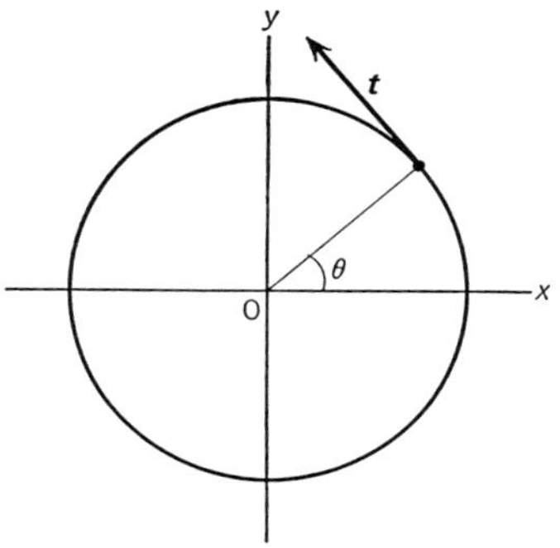

図 3-4

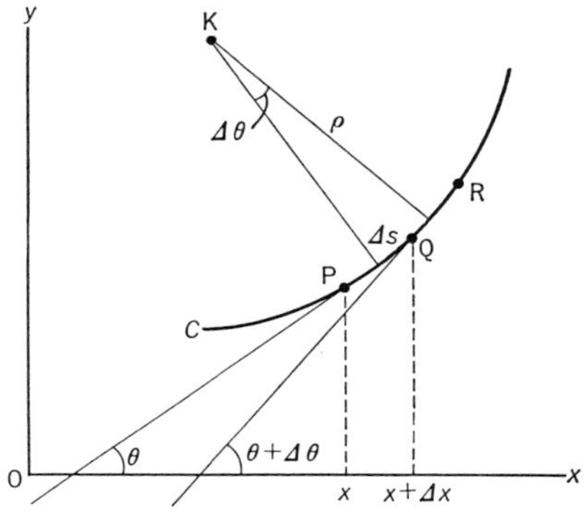

図 3-5

$$t_y = \frac{dy}{ds} = \cos\left(\frac{s}{a}\right) = \cos\theta$$

である(図 3-4). ▎

曲率　曲線にそって進むにつれて，接線の方向は変わってくる．この変化を表わすのが曲率である．平面曲線 $y=f(x)$ 上の 3 点 P, Q, R をとる(図 3-5). これらが十分近いとすれば，直線 $\overline{\mathrm{PQ}}$ は点 $\mathrm{P}(x, f(x))$ における接線，直線 $\overline{\mathrm{QR}}$ は点 $\mathrm{Q}(x+\Delta x, f(x+\Delta x))$ における接線と見てよく，(3.8) により

$$\begin{aligned} \tan\theta &= f'(x) \\ \tan(\theta+\Delta\theta) &= f'(x+\Delta x) \end{aligned} \tag{3.11}$$

である．$d\tan\theta/d\theta = 1/\cos^2\theta$ により $\Delta\theta$ が十分小さいとすれば

$$\tan(\theta+\Delta\theta) = \tan\theta + \frac{\Delta\theta}{\cos^2\theta}$$

$$f'(x+\Delta x) = f'(x) + f''(x)\Delta x$$

であるから(3.11)により

$$\begin{aligned} \frac{\Delta\theta}{\Delta x} &= f''(x)\cos^2\theta \\ &= \frac{f''(x)}{1+\tan^2\theta} = \frac{f''(x)}{1+\{f'(x)\}^2} \end{aligned} \tag{3.12}$$

を得る．ここで弧の長さ $\widehat{\mathrm{PQ}}$ を Δs とすれば $\Delta y = f'(x)\Delta x$ により

$$(\Delta s)^2 = (\Delta x)^2+(\Delta y)^2 = (\Delta x)^2[1+\{f'(x)\}^2] \tag{3.13}$$

したがって

$$\frac{\Delta\theta}{\Delta s} = \frac{f''(x)}{[1+\{f'(x)\}^2]^{3/2}} \tag{3.14}$$

を得る．他方 $\overline{\mathrm{PQ}}$ の中点からこれに垂直に引いた直線と $\overline{\mathrm{QR}}$ の中点でこれに垂直に引いた直線とが交わる角は図 3-5 でわかるように $\Delta\theta$ に等しく，交点 K は PQR を通る円の中心である．そこでこの円の半径を ρ とすると(3.6)により

$$\rho\Delta\theta = \Delta s \tag{3.15}$$

が成り立つ．したがって(3.14), (3.15)により

$$\frac{1}{\rho} = \frac{f''(x)}{[1+\{f'(x)\}^2]^{3/2}} \tag{3.16}$$

を得る．$1/\rho$ を点 P における曲線 C の**曲率**といい，ρ を**曲率半径**という．(3.16)によれば $f''(x)<0$ のときは $\rho<0$ になる．曲率半径を正とみなすならば(3.16)の右辺で $f''(x)$ の絶対値をとらなければならない．

なお，曲率については次の節において，より一般的に空間曲線の場合も含めて考察することにする(p. 78 参照)．

[例 2]　円　円の方程式(3.2)により

$$y = f(x) = \sqrt{a^2-x^2}$$

から

$$f'(x) = \frac{-x}{\sqrt{a^2-x^2}}$$

$$f''(x) = \frac{-a^2}{(a^2-x^2)^{3/2}}$$

したがって(3.16)により

$$\frac{1}{\rho} = \frac{\dfrac{-a^2}{(a^2-x^2)^{3/2}}}{\left[1+\dfrac{x^2}{a^2-x^2}\right]^{3/2}} = \frac{-1}{a}$$

となる．これから $\rho=-a$ となるが，曲率半径として正の値をとることにすれ

ば曲率半径 ρ は円の半径 a に等しいわけである. ▍

[例 3] 楕円 楕円の方程式を

$$\frac{x^2}{a^2}+\frac{y^2}{b^2}=1$$

とする. y について解けば $y>0$ の領域で

$$y=\frac{b}{a}\sqrt{a^2-x^2}$$

これを用いて, 円の場合と同様の計算をすれば

$$\frac{1}{\rho}=\frac{-ab}{\left[a^2+\left(\frac{b^2}{a^2}-1\right)x^2\right]^{3/2}}$$

を得る. 特に, 楕円の軸の端を考えると

$$\begin{aligned} x=a,\ \ y=0 \quad \text{では} \quad |\rho| &= \frac{b^2}{a} \\ x=0,\ \ y=b \quad \text{では} \quad |\rho| &= \frac{a^2}{b} \end{aligned} \tag{3.17}$$

となる. $a=b$ のときはもちろん円で $|\rho|=a$ となる. ▍

問 題 3-1

1. x_0, y_0, θ を定数とし, $-\infty<s<\infty$ とするとき

$$x(s)=x_0+s\cos\theta, \qquad y(s)=y_0+s\sin\theta$$

は直線を表わすことを示し, その傾きを θ で表わせ. この場合 s は何を表わすか.

2. 直線

$$ax+by+c=0$$

の傾きを求めよ.

3. 直線

$$x+y=1$$

と直交し, 原点を通る直線の方程式を求めよ.

4. 直線

$$y=x+1$$

の法線で，点 $(x=0, y=1)$ を通るものを求めよ．

5. 放物線 $y=(1/2)ax^2$ の曲率半径を求めよ．

3-2 空間曲線

空間曲線を表わすには，曲線上の点の位置ベクトル $\boldsymbol{r}=(x, y, z)$ を1つのパラメタの関数として与えると都合がよい．曲線上に適宜に選んだ定点から曲線にそって測った曲線の長さ s をパラメタとすると空間曲線は

$$\boldsymbol{r}=\boldsymbol{r}(s) \tag{3.18}$$

で表わせる．s の微小変化 ds に対する $\boldsymbol{r}$ の微小変化を $d\boldsymbol{r}$ とすれば，$d\boldsymbol{r}=(dx, dy, dz)$ の大きさは ds に等しく

$$|d\boldsymbol{r}|=ds=\sqrt{(dx)^2+(dy)^2+(dz)^2} \tag{3.19}$$

である．$d\boldsymbol{r}$ は接線の方向を向いている．したがって

$$\boldsymbol{t}=\frac{d\boldsymbol{r}(s)}{ds} \tag{3.20}$$

は接線を表わす単位長さのベクトル，すなわち点 P(s) における**接線ベクトル**である．

［例1］ 速度　質点の運動において，時刻 t における質点の位置を $\boldsymbol{r}(s)$ とすれば，運動経路(軌道) C にそった長さ s は時間 t の関数 $s=s(t)$ である．質点の速度

$$\boldsymbol{v}=\frac{d\boldsymbol{r}}{dt} \tag{3.21}$$

は，s を仲介として

$$\boldsymbol{v}=\frac{d\boldsymbol{r}}{ds}\frac{ds}{dt} \tag{3.22}$$

と書ける．ここで

$$v = \frac{ds}{dt} \tag{3.23}$$

は速さを表わし，(3.20)により $d\boldsymbol{r}/ds$ は接線 $\boldsymbol{t}$ である．したがって

$$\boldsymbol{v} = v\boldsymbol{t} \tag{3.24}$$

質点は接線の向きに速さ v の速度をもつ．▍

接線はベクトル $\boldsymbol{t}$ を延長した直線である．接線上の点Q (図 3-6 参照)の位置を $\boldsymbol{X}=(X, Y, Z)$ とすると，$\boldsymbol{X}$ は $\boldsymbol{r}(s)$ から $\boldsymbol{t}$ にそってある距離を進んだ点である．この距離を α とすれば，

$$\boldsymbol{X}-\boldsymbol{r}(s) = \alpha\boldsymbol{t}(s) \qquad (-\infty<\alpha<\infty) \tag{3.25}$$

これが P(s) における接線の方程式である．

$\boldsymbol{t}$ の成分は接線の方向余弦 (l, m, n) である．すなわち

$$l = \frac{dx}{ds}, \qquad m = \frac{dy}{ds}, \qquad n = \frac{dz}{ds} \tag{3.26}$$

これらを用いると，接線の方程式(3.25)は

$$\frac{X-x}{l} = \frac{Y-y}{m} = \frac{Z-z}{n} (=\alpha) \tag{3.27}$$

となる．

法平面　点 P(s) を通り，接線に垂直な平面を P(s) における**法平面**という．法平面上の点の位置ベクトルを $\boldsymbol{X}$ とすれば，ベクトル $\boldsymbol{X}-\boldsymbol{r}(s)$ は接線 $\boldsymbol{t}$ に垂直である(図 3-7 参照)．すなわちこれらのベクトルのスカラー積は 0 である．し

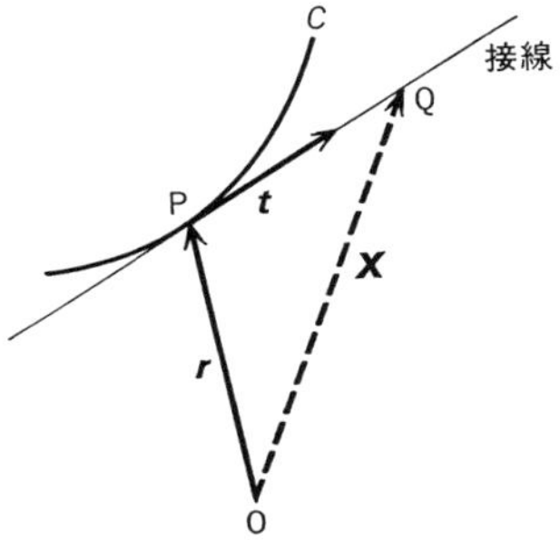

図 3-6

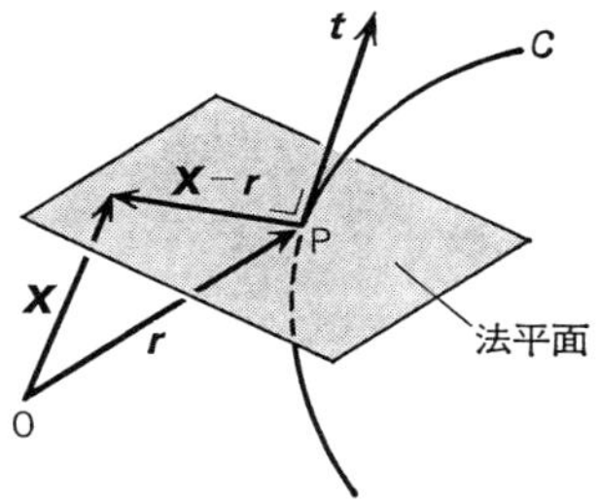

図 3-7

たがって法平面を表わす方程式は

$$(\boldsymbol{X}-\boldsymbol{r}(s))\cdot\boldsymbol{t}(s) = 0 \tag{3.28}$$

と書ける．成分で書けば

$$(X-x)\frac{dx}{ds}+(Y-y)\frac{dy}{ds}+(Z-z)\frac{dz}{ds} = 0 \tag{3.29}$$

が法平面上の点 (X, Y, Z) に対する方程式である．

[例 2]　原点を通る単位ベクトルを $\boldsymbol{e}$ とし，その方向余弦を (l, m, n) とする．$\boldsymbol{e}$ と一致する直線上の任意の点を $\boldsymbol{r}(s)$ とすれば，直線の方程式は

$$\boldsymbol{r}(s) = s\boldsymbol{e} \quad \text{あるいは} \quad x = sl,\ y = sm,\ z = sn \tag{3.30}$$

したがって

$$\frac{dx}{ds} = l, \quad \frac{dy}{ds} = m, \quad \frac{dz}{ds} = n \tag{3.31}$$

法平面の方程式は(3.29)により

$$lX+mY+nZ = p \tag{3.32}$$

これはヘッセの標準形(1.57)である．ここで

$$p = lx+my+nz = \boldsymbol{e}\cdot\boldsymbol{r}$$

は原点から法平面へおろした垂線の長さである(図 3-8)．∎

接触平面　空間内にとった 3 点は 1 つの平面を決定する(もちろん 3 点が 1

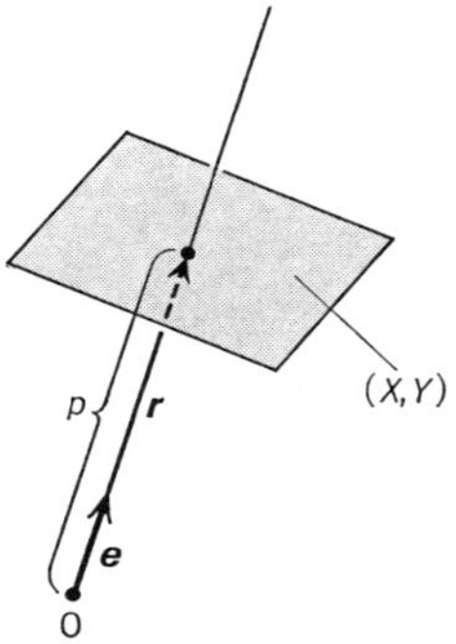

図 3-8

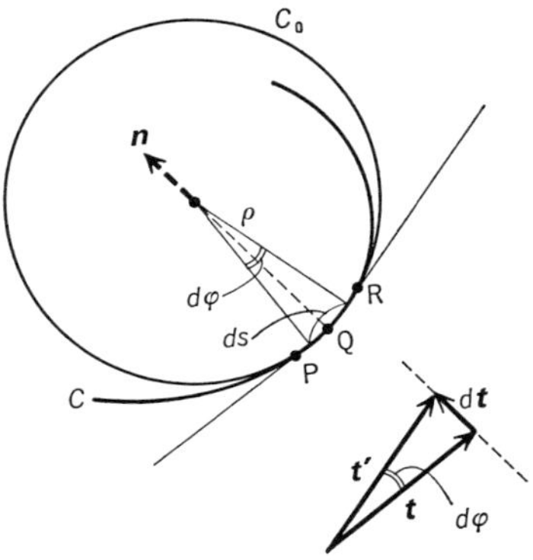

図 3-9

直線上にあるなどの特別な場合を除く)．空間曲線上のたがいに接近した3点も1つの平面を決定し，この付近で曲線はこの平面の上に乗っているので，この平面を曲線の**接触平面**という．

曲線 C 上の1点をPとすると，Pの近くの曲線上の3点はまた1つの円 C_0 を決定する(図3-9)．円 C_0 は問題にしている曲線と接近する3点を共有するので，その接触平面上にあり，Pの付近で曲線 C は円 C_0 によって表わされるということができる．点Pにおけるこのような円の半径を曲線のPにおける**曲率半径**といい，その半径の方向を曲線 C の**主法線**という．主法線は法平面上にあり，同時に接触平面上にあるから，これらの交線である(図3-10)．

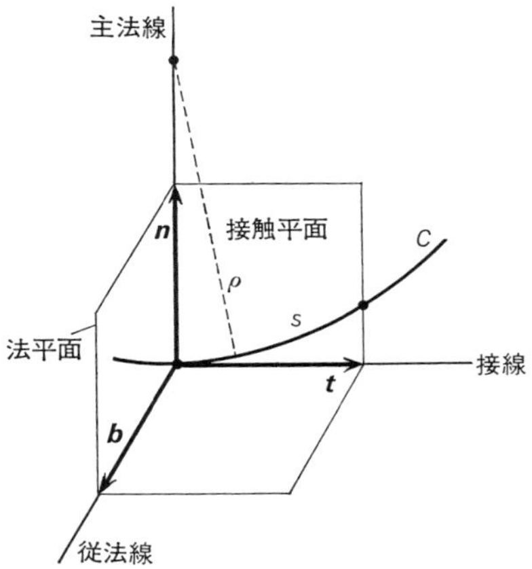

図3-10

曲線上の接近する3点をP, Q, Rとしよう．これらがたがいに近づいた極限において直線PQは1つの接線 $\boldsymbol{t}$ となり，直線QRはこれに接近した次の接線 $\boldsymbol{t}'$ となる．図3-9に示したように，円 C_0 の中心はPQの垂直2等分線とQRの垂直2等分線の交点にあり，PQの中央とQRの中央との間の距離を ds とし，PQとQRの間の角を $d\varphi$，円 C_0 の半径を ρ とすれば，図3-9により

$$\rho d\varphi = ds \tag{3.33}$$

の関係がある．他方で接線 $\boldsymbol{t}$ と $\boldsymbol{t}'$ は共に単位ベクトルであり，その間の角はやはり $d\varphi$ である．ここで

$$\boldsymbol{t}'-\boldsymbol{t} = d\boldsymbol{t}, \qquad |d\boldsymbol{t}| = d\varphi \tag{3.34}$$

である(図3-9参照). したがって

$$\left|\frac{d\boldsymbol{t}}{ds}\right| = \frac{d\varphi}{ds} = \frac{1}{\rho} \tag{3.35}$$

が成り立つ. $d\boldsymbol{t}$ は点 P から円 C_0 の中心へ向いているから, この向き(主法線の向き)の単位ベクトルを $\boldsymbol{n}$ とすれば(法線は normal という)

$$\frac{d\boldsymbol{t}}{ds} = \frac{1}{\rho}\boldsymbol{n} \tag{3.36}$$

となる. 以上のことから明らかなように, $\boldsymbol{n}$ は主法線を表わす単位ベクトルであるから $\boldsymbol{n}$ を**主法線ベクトル**という. また ρ を曲線の**曲率半径**, $\kappa=1/\rho$ を**曲率**といい, 円 C_0 の中心を**曲率の中心**という.

上に述べたように $d\boldsymbol{t}$ は曲率の中心を向いているから, $d\boldsymbol{t}/ds$, あるいは $\boldsymbol{n}$ は接線 $\boldsymbol{t}$ に垂直である. このことを直接示すには, $\boldsymbol{t}\cdot\boldsymbol{t}=1$ に注意すればよい. これを s で微分すれば

$$\frac{d\boldsymbol{t}}{ds}\cdot\boldsymbol{t}+\boldsymbol{t}\cdot\frac{d\boldsymbol{t}}{ds} = 0$$

となる. この左辺は $2\dfrac{d\boldsymbol{t}}{ds}\cdot\boldsymbol{t}$ としても, $2\boldsymbol{t}\cdot\dfrac{d\boldsymbol{t}}{ds}$ としてもよい. したがって

$$\boldsymbol{t}\cdot\frac{d\boldsymbol{t}}{ds} = 0 \tag{3.37}$$

であり, $\boldsymbol{t}$ は $d\boldsymbol{t}/ds$ と直交し, $\boldsymbol{n}=\rho d\boldsymbol{t}/ds$ とも直交する.

[例 3]　加速度　時間を t, 質点の軌道を $\boldsymbol{r}=\boldsymbol{r}(s)$, $s=s(t)$ とする. 速度は (3.24) により

$$\boldsymbol{v} = \frac{d\boldsymbol{r}}{dt} = v\boldsymbol{t}$$

ここで v は速さ, $\boldsymbol{t}$ は接線 (3.20) である. 再び微分すれば加速度は

$$\boldsymbol{a} = \frac{d\boldsymbol{v}}{dt} = \frac{dv}{dt}\boldsymbol{t}+v\frac{d\boldsymbol{t}}{ds}\frac{ds}{dt}$$

ここで (3.36) を用いれば

$$\boldsymbol{a} = \frac{dv}{dt}\boldsymbol{t}+\frac{v^2}{\rho}\boldsymbol{n} \tag{3.38}$$

この右辺第1項は**接線加速度**，第2項は**法線加速度**という．質点の質量を m とすれば，質点にはたらく力 $\boldsymbol{F}$ は

$$\boldsymbol{F} = m\boldsymbol{a} = m\frac{dv}{dt}\boldsymbol{t}+\frac{mv^2}{\rho}\boldsymbol{n} \tag{3.39}$$

この右辺で第2項は**向心力**とよばれる力である．▌

従法線　曲線上の点Pにおける接線 $\boldsymbol{t}$ と主法線 $\boldsymbol{n}$ とは直交する単位ベクトルであるから，

$$\boldsymbol{b} = \boldsymbol{t}\times\boldsymbol{n} \tag{3.40}$$

で定義されるベクトルは $\boldsymbol{t}$ と $\boldsymbol{n}$ に垂直な単位ベクトルで，曲線の接触平面に垂直となる．これを**従法線**という(**陪法線**，**次法線**ともいう)．$\boldsymbol{t},\boldsymbol{n},\boldsymbol{b}$ は右手座標系の関係にある(図3-11)．

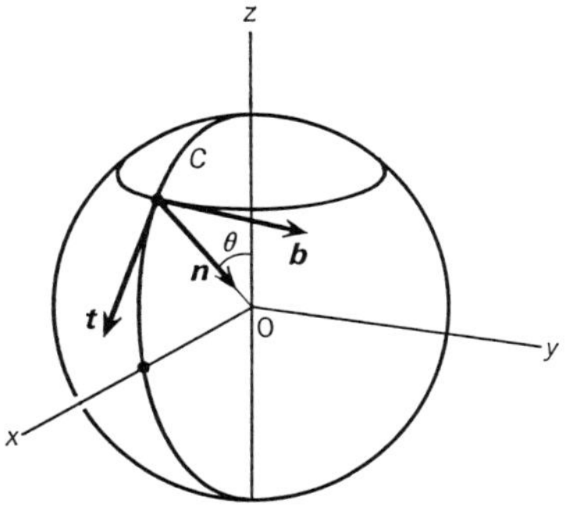

図3-11

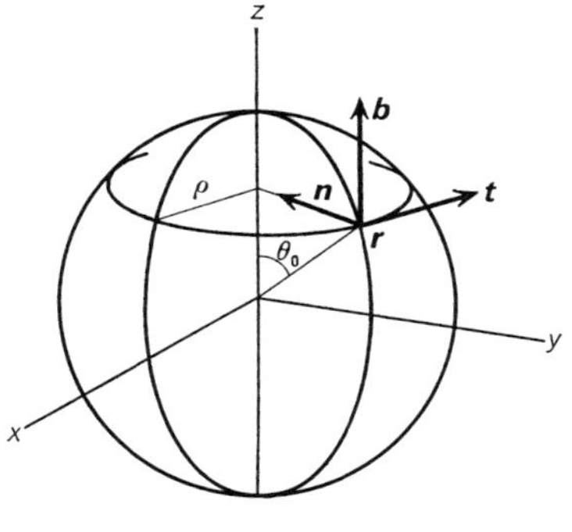

図3-12

[例4]　半径 a の球を考えよう．極座標 r,θ,φ を用いれば，球面上の点は

$$x = a\sin\theta\cos\varphi$$
$$y = a\sin\theta\sin\varphi$$
$$z = a\cos\theta$$

で与えられる．簡単な曲線として $\varphi=0$ を考えよう．これは子午線の1つである．この曲線は xz 面内にあり，

$$\boldsymbol{r} = (a\sin\theta, 0, a\cos\theta)$$

で与えられる大円である(図 3-11)．曲線の長さは北極からはかって

$$s = a\theta$$

である．この曲線の接線 $\boldsymbol{t}$ は

$$\boldsymbol{t} = \frac{d\boldsymbol{r}}{d\theta}\frac{d\theta}{ds} = (\cos\theta, 0, -\sin\theta)$$

であり，接線は xz 面内にある．さらに

$$\frac{1}{\rho}\boldsymbol{n} = \frac{d\boldsymbol{t}}{ds} = \left(\frac{-\sin\theta}{a}, 0, \frac{-\cos\theta}{a}\right) = -\frac{\boldsymbol{r}}{a^2}$$

ここで $|\boldsymbol{r}|=a$ を考慮すると

$$\rho = a$$

$$\boldsymbol{n} = -\frac{\boldsymbol{r}}{a} = (-\sin\theta, 0, -\cos\theta)$$

を得る．これは，曲率半径が球の半径に等しく，主法線が球の中心に向いていることを表わしている．従法線は

$$\begin{aligned}\boldsymbol{b} &= \boldsymbol{t}\times\boldsymbol{n} \\ &= \begin{vmatrix} \boldsymbol{i} & \boldsymbol{j} & \boldsymbol{k} \\ \cos\theta & 0 & -\sin\theta \\ -\sin\theta & 0 & -\cos\theta \end{vmatrix} = \boldsymbol{j}\end{aligned}$$

したがってこの曲線の従法線はこの曲線のある xz 面に垂直な y 方向(基本ベクトル $\boldsymbol{j}$ の向き)を向いている．

[例 5]　球面上において $\theta=\theta_0=$ 一定の曲線を考えよう．これは緯度一定(z 軸に垂直な面内)の円であって(図 3-12)

$$\boldsymbol{r} = (a\sin\theta_0\cos\varphi, a\sin\theta_0\sin\varphi, a\cos\theta_0)$$

で与えられる．この円の半径は $a\sin\theta_0$ であり，緯線にそう曲線の長さは

$$s = a\sin\theta_0\cdot\varphi$$

である．接線は

$$\boldsymbol{t} = \frac{d\boldsymbol{r}}{ds} = (-\sin\varphi, \cos\varphi, 0)$$

であり，これは xy 面内にある．さらに

$$\frac{1}{\rho}\boldsymbol{n} = \frac{d\boldsymbol{t}}{ds} = \frac{-1}{a\sin\theta_0}(\cos\varphi, \sin\varphi, 0)$$

これから

$$\rho = a\sin\theta_0$$

$$\boldsymbol{n} = -(\cos\varphi, \sin\varphi, 0)$$

これはこの円を含む面内にあって，円の中心を向いている．従法線は

$$\begin{aligned}\boldsymbol{b} &= \boldsymbol{t}\times\boldsymbol{n} \\ &= \begin{vmatrix} \boldsymbol{i} & \boldsymbol{j} & \boldsymbol{k} \\ -\sin\varphi & \cos\varphi & 0 \\ -\cos\varphi & -\sin\varphi & 0 \end{vmatrix} = \boldsymbol{k}\end{aligned}$$

である．これは z 軸に平行である．❙

ねじれ率　曲線にそって進むにつれて従法線 $\boldsymbol{b}$ が向きを変えるのは曲線がねじれるときである．そこで

$$\left|\frac{d\boldsymbol{b}}{ds}\right| = |\tau| \tag{3.41}$$

とおき，τ を**ねじれ率**(**捩率**(れいりつ))という．

$\boldsymbol{b}=\boldsymbol{t}\times\boldsymbol{n}$ を s で微分すれば

$$\frac{d\boldsymbol{b}}{ds} = \frac{d\boldsymbol{t}}{ds}\times\boldsymbol{n}+\boldsymbol{t}\times\frac{d\boldsymbol{n}}{ds}$$

ここで $(d\boldsymbol{t}/ds)\times\boldsymbol{n}=(1/\rho)\boldsymbol{n}\times\boldsymbol{n}=0$ であるから

$$\frac{d\boldsymbol{b}}{ds} = \boldsymbol{t}\times\frac{d\boldsymbol{n}}{ds} \tag{3.42}$$

したがって $d\boldsymbol{b}/ds$ は接線 $\boldsymbol{t}$ に垂直である．また $\boldsymbol{b}\cdot\boldsymbol{b}=1$ から $\boldsymbol{b}\cdot d\boldsymbol{b}/ds=0$ であるので，$d\boldsymbol{b}/ds$ は従法線 $\boldsymbol{b}$ にも垂直である．故に $d\boldsymbol{b}/ds$ は $\boldsymbol{t}$ にも $\boldsymbol{b}$ にも垂直な主法線 $\boldsymbol{n}$ の方向を向いている．そこで

$$\frac{d\boldsymbol{b}}{ds} = -\tau\boldsymbol{n} \tag{3.43}$$

と書いてねじれ率 τ の符号まで定義する．図 3-10 において，曲線の長さ s を左から右へとるとき，右へ進むにつれて曲線が手前($\boldsymbol{t}, \boldsymbol{b}$ の間)へねじれてくる

ときはねじれ率 τ は正であり，曲線があちらの方($\boldsymbol{t}$, $-\boldsymbol{b}$ の間)へねじれて行くときはねじれ率は負である．このようにねじれ率は負になることもあるが，これに対し(3.36)では曲率半径を正として主法線ベクトルを定義している．

[例 4]，[例 5]の球面の子午線，緯線のねじれ率は 0 である．

[例 6]　らせん　z 軸を主軸とするらせんはパラメタ t を用い

$$x = a\cos t, \qquad y = a\sin t, \qquad z = ct$$

で表わされる(a と c は定数で $2\pi c$ はピッチ)．この曲線の接線，曲率，従法線，ねじれ率を求めよう(図 3-13 参照)．

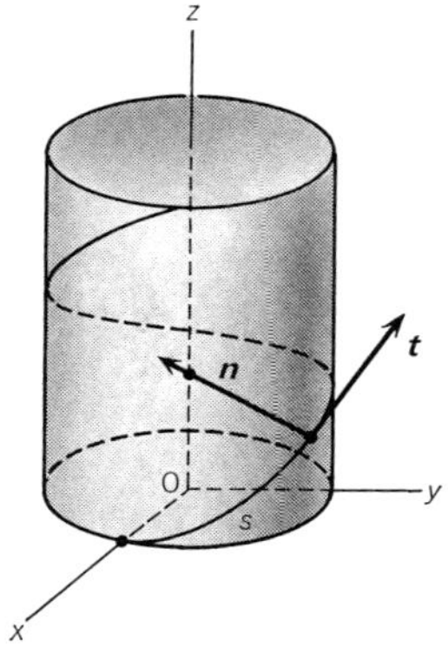

図 3-13

らせん上の長さ s の微分を ds とすれば

$$ds = \sqrt{\left(\frac{dx}{dt}\right)^2 + \left(\frac{dy}{dt}\right)^2 + \left(\frac{dz}{dt}\right)^2}\,dt = \sqrt{a^2+c^2}\,dt$$

接線の成分は

$$t_x = \frac{dx}{ds} = \frac{dx}{dt}\frac{dt}{ds} = \frac{-a\sin t}{\sqrt{a^2+c^2}}, \qquad t_y = \frac{a\cos t}{\sqrt{a^2+c^2}}, \qquad t_z = \frac{c}{\sqrt{a^2+c^2}}$$

$$\frac{dt_x}{ds} = \frac{-a\cos t}{a^2+c^2}, \qquad \frac{dt_y}{ds} = \frac{-a\sin t}{a^2+c^2}, \qquad \frac{dt_z}{ds} = 0$$

したがって(3.36)により

$$\frac{1}{\rho} = \frac{a}{a^2+c^2}$$

$$\boldsymbol{n} = (-\cos t, -\sin t, 0)$$

故に主法線 $\boldsymbol{n}$ はらせんの柱面の法線と一致する.

従法線 $\boldsymbol{b}=\boldsymbol{t}\times\boldsymbol{n}$ については(3.40)により

$$b_x = t_y n_z - t_z n_y = \frac{c\sin t}{\sqrt{a^2+c^2}}$$

$$b_y = t_z n_x - t_x n_z = \frac{-c\cos t}{\sqrt{a^2+c^2}}$$

$$b_z = t_x n_y - t_y n_x = \frac{a}{\sqrt{a^2+c^2}}$$

ねじれ率を求めるには(3.41)を用いる.

$$\frac{db_x}{ds} = \frac{c\cos t}{a^2+c^2}, \qquad \frac{db_y}{ds} = \frac{c\sin t}{a^2+c^2}, \qquad \frac{db_z}{ds} = 0$$

したがって(3.43)により，ねじれ率は

$$\tau = \frac{c}{a^2+c^2}$$

となる. ▎

例題 3.1 主法線 $\boldsymbol{n}$ の変化は $\boldsymbol{n}$ に垂直であり，$d\boldsymbol{n}/ds$ は

$$\frac{d\boldsymbol{n}}{ds} = \tau\boldsymbol{b} - \frac{1}{\rho}\boldsymbol{t} \tag{3.44}$$

すなわち $\boldsymbol{b}$ と $\boldsymbol{t}$ の面内にあることを示せ.

[解] $\boldsymbol{n}\cdot\boldsymbol{n}=1$ を微分すれば $d\boldsymbol{n}/ds\cdot\boldsymbol{n}=0$. すなわち $\boldsymbol{n}$ の変化は $\boldsymbol{n}$ に垂直である. 次に $\boldsymbol{n}=\boldsymbol{b}\times\boldsymbol{t}$ を微分すれば

$$\frac{d\boldsymbol{n}}{ds} = \frac{d\boldsymbol{b}}{ds}\times\boldsymbol{t} + \boldsymbol{b}\times\frac{d\boldsymbol{t}}{ds}$$

$$= (-\tau\boldsymbol{n})\times\boldsymbol{t} + \boldsymbol{b}\times\left(\frac{1}{\rho}\boldsymbol{n}\right)$$

ここで $\boldsymbol{n}\times\boldsymbol{t}=-\boldsymbol{b}$, $\boldsymbol{b}\times\boldsymbol{n}=-\boldsymbol{t}$ を用いれば(3.44)を得る. ▎

フルネ-セレーの公式 以上の結果をまとめると

$$\frac{d\boldsymbol{t}}{ds} = \frac{1}{\rho}\boldsymbol{n}$$

$$\frac{d\boldsymbol{n}}{ds} = -\frac{1}{\rho}\boldsymbol{t} + \tau\boldsymbol{b} \tag{3.45}$$

$$\frac{d\boldsymbol{b}}{ds} = -\tau \boldsymbol{n}$$

となる．これを**フルネ-セレー**(Frenet-Serret)**の公式**という．

空間曲線の曲率半径 $\rho(s)$ とねじれ率 $\tau(s)$ が曲線の長さ s の関数として与えられると，曲線の形は完全に決定されることが証明できる．この意味で $\rho=\rho(s)$, $\tau=\tau(s)$ を空間曲線の**自然方程式**という．

問　題 3-2

1. 曲線の長さを s，曲線を $\boldsymbol{r}=\boldsymbol{r}(s)$ とするとき

$$\frac{d^2\boldsymbol{r}}{ds^2} = \frac{1}{\rho}\boldsymbol{n}$$

であることを示せ．$x=a\cos\dfrac{s}{a}$，$y=a\sin\dfrac{s}{a}$ のときこの式はどうなるか．

2. $\tau(s)=-\boldsymbol{n}\cdot d\boldsymbol{b}/ds$ を示せ．

第 3 章 演 習 問 題

[1] 曲線 $\boldsymbol{r}=\boldsymbol{r}(t)$ の曲率半径 ρ は

$$\frac{1}{\rho^2} = \frac{(\boldsymbol{v}\times\boldsymbol{\alpha})^2}{v^6} = \frac{v^2\alpha^2-(\boldsymbol{v}\cdot\boldsymbol{\alpha})^2}{v^6}$$

で与えられることを示せ．ただし $v=|\boldsymbol{v}|$，$\alpha=|\boldsymbol{\alpha}|$，$\boldsymbol{v}=\dfrac{d\boldsymbol{r}}{dt}$，$\boldsymbol{\alpha}=\dfrac{d^2\boldsymbol{r}}{dt^2}$．

[2] 楕円

$$\boldsymbol{r} = a\cos t\boldsymbol{i}+b\sin t\boldsymbol{j}$$

の曲率を求めよ．

Coffee Break

曲がった空間

われわれは3次元空間を認識できるので，見ただけで平面と曲面を識別できる．平面や球面などの2次元世界の中に住んでいる生物があったとすると，その生物はどのようにして平面と曲面を区別できるであろうか．

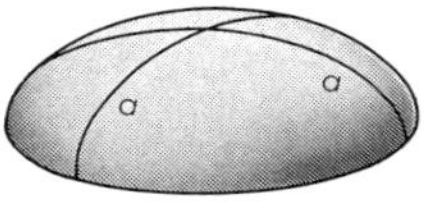

$s<2\pi a$

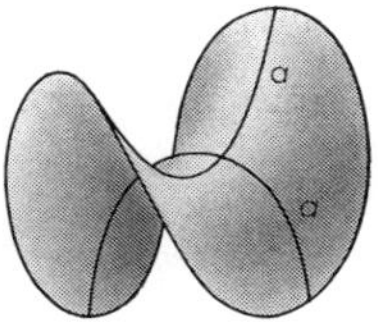

$s>2\pi a$

この生物がある点を中心として，2次元空間で測地線にそって測った微小な長さ a を半径とする閉曲線を描き，その全周 s を測ったとき $s=2\pi a$ であれば，この点の付近でこの空間は平面である．球面ならば $s<2\pi a$ であり，一般に $s\neq 2\pi a$ ならば，これは平面でなく，曲がった面であることになる．

一般相対性理論によれば，空間と時間からなる4次元の時空は重力によってゆがんでいる．われわれはこのゆがみを物理的測定によって知り得るわけである．

4

曲面

私たちが日常目にする物は面で構成されている．丸い柱，ボールペン，花びんのまるっこい面，電球のまるい面などがあり，また四角い柱，六角柱の形をした鉛筆，机の面などの平らな面もある，面と面とが切り合って物の形を作っている．サッカーボールは6角の面と5角の面から構成されているが，どの面も少しまるっこくなっている．曲面のまるっこさはどのように特長づけ，計量化できるのだろうか．

4-1 曲面の表現

この章では空間の曲面を考察するのであるが，それに先だって，典型的な曲面である球面や円柱の面などについて調べておこう．これによって曲面にどのようなものがあるかを理解しておくのが，後の一般論にも必要である．

まず，曲面の特殊な場合である平面については，これまででヘッセの標準形(1.57)や法平面(3.29)などの例があった．これらの例からもわかるように平面は x, y, z の1次式で表わされ，たとえば a, b, c を定数として

$$z = ax+by+c \tag{4.1}$$

は平面を表わす．xy 面内に点 (x, y) をとり，その上に z だけ上った点が，この平面上の点である(図4-1)．一般に x, y, z の1次方程式 $ax+by+cz+d=0$ は平面を与える．

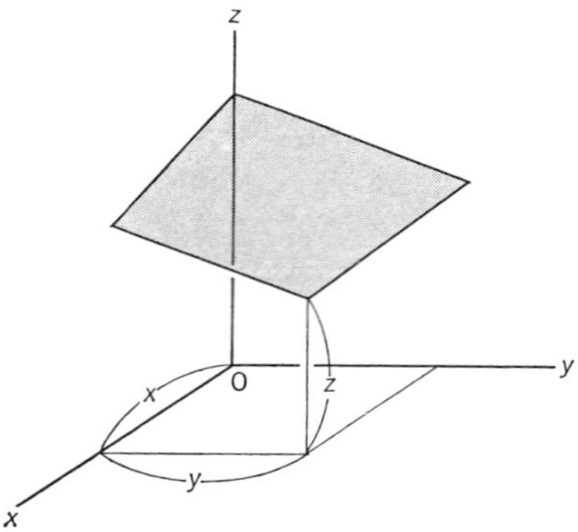

図4-1

2次曲面　x, y, z の2次方程式で与えられる面を2次曲面という．典型的な例を挙げて説明しよう．

(a)　球面　原点を中心とする半径 a の球面は方程式

$$x^2+y^2+z^2 = a^2 \tag{4.2}$$

で与えられる．

(b)　楕円面　a, b, c を定数とするとき方程式

$$\frac{x^2}{a^2}+\frac{y^2}{b^2}+\frac{z^2}{c^2}=1 \tag{4.3}$$

は楕円面(図 4-2)を与える．特に $a=b=c$ のときは球面を与える．

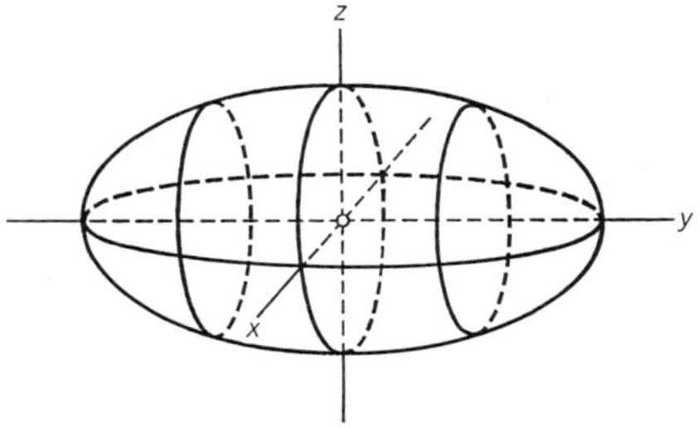

図 4-2

(c) **楕円放物面** p, q を正の定数とするとき

$$\frac{x^2}{2p}+\frac{y^2}{2q}=z \tag{4.4}$$

は放物面(図 4-3)を与える．これは楕円面(4.3)の中心を c に移してから楕円を z 方向に無限に長くした極限と考えることができる．

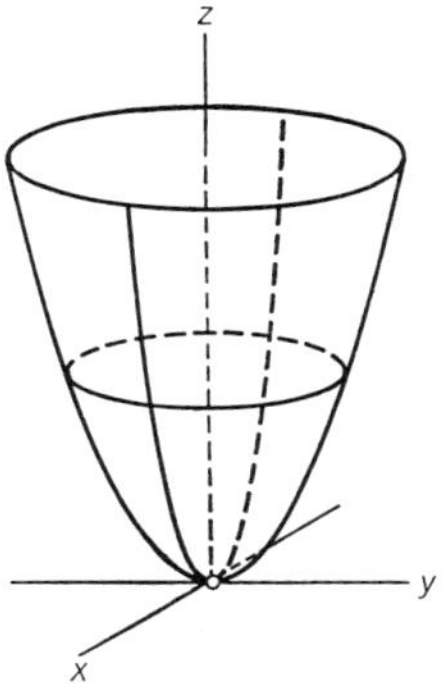

図 4-3

(d) **双曲面**

$$\frac{x^2}{a^2}+\frac{y^2}{b^2}-\frac{z^2}{c^2}=1 \tag{4.5}$$

は図 4-4(a)のような曲面を与える．これを **1 葉双曲面** という．

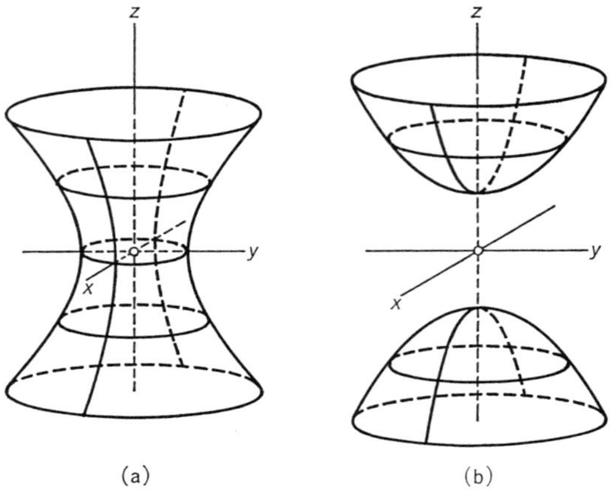

図 4-4

$$\frac{x^2}{a^2}+\frac{y^2}{b^2}-\frac{z^2}{c^2}=-1 \tag{4.6}$$

は図 4-4(b)のような曲面を与える．これを**2 葉双曲面**という．

(**e**)　**双曲放物面**　p, q を正の定数とするとき

$$\frac{x^2}{2p}-\frac{y^2}{2q}=z \tag{4.7}$$

は図 4-5 のような曲面を与える．これを**双曲放物面**という．図で z=一定 の切り口は双曲線であり，x=一定 の切り口は下に開いた放物線，y=一定 の切

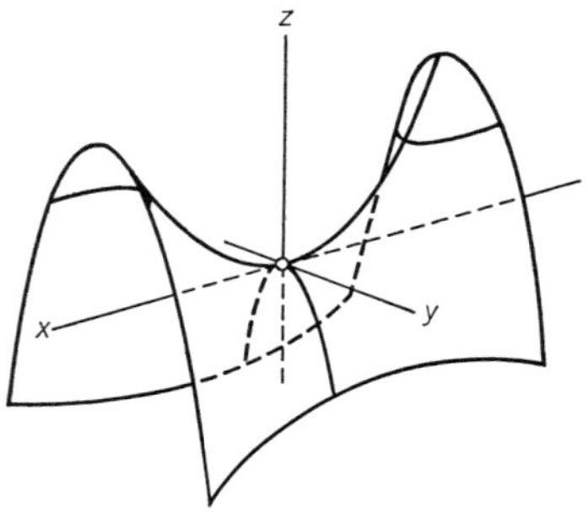

図 4-5

り口は上に開いた放物線であり，原点は馬の鞍(くら)の形をしているので**鞍点**(あんてん)，あるいは**鞍部点**という．

(f)　錐面

$$x^2+y^2 = a^2z^2/h^2 \tag{4.8}$$

は原点を頂点とし，$z=h$ の切り口が半径 a の円である**円錐面**(図 4-6)を与える．これは**楕円錐面**

$$\frac{x^2}{a^2}+\frac{y^2}{b^2} = \frac{z^2}{h^2} \tag{4.9}$$

の特別な場合である．またこれらの錐面は双曲面で a,b,c を適当に 0 に近づけた極限でもある．円錐面や楕円錐面を平面で切ると，切り方により円，楕円，放物線，双曲線などの 2 次曲線が切り口に現われるので，これら 2 次曲線は**円錐曲線**ともよばれる(図 4-7)．

同じ形の曲面でも，座標系のとり方でちがった方程式になる．たとえば

$$\frac{x^2}{h^2}-\frac{y^2}{b^2} = \frac{z^2}{a^2} \tag{4.10}$$

は(4.9)と同形で，x 軸方向の軸をもった錐面を表わす．

特殊な面　なおいくつかの特殊な面を付け加えておこう．

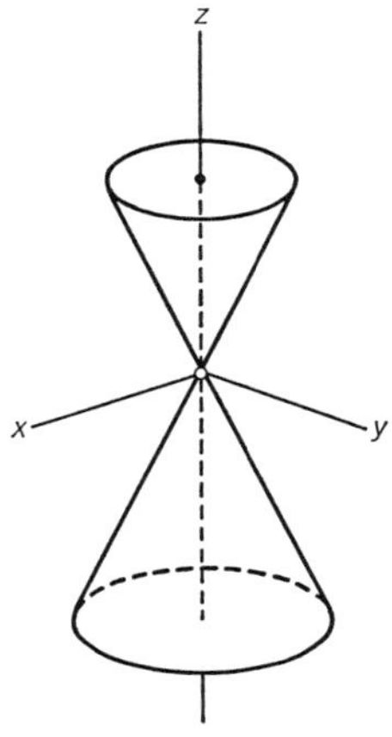

図 4-6

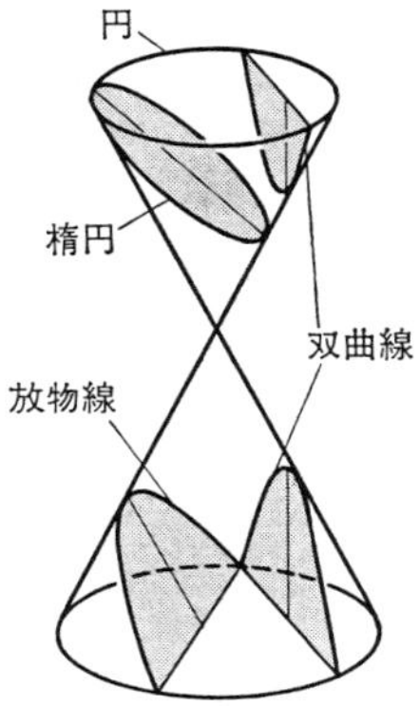

図 4-7

(a)　**一般の錐面**　任意の平面曲線上の各点をその平面外の定点(錐面の頂点)に結ぶ直線群によって作られる面を錐面という．円錐，楕円錐はこの特別な場合である．

(b)　**柱面**　任意の平面曲線上の各点を通って定方向に平行に引いた直線群によって作られる曲面を**柱面**という(図 4-8)．円柱面，楕円柱面などはこれに含まれる．錐面の頂点を無限に遠のければ柱面になるから，柱面は錐面の特別な場合であるということができる．柱面は円柱座標 (ρ, φ, z) を用いれば，$\rho=\rho(\varphi)$ によって表わせる．

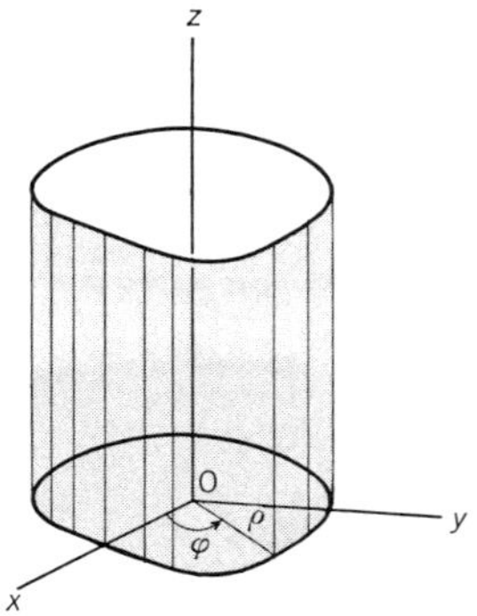

図 4-8

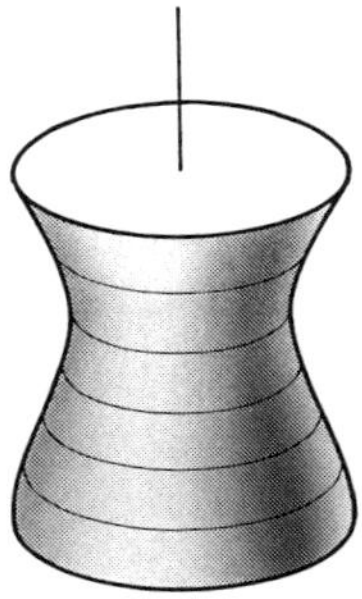

図 4-9

(c)　**回転面**　xz 面内の任意の曲線 $f(x,z)=0$，$y=0$ を z 軸のまわりに回転したときにできる面は z 軸を回転対称軸とする回転面である(図 4-9)．同様に任意の方向を軸とする回転面が考えられる．球面や楕円面(4.3)でたとえば $a=b$ とした回転楕円面などはこの特別な場合である．回転面は $\rho=\rho(z)$ として表わせる．

一般の曲面　座標 x, y, z に関する方程式

$$F(x, y, z) = 0 \tag{4.11}$$

または

$$z = f(x, y) \tag{4.12}$$

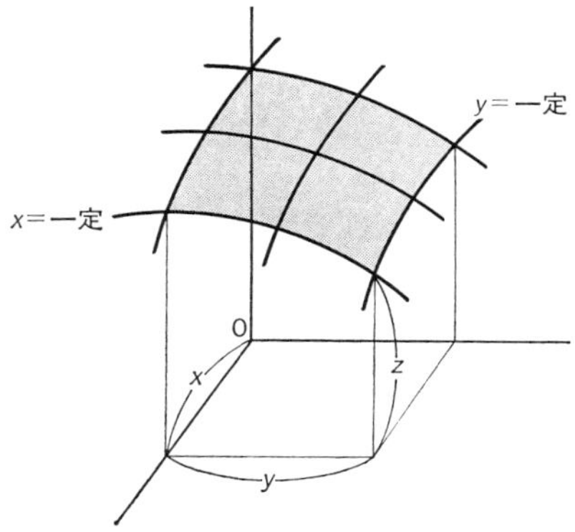

図 4-10

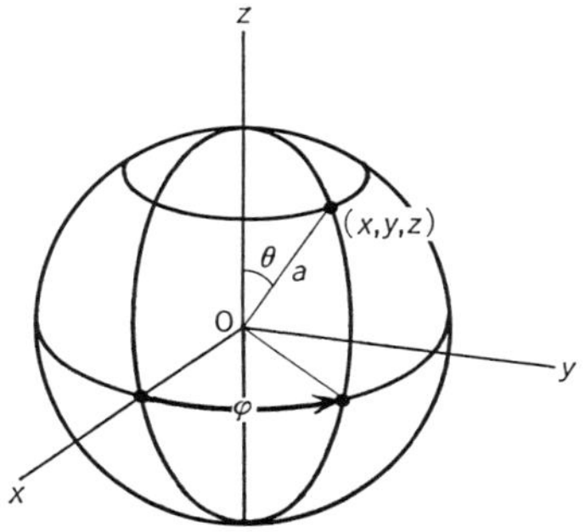

図 4-11

によって一般の曲面を与えることができる．図4-10のように，平面 x=一定と曲面との切り口の曲線を描き，同様に，平面 y=一定と曲面との切り口の曲線を曲面上に描く．曲面上の点はこれらの切り口の曲線 x=一定と y=一定の交点として与えられ，それぞれの点について z の値が $z=f(x,y)$ によって定まると考えることができる．これを (x,y) 表示とよんでおこう．

パラメタ表示　すでに円柱面，回転面は円柱座標 (ρ,φ,z) で表わせることを知ったが，極座標 (r,θ,φ) もよく用いられる．特に球面では $r=a$（一定）であり，

$$\begin{aligned} x &= a\sin\theta\cos\varphi \\ y &= a\sin\theta\sin\varphi \\ z &= a\cos\theta \end{aligned} \tag{4.13}$$

によって与えられる（図4-11）．楕円面(4.3)はパラメタ u,v を用いてたとえば

$$\begin{aligned} x &= a\cos u\cos v \\ y &= b\cos u\sin v \\ z &= c\sin u \end{aligned} \tag{4.14}$$

で表わすことができる．実際(4.14)を(4.3)に代入すれば u,v の値によらず満足されることが容易に示される．

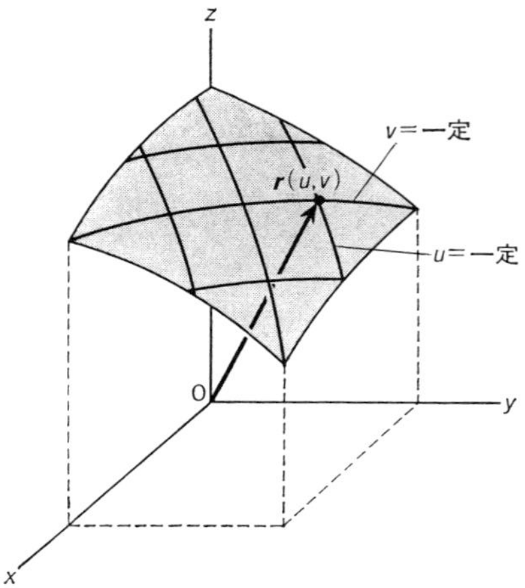

図 4-12

他の 2 次曲面も適当な 2 つのパラメタによって表わすことができる．2 次曲面に限らず，一般の曲面上の点を 2 つのパラメタによって表わすことができる(図 4-12)．一般的にはこの 2 つのパラメタとして文字 u と v を用い，これを**パラメタ表示**，あるいは (u,v) 表示とよぶことにしよう．この表示を用いれば曲面上の点の位置ベクトルは

$$\boldsymbol{r} = \boldsymbol{r}(u, v) \tag{4.15}$$

と表わされる．これを成分で書けば

$$x = x(u, v), \qquad y = y(u, v), \qquad z = z(u, v) \tag{4.15$'$}$$

となる．

特に u, v を x, y にとれば (u, v) 表示は

$$x = u, \qquad y = v, \qquad z = z(u, v) \tag{4.15$''$}$$

と書ける．このように (x, y) 表示は (u, v) 表示の特別の場合である．たとえば球面は

$$x = u, \qquad y = v, \qquad z = \sqrt{a^2-u^2-v^2}$$

と書ける．

このようにパラメタ u, v のとり方は一義的ではない．たとえば球面は

$$x = au\cos v$$
$$y = au\sin v$$
$$z = a\sqrt{1-u^2}$$

とも書けるわけである.

問　題 4-1

1. 1葉双曲面(4.5)は

$$x = a\cosh u\cos v,\quad y = b\cosh u\sin v,\quad z = c\sinh u$$

2葉双曲面(4.6)は

$$x = a\sinh u\cos v,\quad y = b\sinh u\sin v,\quad z = c\cosh u$$

楕円放物面(4.4)は

$$x = au\cos v,\quad y = bu\sin v,\quad z = u^2$$

双曲放物面(4.7)は

$$x = au\cosh v,\quad y = bu\sinh v,\quad z = u^2$$

でそれぞれ与えられることを示せ.

2. 1葉双曲面(4.5)は

$$x = a\frac{u-v}{u+v},\quad y = b\frac{1+uv}{u+v},\quad z = c\frac{uv-1}{u+v}$$

で表わせることを示せ. また双曲放物面(4.7)は

$$x = a(u+v),\quad y = b(u-v),\quad z = 4uv$$

で表わせることを確かめよ.

4-2 距離・面積・法線

前節において曲面を表わすのに, z を x と y の関数 $z=z(x,y)$ として表わすのが便利な場合と, パラメタ (u,v) を用いて $\boldsymbol{r}=\boldsymbol{r}(u,v)$ のように表わすのが便利な場合があるのを知った. これらを別々に調べてみよう.

曲面 $\boldsymbol{z=z(x,y)}$

曲面をその上の点の位置ベクトル

$$\boldsymbol{r}(x, y) = \begin{pmatrix} x \\ y \\ z(x, y) \end{pmatrix} \tag{4.16}$$

で表わす．これを用いて曲面上の微小距離，面積などを計算しよう．

(a)　微小距離　曲面上の接近した2点を $\boldsymbol{r}(x, y)$ および $\boldsymbol{r}(x+dx, y+dy)$ とする(図4-13)．dx, dy が十分小さいとすれば

$$\boldsymbol{r}(x+dx, y+dy) = \begin{pmatrix} x+dx \\ y+dy \\ z(x+dx, y+dy) \end{pmatrix} = \begin{pmatrix} x+dx \\ y+dy \\ z+\dfrac{\partial z}{\partial x}dx+\dfrac{\partial z}{\partial y}dy \end{pmatrix}$$

したがって，2点を結ぶベクトルは

$$d\boldsymbol{r} = \boldsymbol{r}(x+dx, y+dy)-\boldsymbol{r}(x, y) = \begin{pmatrix} dx \\ dy \\ \dfrac{\partial z}{\partial x}dx+\dfrac{\partial z}{\partial y}dy \end{pmatrix} \tag{4.17}$$

であり，2点間の距離を ds とすれば

$$(ds)^2 = |d\boldsymbol{r}|^2 = (dx)^2+(dy)^2+\left(\frac{\partial z}{\partial x}dx+\frac{\partial z}{\partial y}dy\right)^2$$

ここで

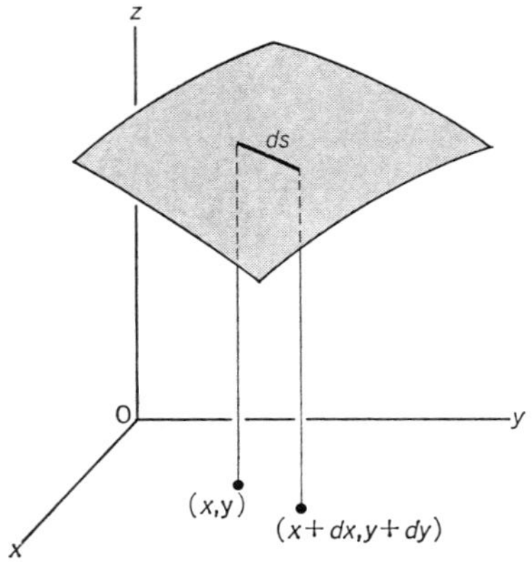

図 4-13

$$p = \frac{\partial z}{\partial x}, \qquad q = \frac{\partial z}{\partial y} \tag{4.18}$$

とおけば

$$ds^2 = (1+p^2)dx^2 + 2pqdxdy + (1+q^2)dy^2 \tag{4.19}$$

となる．ここで $(ds)^2, (dx)^2, (dy)^2$ を簡単のため ds^2, dx^2, dy^2 と書いた．これは一般に使われる書き方である．微小距離 ds は**線素**とよばれる．

(b) 微小面積 曲面上に接近した3点 $\boldsymbol{r}(x, y)$, $\boldsymbol{r}(x+dx, y)$, $\boldsymbol{r}(x, y+dy)$ をとり，これらを P, Q, R としよう(図4-14)．

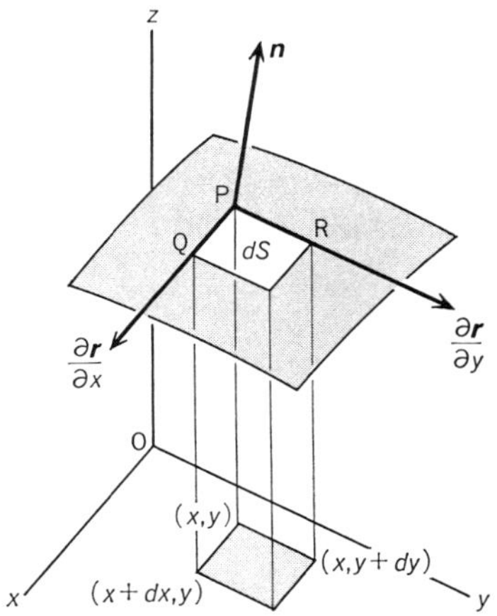

図 4-14

ベクトル $\overrightarrow{\mathrm{PQ}}$ は

$$\boldsymbol{r}(x+dx, y) - \boldsymbol{r}(x, y) = \frac{\partial \boldsymbol{r}}{\partial x}dx \tag{4.20}$$

であり，ベクトル $\overrightarrow{\mathrm{PR}}$ は

$$\boldsymbol{r}(x, y+dy) - \boldsymbol{r}(x, y) = \frac{\partial \boldsymbol{r}}{\partial y}dy \tag{4.21}$$

である．そしてこれらのベクトルのベクトル積 $\overrightarrow{\mathrm{PQ}} \times \overrightarrow{\mathrm{PR}}$ の大きさは，ベクトル積の定義(1.68)により，$\overrightarrow{\mathrm{PQ}}$ と $\overrightarrow{\mathrm{PR}}$ を2辺とする平行四辺形の面積に等しい．

したがってこの微小面積を dS とすると

$$dS=\left|\frac{\partial \boldsymbol{r}}{\partial x}\times\frac{\partial \boldsymbol{r}}{\partial y}\right|dxdy \tag{4.22}$$

である．ここで(4.16)から

$$\frac{\partial \boldsymbol{r}}{\partial x}=\begin{pmatrix}1\\0\\p\end{pmatrix},\qquad \frac{\partial \boldsymbol{r}}{\partial y}=\begin{pmatrix}0\\1\\q\end{pmatrix} \tag{4.23}$$

であるので，

$$\frac{\partial \boldsymbol{r}}{\partial x}\times\frac{\partial \boldsymbol{r}}{\partial y}=\begin{vmatrix}\boldsymbol{i} & \boldsymbol{j} & \boldsymbol{k}\\1 & 0 & p\\0 & 1 & q\end{vmatrix}=-p\boldsymbol{i}-q\boldsymbol{j}+\boldsymbol{k} \tag{4.24}$$

$$\left|\frac{\partial \boldsymbol{r}}{\partial x}\times\frac{\partial \boldsymbol{r}}{\partial y}\right|^2=p^2+q^2+1 \tag{4.25}$$

したがって

$$dS=\sqrt{p^2+q^2+1}\,dxdy \tag{4.26}$$

これが，曲面上の微小面積を与える式である．微小面積は**面積要素**とよばれる．

(**c**)　**法線**　上の計算で点 $\boldsymbol{r}(x,y)$, $\boldsymbol{r}(x+dx,y)$, $\boldsymbol{r}(x,y+dy)$ の 3 点は曲面上の接近した 3 点であるから，これらを結ぶベクトル(4.20)と(4.21)は，この付近で曲面と一致する平面上にある．したがって

$$\boldsymbol{n}=\frac{\dfrac{\partial \boldsymbol{r}}{\partial x}\times\dfrac{\partial \boldsymbol{r}}{\partial y}}{\left|\dfrac{\partial \boldsymbol{r}}{\partial x}\times\dfrac{\partial \boldsymbol{r}}{\partial y}\right|} \tag{4.27}$$

とおけば，$\boldsymbol{n}$ は曲面に垂直な単位長さのベクトル，すなわち曲面の法線ベクトルである．(4.24), (4.25)により法線ベクトルを成分で書けば

$$\boldsymbol{n}=\begin{pmatrix}-p/\sqrt{p^2+q^2+1}\\-q/\sqrt{p^2+q^2+1}\\1/\sqrt{p^2+q^2+1}\end{pmatrix} \tag{4.28}$$

となる．この成分は法線の方向余弦でもある．

[例 1] 球面．原点を中心とする半径 a の球の $z \geqq 0$ の部分は

$$z = \sqrt{a^2-x^2-y^2}$$

で与えられる．これから

$$p = \frac{\partial z}{\partial x} = \frac{-x}{z}, \qquad q = \frac{\partial z}{\partial y} = \frac{-y}{z}$$

$$p^2+q^2+1 = \frac{a^2}{a^2-x^2-y^2} = \frac{a^2}{z^2}$$

したがって法線の方向余弦は(4.28)により

$$\boldsymbol{n} = \left(\frac{x}{a},\ \frac{y}{a},\ \frac{z}{a}\right) = \frac{\boldsymbol{r}}{a}$$

これは球面の法線が原点を通る直線であることを表わしている(後の図 4-18 参照)．

面積素片は(4.26)により

$$dS = \frac{a}{\sqrt{a^2-x^2-y^2}}dxdy$$

となる．ここで図 4-15 を参照し

$$\rho^2 = x^2+y^2$$

とおけば $z \geqq 0$ の半球の面積 S は

$$S = \int_0^a \frac{a}{\sqrt{a^2-\rho^2}} 2\pi\rho d\rho$$

$$= -2\pi a\sqrt{a^2-\rho^2}\Big|_0^a = 2\pi a^2$$

となる．これはよく知られた結果である．▎

曲面 $\boldsymbol{r}=\boldsymbol{r}(\boldsymbol{u}, \boldsymbol{v})$

前節で述べたように，曲面は 2 つのパラメタ u, v を用いて表わせる．このとき，曲面上の点の位置ベクトルは

$$\boldsymbol{r}(u, v) = \begin{pmatrix} x(u, v) \\ y(u, v) \\ z(u, v) \end{pmatrix} \tag{4.29}$$

となる((4.15))．(4.29)において，u だけを変えたときに曲面上にできる曲線

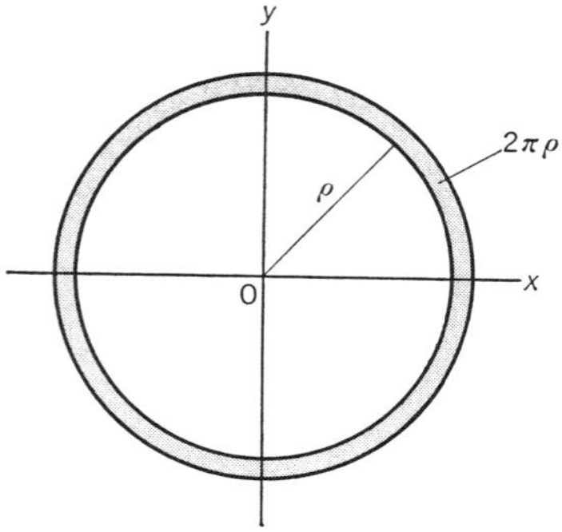

図 4-15

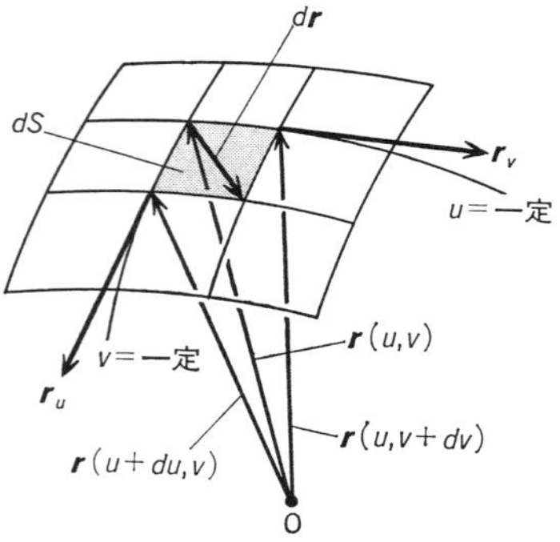

図 4-16

を **u 曲線**といい，v だけを変えたときにできる曲線を **v 曲線**という．u 曲線と v 曲線の交点 (u, v) は曲面上の点を定める．(u, v) は曲面上の**曲線座標**である（図 4-16）．u 曲線と v 曲線は一般に直角に交わらない．

図 4-16 において，v=一定 にしておいて u を微小量 du だけ変えた点を $\boldsymbol{r}(u+du, v)$ とすると，$\boldsymbol{r}(u, v)$ と $\boldsymbol{r}(u+du, v)$ との差は

$$\frac{\partial \boldsymbol{r}(u, v)}{\partial u} du \equiv \boldsymbol{r}_u du \tag{4.30}$$

である．ここで $\partial r/\partial u$ を簡単のため $\boldsymbol{r}_u$ と書いた．$\boldsymbol{r}_u$ は曲面に接するベクトルの一つで，曲線 v=一定 に接する．同様に u=一定 に保って v を微小量 dv だけ変えることにより点 $\boldsymbol{r}(u, v)$ は

$$\frac{\partial \boldsymbol{r}(u, v)}{\partial v} dv \equiv \boldsymbol{r}_v dv \tag{4.31}$$

だけ移動する．$\boldsymbol{r}_v = \partial \boldsymbol{r}/\partial v$ は曲面に接するベクトルで u=一定 に接している．

(a)　微小距離　曲面上の 2 点 $\boldsymbol{r}(u, v)$ と $\boldsymbol{r}(u+du, v+dv)$ を結ぶベクトルは

$$d\boldsymbol{r} = \boldsymbol{r}_u du + \boldsymbol{r}_v dv \tag{4.32}$$

であり，2 点間の距離 ds の 2 乗は $|d\boldsymbol{r}|^2$ である．したがって

$$E = \boldsymbol{r}_u{}^2, \quad F = \boldsymbol{r}_u \cdot \boldsymbol{r}_v, \quad G = \boldsymbol{r}_v{}^2 \tag{4.33}$$

とおけば(これらを**第1基本量**という)

$$ds^2 = Edu^2 + 2Fdudv + Gdv^2 \tag{4.34}$$

となる. (4.34)を曲面の**第1基本微分形式**という.

[例2] 平面(xy 面)は極座標(r, θ)により

$$x = r\cos\theta, \qquad y = r\sin\theta$$

で表わせる. ここで $u=r$, $v=\theta$ とおけば $\boldsymbol{r}=(x, y)$ は

$$\boldsymbol{r} = u\cos v\boldsymbol{i} + u\sin v\boldsymbol{j}$$

となる. これから

$$\boldsymbol{r}_u = \cos v\boldsymbol{i} + \sin v\boldsymbol{j}, \qquad \boldsymbol{r}_v = -u\sin v\boldsymbol{i} + u\cos v\boldsymbol{j}$$

したがって(4.33)により $E=1$, $F=0$, $G=u^2$. (4.34)は

$$ds^2 = du^2 + u^2dv^2 = (dr)^2 + (rd\theta)^2 \tag{4.35}$$

となる. これは2次元極座標でよく知られた線素の式である. ▎

[例3] $x=u$, $y=v$ とすれば曲面の式(4.29)は

$$\boldsymbol{r} = \begin{pmatrix} x \\ y \\ z(x, y) \end{pmatrix}$$

となるから

$$\boldsymbol{r}_x = \begin{pmatrix} 1 \\ 0 \\ p \end{pmatrix}, \qquad \boldsymbol{r}_y = \begin{pmatrix} 0 \\ 1 \\ q \end{pmatrix}$$

これから

$$E = \boldsymbol{r}_x{}^2 = 1 + p^2, \qquad F = \boldsymbol{r}_x \cdot \boldsymbol{r}_y = pq, \qquad G = \boldsymbol{r}_y{}^2 = 1 + q^2$$

$$du = dx, \qquad dv = dy$$

したがって(4.34)は(4.19)に帰する. ▎

(b) 面積 $\boldsymbol{r}(u, v)$, $\boldsymbol{r}(u+du, v)$, $\boldsymbol{r}(u, v+dv)$, $\boldsymbol{r}(u+du, v+dv)$ の4点を結んだ微小な平行四辺形の面積を dS とすると, ベクトル積の定義(1.68)により, dS は2つのベクトル

$$(\partial\boldsymbol{r}/\partial u)du = \boldsymbol{r}_u du, \qquad (\partial\boldsymbol{r}/\partial v)dv = \boldsymbol{r}_v dv$$

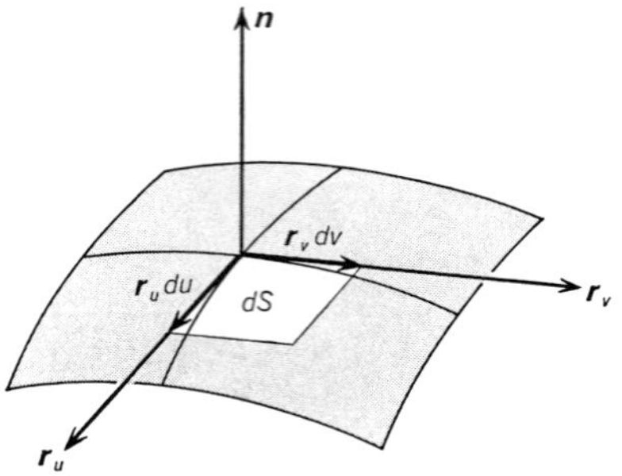

図 4-17

のベクトル積の絶対値で与えられる(図 4-17). したがって

$$dS = |\boldsymbol{r}_u \times \boldsymbol{r}_v| dudv \tag{4.36}$$

である. ベクトル積の計算(1.99)により

$$\begin{aligned}(\boldsymbol{r}_u \times \boldsymbol{r}_v)\cdot(\boldsymbol{r}_u \times \boldsymbol{r}_v) &= (\boldsymbol{r}_u \cdot \boldsymbol{r}_u)(\boldsymbol{r}_v \cdot \boldsymbol{r}_v) - (\boldsymbol{r}_u \cdot \boldsymbol{r}_v)^2 \\ &= EG - F^2 \end{aligned} \tag{4.37}$$

である. したがって微小な面積(面積要素)は

$$dS = \sqrt{EG - F^2}\, dudv \tag{4.38}$$

曲面の面積は

$$S = \iint \sqrt{EG - F^2}\, dudv \tag{4.39}$$

で与えられる.

(c)　法線　すでに述べたように $\boldsymbol{r}_u = \partial \boldsymbol{r}/\partial u$ と $\boldsymbol{r}_v = \partial \boldsymbol{r}/\partial v$ は共に曲面 $\boldsymbol{r} = \boldsymbol{r}(u, v)$ に接するベクトルである. したがってベクトル積 $\boldsymbol{r}_u \times \boldsymbol{r}_v$ は曲面に垂直であり, 法線の向きにある. そこで

$$\boldsymbol{n} = \frac{\boldsymbol{r}_u \times \boldsymbol{r}_v}{|\boldsymbol{r}_u \times \boldsymbol{r}_v|} \tag{4.40}$$

とおけば, $\boldsymbol{n}$ は単位長さの法線ベクトルである. このベクトルの向きはパラメタ u, v のとり方によって逆向きにもなり得る. 法線ベクトルの方向は各点で定まるが, u 曲線と v 曲線を逆にすれば, 法線ベクトルの向きは逆になるので

ある．(4.37)を用いれば法線ベクトルは，

$$\boldsymbol{n} = \frac{\boldsymbol{r}_u \times \boldsymbol{r}_v}{\sqrt{EG-F^2}} \tag{4.41}$$

と書ける．

[例 4]　原点を中心とする半球 a の球面は，極座標 $\theta \equiv u$，$\varphi \equiv v$ を用いて

$$\boldsymbol{r}(\theta, \varphi) = (a \sin\theta \cos\varphi, a \sin\theta \sin\varphi, a \cos\theta) \tag{4.42}$$

で与えられる．この球面の線素，面積要素を求めよう(図 4-18)．まず

$$\begin{aligned} \boldsymbol{r}_\theta &= (a \cos\theta \cos\varphi, a \cos\theta \sin\varphi, -a \sin\theta) \\ \boldsymbol{r}_\varphi &= (-a \sin\theta \sin\varphi, a \sin\theta \cos\varphi, 0) \end{aligned} \tag{4.43}$$

であるから

$$E = \boldsymbol{r}_\theta{}^2 = a^2, \qquad F = \boldsymbol{r}_\theta \cdot \boldsymbol{r}_\varphi = 0, \qquad G = \boldsymbol{r}_\varphi{}^2 = a^2 \sin^2\theta \tag{4.44}$$

線素 ds は

$$ds^2 = a^2(d\theta^2 + \sin^2\theta d\varphi^2) \tag{4.45}$$

面積要素 dS は

$$dS = a^2 \sin\theta d\theta d\varphi \tag{4.46}$$

で与えられる．たとえば θ＝一定(緯度一定)の 1 周 $(0<v<2\pi)$ の長さは

$$s = a \sin\theta \int_0^{2\pi} d\varphi = 2\pi a \sin\theta$$

である．また球の全表面積は

$$S = a^2 \int_0^{\pi} \sin\theta d\theta \int_0^{2\pi} d\varphi = 4\pi a^2$$

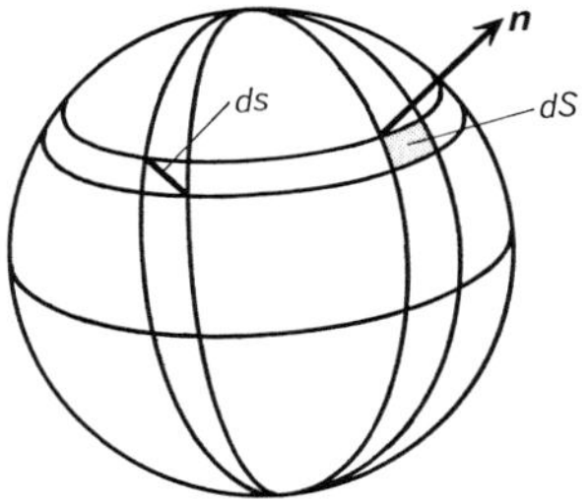

図 4-18

また(4.43)により

$$\boldsymbol{r}_\theta\times\boldsymbol{r}_\varphi=\begin{vmatrix}\boldsymbol{i} & \boldsymbol{j} & \boldsymbol{k}\\ a\cos\theta\cos\varphi & a\cos\theta\sin\varphi & -a\sin\theta\\ -a\sin\theta\sin\varphi & a\sin\theta\cos\varphi & 0\end{vmatrix}$$

$$=a^2\sin^2\theta\cos\varphi\boldsymbol{i}+a^2\sin^2\theta\sin\varphi\boldsymbol{j}+a^2\sin\theta\cos\theta\boldsymbol{k}$$

$$=a\sin\theta\boldsymbol{r}$$

したがって

$$|\boldsymbol{r}_\theta\times\boldsymbol{r}_\varphi|=a^2\sin\theta$$

であり，法線ベクトルは

$$\boldsymbol{n}=\frac{\boldsymbol{r}}{a}$$

となる．これは，原点から球面上へ引いた直線が法線ベクトルを与えることを意味しているので当然である(4-2節[例1]参照)．

例題 4.1　曲面が $z=z(x,y)$ で与えられたとき，曲面上の1点における法線ベクトルは(前出(4.28))

$$\boldsymbol{n}=\left(\frac{-p}{\sqrt{1+p^2+q^2}},\ \frac{-q}{\sqrt{1+p^2+q^2}},\ \frac{1}{\sqrt{1+p^2+q^2}}\right) \tag{4.47}$$

で与えられることを示せ．ただし

$$p=\frac{\partial z}{\partial x},\qquad q=\frac{\partial z}{\partial y}$$

とする．

［解］　$x=u$，$y=v$ をパラメタとみればよい．$\boldsymbol{r}=(x,y,z)$ なので

$$\boldsymbol{r}_u=\boldsymbol{r}_x=\left(\frac{\partial x}{\partial x},\ \frac{\partial y}{\partial x},\ \frac{\partial z}{\partial x}\right)=(1,0,p) \tag{4.48}$$

同様に

$$\boldsymbol{r}_v=\boldsymbol{r}_y=(0,1,q) \tag{4.49}$$

したがって

$$E=\boldsymbol{r}_x\cdot\boldsymbol{r}_x=1+p^2,\qquad F=\boldsymbol{r}_x\cdot\boldsymbol{r}_y=pq$$

$$G = \boldsymbol{r}_y \cdot \boldsymbol{r}_y = 1+q^2$$
$$EG-F^2 = 1+p^2+q^2 \tag{4.50}$$
$$\boldsymbol{r}_x \times \boldsymbol{r}_y = (-p, -q, 1) = -p\boldsymbol{i}-q\boldsymbol{j}+\boldsymbol{k}$$

故に(4.41)により，直ちに(4.47)が得られる． ▎

回転面 曲面(図4-19)

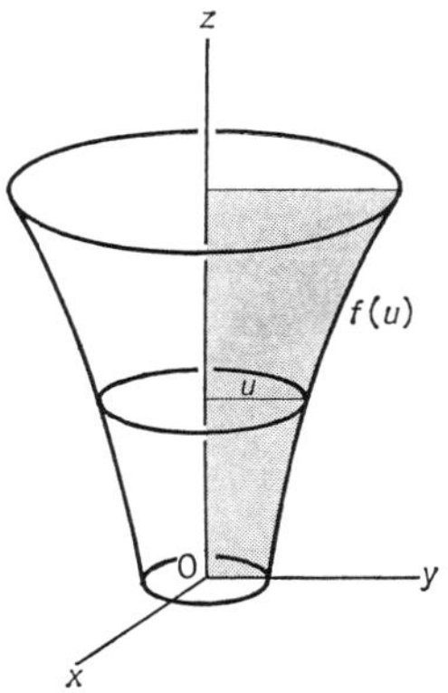

図 4-19

$$x = u\cos v, \qquad y = u\sin v, \qquad z = f(u) \tag{4.51}$$

では z が $u=\sqrt{x^2+y^2}$ の関数である．したがってこの曲面は z 軸のまわりに曲線 $z=f(u)$ を回転させて得られる**回転面**である．$\boldsymbol{r}=(x, y, z)$ に対して

$$\boldsymbol{r}_u = (\cos v, \sin v, f'(u))$$
$$\boldsymbol{r}_v = (-u\sin v, u\cos v, 0) \tag{4.52}$$

したがって(4.33)により

$$E = \boldsymbol{r}_u{}^2 = 1+f'(u)^2, \qquad F = \boldsymbol{r}_u \cdot \boldsymbol{r}_v = 0, \qquad G = \boldsymbol{r}_v{}^2 = u^2 \tag{4.53}$$

面積要素は

$$dS = \sqrt{EG-F^2}\,dudv$$
$$= u\sqrt{1+f'(u)^2}\,dudv \tag{4.54}$$

例題 4.2 球面は $(0 \leqq u \leqq a,\ 0 \leqq v \leqq 2\pi)$

$$x = u\cos v, \qquad y = u\sin v, \qquad z = \pm\sqrt{a^2-u^2}$$

で与えられる．E, F, G を求め，全表面積を計算せよ．

[解]　この場合，$z>0$ に対して

$$f(u)=\sqrt{a^2-u^2},\qquad f'(u)=\frac{-u}{\sqrt{a^2-u^2}}$$

$$1+f'(u)^2=\frac{a^2}{a^2-u^2}$$

$z<0$ の面積も合わせれば

$$S=2\int_0^{2\pi}dv\int_0^a du\frac{au}{\sqrt{a^2-u^2}}$$

$$=-4\pi a\sqrt{a^2-u^2}\Big|_0^a=4\pi a^2 \qquad \blacksquare$$

問　題 4-2

1.　パラメタ u, v で表わした曲面 $\boldsymbol{r}(u,v)$ があるとき，u, v をパラメタ t で関係づけて $u(t), v(t)$ とすれば

$$\boldsymbol{r}=\boldsymbol{r}(u(t),v(t))$$

は曲面上の曲線を与える．この曲線上の点 $\mathrm{P}(t)=(u(t),v(t))$ における接線ベクトルを求めよ．

2.　球面を $z=\sqrt{a^2-u^2}$ とし，第1基本量 E, F, G を求めよ．

3.　球面 $z=\sqrt{a^2-x^2-y^2}$ について第1基本量 E, F, G を x, y で表わせ．

4.　回転面

$$z^2+(u-a)^2=b^2,\qquad u=\sqrt{x^2+y^2}$$

はドーナッツ型の面(トーラス)を表わす(図4-20)．この曲面の全表面積は $4\pi^2ab$ であることを示せ．

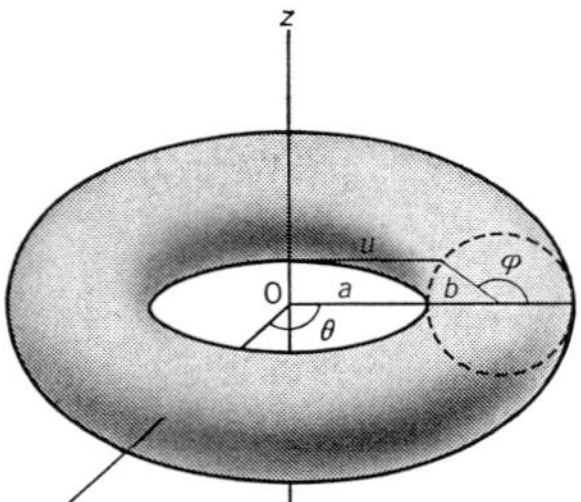

図 4-20

5.　φ と θ $(0\leqq\theta\leqq2\pi,\ 0\leqq\varphi<2\pi)$ をパラメタとする回転面

$$x=(a+b\cos\varphi)\cos\theta,\qquad y=(a+b\cos\varphi)\sin\theta$$
$$z=b\sin\varphi$$

はどのような曲面か．$\sqrt{EG-F^2}$ を θ, φ の関数として求め全表面積を計算せよ．

Coffee Break

大きな三角形

平らな紙に三角形を描けば，その内角の和は2直角である．土地などの測量では，望遠鏡で見通して，すなわち光が真すぐ進むことを使って，いわゆる三角測量をするが，このときも三角形の内角の和は2直角である．

しかし，大数学者で物理学や測量などにも大きな足跡を残したガウスは，大きな三角形の内角の和は2直角にならないかもしれないと考えた．彼は数十km離れた3つの山(ホーエルハーゲン，インゼルベルク，ブロッケン)の山頂で作られる三角形の内角を望遠鏡を使って測ったのであるが，その和は誤差の範囲で2直角であった．

一般相対性理論によれば強い重力の場では，光は曲がるので，光で作った三角形の内部の和は2直角でないことになる．しかし地球の重力は弱いので，ガウスが試みた方法では光が重力で曲がることを調べることはできない．

ガウスは天文台長だったことがあり，誤差の研究(ガウスの誤差曲線)や最小2乗法の発明などでも有名である．

4–3　曲面上の曲線

曲面上に描いた曲線について考えよう．準備として具体的な話から入ることにする．

ゆで卵を切る　ゆで卵をナイフで切ると円に似た切り口ができるが，図4–21のように1点Pを通り破線ABにそってナイフを入れるとナイフの傾きによって断面はさまざまである．輪切りにすれば切り口の曲線はC_1の円のようになるが，うすくそぐように切れば曲線C_2のように小さな切り口ができる．卵を縦方向に切れば曲線C_3が得られるが，そぐように切れば小さな切り口C_4が

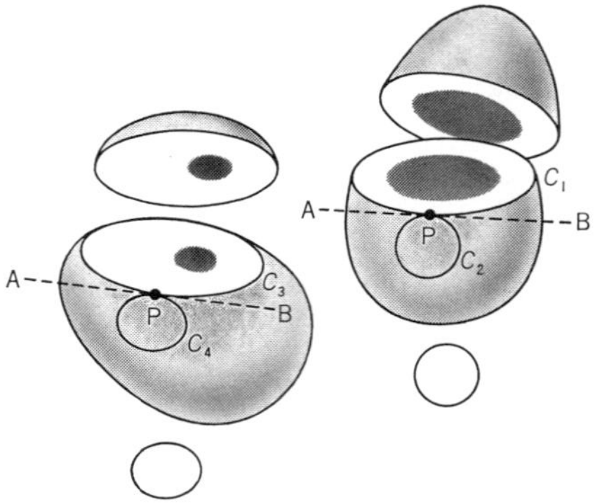

図 4-21

できる．C_1, C_3 は C_2, C_4 に比べて大きいから，これらを円とみなせば，C_1, C_3 の方が C_2, C_4 よりも大きな半径をもっているわけである．

このように，切る面が通る点 P と，その方向(破線 AB の方向)をきめても切り口の傾きによって，切り口の曲線の曲率は異なるわけである．

[例 1]　球面　球で考えればゆで卵よりも簡単で，数量的にはっきりとする．図 4-22 で，球面上に 1 点 P をとり，ここを通る定方向 AB を定める．C も C_0 も平面で切った切り口で，共に P を通り AB に接するが，C はそぐようにうすく小さく切った断面であり，C_0 は球の中心を通る平面で切った切り口(大円)である．大円の半径は球の半径 a に等しい．小さな切り口 C を考察するため，

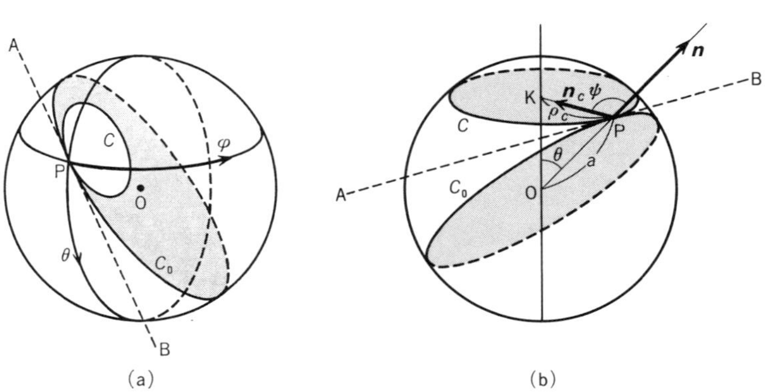

図 4-22

図(b)でCは水平に描いてある．Cの中心をKとすると直線KPは円Cの面内にあるCの法線，すなわち主法線である．Pにおける主法線を$\boldsymbol{n}_C$とし，Pにおける球の法線$\boldsymbol{n}$との間の角をψとすると，図から明らかに

$$\overline{\mathrm{KP}} = \rho_C = a \sin \theta = a|\cos \psi|$$

が成立する．ここで$\overline{\mathrm{KP}}=\rho_C$は円$C$の半径である．書き直すと

$$\frac{|\cos \psi|}{\rho_C} = \frac{1}{a} \tag{4.55}$$

を得る．この式の右辺は定数であるから，この式は切り口の傾きψと切り口の円の半径ρ_Cの間の関係を与える式である．

(4.55)において$\psi=0$またはπとおけば$\rho_C=a$となるが，このとき$\boldsymbol{n}_C$は$\boldsymbol{n}$に一致し，円Cは大円C_0になる．❙

さて，任意の曲面Sをその上の1点Pの近くで球面によって近似することを考えてみると，曲面S上の曲線Cの曲率と関係づけられるのは，接線ABを共有する球の大円の曲率であって，ABに垂直な方向の曲率は関係がないことがわかる．これは次の例でより明らかになるであろう．

[例2] 円柱 細長い大根やバナナのような円柱(図4-23)を切ってみよう．円柱上の1点Pで法線$\boldsymbol{n}$を含む断面C_0を作るが簡単のためこれは図4-23のように円柱の軸に垂直な断面であるとする．このときC_0は円で，その半径は円柱の半径aに等しい．PにおいてC_0が接する直線をABとし，これを接線として共有するななめの切り口の曲線をCとする．曲線Cは楕円であって，短軸はABに平行で半径はaであり，長軸はこれに垂直でPを通り，その半径は図からわかるように

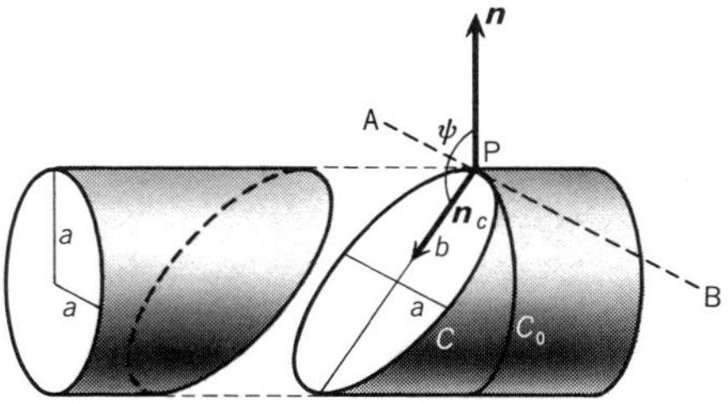

図4-23

$$b = \frac{a}{|\cos\phi|}$$

である．ただしϕはCのPにおける主法線(Cを含む面内の法線)$\boldsymbol{n}_C$が円柱の法線$\boldsymbol{n}$となす角である．楕円CのP(長軸半径bの端)における曲率半径をρとすれば，これは(3.17)により

$$\rho_C = \frac{a^2}{b} = a|\cos\phi|$$

となる．したがってこの場合にも(4.55)と同形の式が成り立つことがわかる．▎

この2つの例から次のような命題が導かれた．

「曲面S上の点Pを通る曲線Cの曲率半径をρ_Cとし，PにおいてCの接線ABを共有しSの法線を含む切り口の曲率半径をRとすれば

$$\frac{\cos\phi}{\rho_C} = \frac{1}{R} \tag{4.56}$$

が成り立つ．ただしここでϕはPにおけるCの主法線$\boldsymbol{n}_C$とSの法線$\boldsymbol{n}$との間の角($\boldsymbol{n}$の向き(p. 102参照)により$R>0$または$R<0$となる)である」

次に曲面の一般論を用いてこの命題が正しいことを証明しよう．

曲面上の曲線の曲率　曲面$\boldsymbol{r}(u,v)$の上になめらかな曲線Cを考える．C上のある点から測ったCの弧長をsとするとこの曲線上でuとvはsの関数と考えることができる．これを$u=u(s)$，$v=v(s)$と書くと，曲線Cは$\boldsymbol{r}=\boldsymbol{r}(u(s), v(s))$で表わされる．この曲線の単位接線ベクトルを$\boldsymbol{t}$と書くと

$$\boldsymbol{t} = \frac{d\boldsymbol{r}}{ds} = \boldsymbol{r}_u\frac{du}{ds}+\boldsymbol{r}_v\frac{dv}{ds} \tag{4.57}$$

である．さらにこの曲線の曲率半径をρ_Cとすると(3.36)により

$$\frac{d\boldsymbol{t}}{ds} = \frac{1}{\rho_C}\boldsymbol{n}_C \tag{4.58}$$

と書ける．ここで$\boldsymbol{n}_C$は曲線Cの主法線ベクトルである．(4.58)を書き直すと(4.57)により

$$\frac{1}{\rho_C}\boldsymbol{n}_C = \boldsymbol{r}_u\frac{d^2u}{ds^2}+\boldsymbol{r}_v\frac{d^2v}{ds^2}+\boldsymbol{r}_{uu}\left(\frac{du}{ds}\right)^2+2\boldsymbol{r}_{uv}\frac{du}{ds}\frac{dv}{ds}+\boldsymbol{r}_{vv}\left(\frac{dv}{ds}\right)^2 \tag{4.59}$$

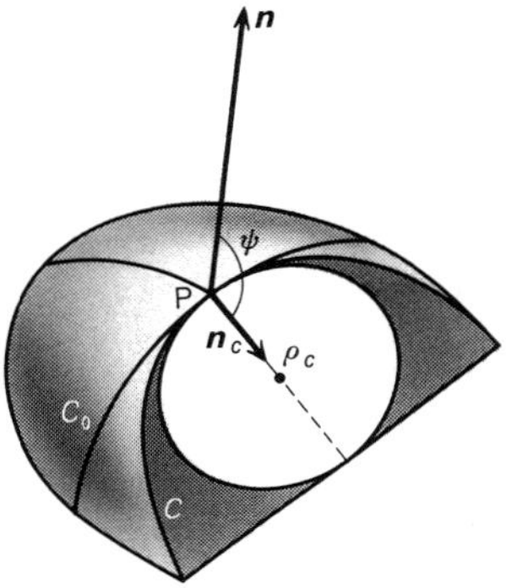

図 4-24

となる．ここで，曲面の法線ベクトル $\boldsymbol{n}$ と $\boldsymbol{n}_C$ とのなす角を ψ とすれば(図4-24)

$$\boldsymbol{n}\cdot\boldsymbol{n}_C = \cos\psi \tag{4.60}$$

また $\boldsymbol{n}$ は $\boldsymbol{r}_u, \boldsymbol{r}_v$ と垂直なので

$$\boldsymbol{n}\cdot\boldsymbol{r}_u = \boldsymbol{n}\cdot\boldsymbol{r}_v = 0 \tag{4.61}$$

よって(4.59)に $\boldsymbol{n}$ をスカラー的に掛けることにより

$$\frac{\cos\psi}{\rho_C} = L\left(\frac{du}{ds}\right)^2 + 2M\frac{du}{ds}\frac{dv}{ds} + N\left(\frac{dv}{ds}\right)^2 \tag{4.62}$$

を得る．ただしここで

$$L = \boldsymbol{r}_{uu}\cdot\boldsymbol{n}, \quad M = \boldsymbol{r}_{uv}\cdot\boldsymbol{n}, \quad N = \boldsymbol{r}_{vv}\cdot\boldsymbol{n} \tag{4.63}$$

とおいた．これらを**第2基本量**という．

(4.62)の分母の ds^2 を(4.34)で書きかえれば

$$\frac{\cos\psi}{\rho_C} = \frac{Ldu^2 + 2Mdudv + Ndv^2}{Edu^2 + 2Fdudv + Gdv^2} \tag{4.64}$$

と書ける．$Ldu^2 + 2Mdudv + Ndv^2$ を**第2基本微分形式**ということがある．

(4.64)において，係数 L, M, N, E, F, G は点Pをきめれば定まる量であり，du と dv の比 du/dv は(4.57)によりPにおける曲線の接線ABの方向を定める．したがって(4.64)の右辺は点Pと接線ABの向きとだけできまり，曲線 C

の傾き角 ψ によらない値をもつ．この値は $\psi=0$ あるいは π の曲線の曲率に等しいわけである．

曲面上の1点の法線 $\boldsymbol{n}$ を含む平面が曲面 S を切る切り口の曲線 ($\psi=0$ あるいは π) を**法切り口**，その曲率を**法曲率**という．曲面上に1つの接線 AB を考え，これに接する曲線 C (曲面 S 上の曲線) と法切り口 C_0 の曲率半径をそれぞれ ρ_C, R とすれば (4.64) により

$$\frac{\cos\psi}{\rho_C}=\frac{1}{R}$$

$$\text{ここで}\quad \frac{1}{R}=\frac{L+2Mk+Nk^2}{E+2Fk+Gk^2}\quad \left(k=\frac{dv}{du}\right) \tag{4.65}$$

が成り立つ．これで (4.56) が一般的に証明されたわけである．ここで k は C と C_0 の共通の接線 AB の方向，すなわち法切り口の方向である．

問　題 4-3

1.　球面を極座標 $u=\theta$，$v=\varphi$ で表わし，第2基本量 L, M, N を求めよ．また (4.44) を用い (4.64) を計算せよ．

2.　球面 $z=\sqrt{a^2-u^2}$，$x=u\cos v$，$y=u\sin v$ に対し，第2基本量を求め，本章第2節の問題 4-2 の問2の結果を用いて (4.64) を計算せよ．

3.　球面 $z=\sqrt{a^2-x^2-y^2}$ に対し，第2基本量を求め，問題 4-2 の問3の結果を用いて (4.64) を計算せよ．

4-4　主曲率

法曲率の最大最小　球面では法切り口の方向 k を変えても曲率は変わらないが，たとえば図 4-25 の楕円体面の軸端では，方向を変えるにつれて曲率は変化し，軸に平行な2方向で法曲率は最大および最小になり，この2方向はたがいに垂直である．球を除けば，一般の曲面において曲面上の各点で法曲率が最大になる方向と最小になる方向がある．法曲率 $1/R$ が最大または最小になる

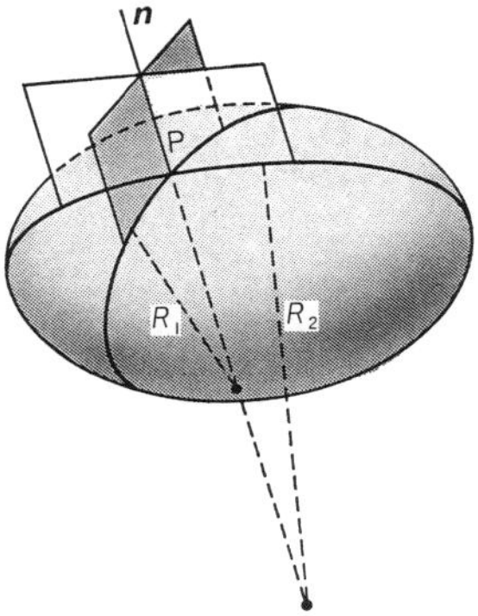

図 4-25

条件は

$$\frac{d}{dk}\frac{1}{R} = 0 \tag{4.66}$$

である．ここで(4.65)により

$$\frac{1}{R}(E+2Fk+Gk^2) = L+2Mk+Nk^2 \tag{4.67}$$

これを k で微分して(4.66)を用いれば，法曲率が極値をもつ条件として

$$\frac{1}{R}(F+Gk) = M+Nk \tag{4.68}$$

を得る．これと共に(4.67)も満たされなければならない．(4.68)に k を掛けて(4.67)から引くと

$$\frac{1}{R}(E+Fk) = L+Mk \tag{4.69}$$

を得る．(4.67)と(4.69)とから，k を消去すれば法曲率 $1/R$ の極値が得られる．また $1/R$ を消去すれば法曲率が極値をとる法切り口の方向 k が得られるわけである．この方向を**主方向**とよび，この方向の法曲率を**主曲率**という．球面のような場合を除き，曲面の各点において主方向は 2 つ(直交する．p. 119 参照)あり，これにしたがって主曲率も 2 つある．これらを調べよう．

主曲率　(4.68)と(4.69)から k を消去するため(4.68)を

$$k = -\frac{F/R-M}{G/R-N}$$

と書き，これを(4.69)に代入すると，

$$\left(\frac{F}{R}-M\right)\left(\frac{F}{R}-M\right)-\left(\frac{E}{R}-L\right)\left(\frac{G}{R}-N\right) = 0 \tag{4.70}$$

を得る．これは $1/R$ の 2 次式で，$1/R$ の最大値と最小値 $1/R_1$ と $1/R_2$ を与える．$1/R_1$ と $1/R_2$ を**主曲率**といい，R_1 と R_2 を**主曲率半径**という．(4.70)は

$$(EG-F^2)\frac{1}{R^2}-(GL+EN-2FM)\frac{1}{R}+LN-M^2 = 0 \tag{4.71}$$

と書ける．よって根と係数の関係から

$$2H \equiv \frac{1}{R_1}+\frac{1}{R_2} = \frac{GL+EN-2FM}{EG-F^2} \tag{4.72}$$

$$K \equiv \frac{1}{R_1R_2} = \frac{LN-M^2}{EG-F^2} \tag{4.73}$$

を得る．ここで

$$H = \frac{1}{2}\left(\frac{1}{R_1}+\frac{1}{R_2}\right) \tag{4.74}$$

を**平均曲率**といい，

$$K = \frac{1}{R_1R_2} \tag{4.75}$$

を**全曲率**，あるいは**ガウスの曲率**という．

曲面が $z=z(x, y)$ で与えられたとき，法線ベクトル $\boldsymbol{n}$ は(4.47)で与えられ，E, F, G は(4.50)で与えられた．このとき，さらに(問題 4-3 問 3 の解参照)

$$r = \frac{\partial^2 z}{\partial x^2}, \qquad s = \frac{\partial^2 z}{\partial x \partial y}, \qquad t = \frac{\partial^2 z}{\partial y^2} \tag{4.76}$$

とおけば，(4.48)と(4.49)を微分して

$$\boldsymbol{r}_{xx} = (0, 0, r), \qquad \boldsymbol{r}_{xy} = (0, 0, s), \qquad \boldsymbol{r}_{yy} = (0, 0, t) \tag{4.77}$$

したがって

$$L=\frac{r}{\sqrt{1+p^2+q^2}},\qquad M=\frac{s}{\sqrt{1+p^2+q^2}},\qquad N=\frac{t}{\sqrt{1+p^2+q^2}}$$

(4.78)

故に

$$2H=\frac{1}{R_1}+\frac{1}{R_2}=\frac{(1+q^2)r+(1+p^2)t-2pqs}{(1+p^2+q^2)^{3/2}} \tag{4.79}$$

$$K=\frac{1}{R_1R_2}=\frac{rt-s^2}{(1+p^2+q^2)^2} \tag{4.80}$$

で与えられる.

例題 4.3 曲面 $z=\dfrac{1}{2}\left(\dfrac{x^2}{a}+\dfrac{y^2}{b}\right)$ の主曲率半径 R_1, R_2 の $x=0$, $y=0$ における値を求めよ(図 4-3 参照).

[解] この場合, 主曲率の方向が x 軸と y 軸の方向であることは明らかである. 原点において $p=q=0$. また $r=\dfrac{1}{a}$, $s=0$, $t=\dfrac{1}{b}$. したがって

$$\frac{1}{R_1}+\frac{1}{R_2}=\frac{1}{a}+\frac{1}{b},\qquad \frac{1}{R_1R_2}=\frac{1}{ab}$$

故に $R_1=a$, $R_2=b$(または $R_1=b$, $R_2=a$). ❙

[注 1] 上の例でみられるように, 曲率(曲率半径)は正とは限らない. 上の例で $a>0$, $b>0$ なら, これらは共に正であるが $a<0$, $b<0$ ならば共に負である. また, a と b の符号が異なれば, 一方の曲率は正で, 他方の曲率は負である. 平面はゼロの曲率の面である.

[注 2] 球面は全曲率が正の一定値をとる曲面である. 全曲率が負の一定値をもつ曲面もあり, **擬球**とよばれている(第 4 章演習問題 5 参照). これはいたるところ馬の鞍(鞍部)のような曲面である.

[注 3] シャボンの泡では中と外の圧力差 P は表と裏の表面張力 T により平均曲率で支えられていて,

$$P=2T\left(\frac{1}{R_1}+\frac{1}{R_2}\right) \tag{4.81}$$

となる. 枠に張ったシャボン膜で $P=0$ の場合は平均曲率 H は 0 である. 表

Coffee Break

三角形の内角の和

平面上の三角形の内角の和は 180° すなわち π(ラジアン)である．平面上の三角形に相当する球面上の図形は 3 本の大円で作られる三角形であるが，その内角の和は常に π よりも大きい．わかりやすいように球面の北極を通る 2 本の大円を考えてこれらの間の角を θ とし，赤道とこれらの大円とで三角形を作ると，その内角の和は $\pi+\theta$ である(図参照)．球面上で任意の 3 本の大円で作られる三角形の内角を ∠A, ∠B, ∠C とし，この三角形の面積を S，球の半径を r とすると

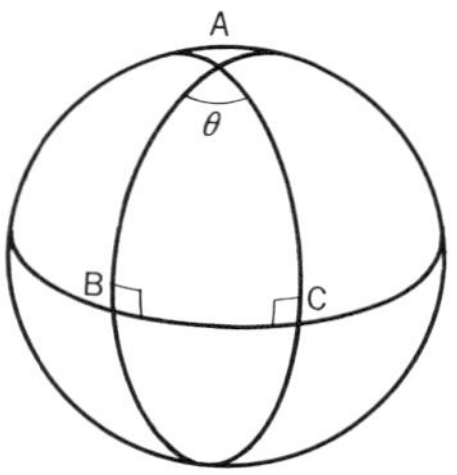

$$\angle A + \angle B + \angle C - \pi = \frac{S}{r^2}$$

が成り立つことが示される．一般にガウス曲率を K，面積要素を dS とすると，測地線で作られる三角形 ABC について

$$\angle A + \angle B + \angle C - \pi = \int K dS$$

が成り立つ．これをガウス-ボンネ(Gauss-Bonnet)の定理という．ここで上式の積分 $\int K dS$ は三角形 ABC の内部についてガウス曲率 K を積分したものである．

球面では $K=r^2>0$ であり，$\angle A+\angle B+\angle C>\pi$ となる．また擬球などでは $K<0$ であるから，$\angle A+\angle B+\angle C<\pi$ となる．平面では $K=0$ で $\angle A+\angle B+\angle C=\pi$ である．

面張力はできるだけ表面積を小さくすることからわかるように，面積極小の条件は平均曲率が 0 であることである．

回転面の曲率半径 z 軸のまわりに対称な回転面は(4.51)で与えたように

$$x = u\cos v, \qquad y = u\sin v, \qquad z = f(u) \tag{4.82}$$

で与えられる．(4.52)を用いて

$$\begin{aligned}\boldsymbol{r}_u \times \boldsymbol{r}_v &= \begin{vmatrix} \boldsymbol{i} & \boldsymbol{j} & \boldsymbol{k} \\ \cos v & \sin v & f'(u) \\ -u\sin v & u\cos v & 0 \end{vmatrix} \\ &= -u\cos v f'(u)\boldsymbol{i} - u\sin v f'(u)\boldsymbol{j} + u\boldsymbol{k}\end{aligned} \tag{4.83}$$

$$|\boldsymbol{r}_u \times \boldsymbol{r}_v| = \sqrt{EG-F^2} = u\sqrt{1+f'^2} \tag{4.84}$$

したがって(4.41)により

$$\boldsymbol{n} = \left(\frac{-\cos v f'}{\sqrt{1+f'^2}},\ \frac{-\sin v f'}{\sqrt{1+f'^2}},\ \frac{1}{\sqrt{1+f'^2}}\right) \tag{4.85}$$

さらに(4.52)を用いて

$$\begin{aligned}\boldsymbol{r}_{uu} &= (0,\ 0,\ f''(u)) \\ \boldsymbol{r}_{uv} &= (-\sin v,\ \cos v,\ 0) \\ \boldsymbol{r}_{vv} &= (-u\cos v,\ -u\sin v,\ 0)\end{aligned} \tag{4.86}$$

よって(4.63)により

$$L = \frac{f''}{\sqrt{1+f'^2}}, \qquad M = 0, \qquad N = \frac{uf'}{\sqrt{1+f'^2}} \tag{4.87}$$

したがって主曲率半径 R を与える式(4.71)は

$$\frac{EG}{R^2} - \frac{LG+NE}{R} + LN = 0$$

あるいは

$$LNR^2 - (LG+NE)R + EG = 0$$

これを解けば

$$\begin{aligned}R &= \frac{1}{2LN}\{LG+NE \pm \sqrt{(LG+NE)^2 - 4LNEG}\} \\ &= \frac{1}{2LN}\{LG+NE \pm (LG-NE)\}\end{aligned}$$

したがって2つの主曲率半径を R_1, R_2 とすると

$$R_1 = \frac{E}{L} = \frac{(1+f'^2)^{3/2}}{f''}$$
$$R_2 = \frac{G}{N} = \frac{u\sqrt{1+f'^2}}{f'} \qquad (4.88)$$

となる.

ここで R_1 は(3.16)により，曲線 $z=f(u)$，すなわち回転面の子午線の曲率半径である.

R_2 の意味を考えるため，図4-26に uz 面を示す．図で曲面上の点Pの法線が z 軸を切る点をAとし，Pから u 軸に平行に引いた直線が z 軸を切る点をBとする．また，Pにおける接線が x 軸となす角を θ とすると，

$$f' = \tan\theta$$

である．角 $\mathrm{PAB}=\theta$，$\overline{\mathrm{PB}}=u$，$\overline{\mathrm{AB}}=u/\tan\theta$ であるから

$$\overline{\mathrm{AP}}^2 = u^2\left(1+\frac{1}{f'^2}\right)$$
$$= u^2(1+f'^2)/f'^2$$

したがって

$$R_2 = \overline{\mathrm{AP}}$$

すなわち，R_2 は平面曲線 $z=f(u)$ の法線が曲線と z 軸とによって切りとられ

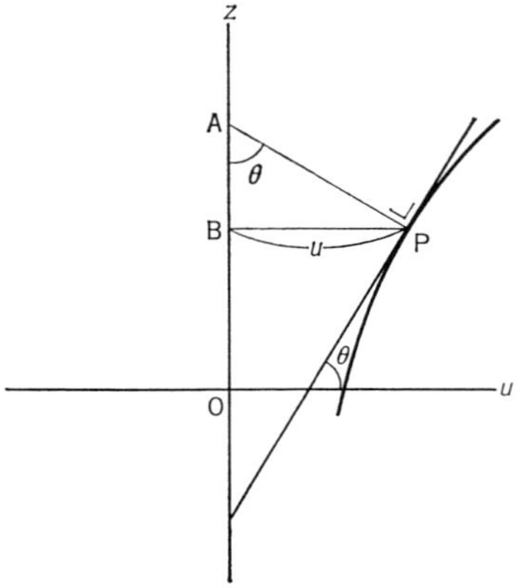

図4-26

る線分の長さ $\overline{\mathrm{PA}}$ に等しい.

[例 1] 球面 原点を中心とする半径 a の球面の $z>0$ の部分では

$$z=\sqrt{a^2-x^2-y^2}=\sqrt{a^2-u^2}=f(u)$$

したがって(例題 4.2 参照)

$$f'=\frac{-u}{\sqrt{a^2-u^2}}, \qquad f''=\frac{-a^2}{(a^2-u^2)^{3/2}}$$

$$1+f'^2=\frac{a^2}{a^2-u^2}$$

したがって(4.88)により

$$R_1=R_2=-a \qquad \blacksquare$$

主曲率の方向 法曲率が極値をとる方向, すなわち主曲率の方向(主方向)を与える k は(4.68)と(4.69)とから $1/R$ を消去した式

$$FL-EM+(GL-EN)k+(GM-FN)k^2=0 \tag{4.89}$$

を k について解けば得られる. (4.89)は k の 2 次式であるから, 2 つの根をもつ. 他方で法線を含む平面を法線のまわりに 180° まわす間にその断面の曲率は必ず最大値と最小値を経るわけである. したがって 2 次方程式(4.89)の 2 根は実根である. これらの主方向を $k_1=dv_1/du_1$, $k_2=dv_2/du_2$ としよう. k_1, k_2 の方向の微小ベクトルは

$$\begin{aligned} d\boldsymbol{r}_1 &= \boldsymbol{r}_u du_1+\boldsymbol{r}_v dv_1 \qquad \left(k_1=\frac{dv_1}{du_1}\right) \\ d\boldsymbol{r}_2 &= \boldsymbol{r}_u du_2+\boldsymbol{r}_v dv_2 \qquad \left(k_2=\frac{dv_2}{du_2}\right) \end{aligned} \tag{4.90}$$

したがって

$$\begin{aligned} d\boldsymbol{r}_1\cdot d\boldsymbol{r}_2 &= Edu_1du_2+F(du_2dv_1+du_1dv_2)+Gdv_1dv_2 \\ &= (E+F(k_1+k_2)+Gk_1k_2)du_1du_2 \end{aligned} \tag{4.91}$$

しかるに(4.89)の根と係数の関係から

$$k_1+k_2=-\frac{GL-EN}{GM-FN}, \qquad k_1k_2=\frac{FL-EM}{GM-FN} \tag{4.92}$$

であるから

$$E+F(k_1+k_2)+Gk_1k_2 = \frac{1}{GM-FN}\{(GM-FN)E-F(GL-EN)$$
$$+G(FL-EM)\} = 0$$

故に(4.91)から

$$d\boldsymbol{r}_1\cdot d\boldsymbol{r}_2 = 0 \tag{4.93}$$

したがって2つの主方向 k_1 と k_2 はたがいに直交する(図 4-27).

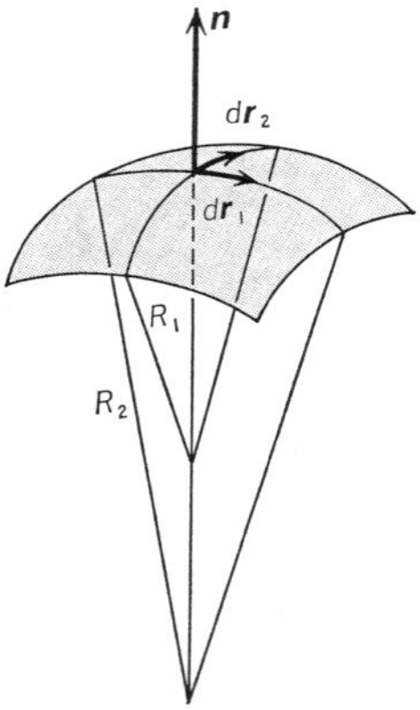

図 4-27

オイラーの定理　曲面の2つの主方向はたがいに直交するので, u 曲線と v 曲線がこの方向に一致するように u, v を選ぶと曲率などの式は簡単になる. この場合, $k=dv/du$ は主方向の1つで0, 他の主方向で ∞ になる. 主方向の k を与える式(4.89)で $k=0$ は

$$FL-EM = 0 \tag{4.94}$$

を与え, $k=\infty$ は

$$GM-FN = 0 \tag{4.95}$$

を与える. これらの式は

$$F = 0, \qquad M = 0 \tag{4.96}$$

で満足される. そして $k=0$ に対する曲率半径を R_1 とし, $k=\infty$ に対する曲率半径を R_2 とすれば(4.65)により

$$\frac{1}{R_1} = \frac{L}{E}, \qquad \frac{1}{R_2} = \frac{N}{G} \tag{4.97}$$

である．またこの場合(4.34)は

$$ds^2 = Edu^2 + Gdv^2 \tag{4.98}$$

となる．したがって一般の方向($k=dv/du$)が u 曲線となす角を θ とすれば(図4-28参照)

$$\frac{\sqrt{E}\,du}{ds} = \cos\theta, \qquad \frac{\sqrt{G}\,dv}{ds} = \sin\theta \tag{4.99}$$

である．そして一般の方向の法切り口の曲線の曲率半径 R を与える式(4.65)は(4.97)により

$$\frac{1}{R} = \frac{Ldu^2 + Ndv^2}{ds^2} = \frac{E}{R_1}\left(\frac{du}{ds}\right)^2 + \frac{G}{R_2}\left(\frac{dv}{ds}\right)^2$$

となる．したがって一般の法切り口における曲率半径 R を主曲率半径 R_1, R_2 の間に関係式

$$\frac{1}{R} = \frac{\cos^2\theta}{R_1} + \frac{\sin^2\theta}{R_2} \tag{4.100}$$

が成り立つことがわかる．これを**オイラーの定理**という．

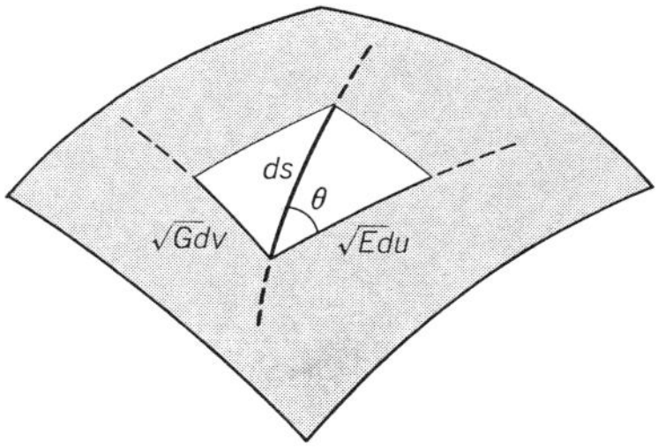

図 4-28

問 題 4-4

1. $z=a-\sqrt{a^2-u^2}$ ($u=\sqrt{x^2+y^2}$) はどんな曲面か．また $z=a+\sqrt{a^2-u^2}$ はどんな曲面か．それぞれの場合につき(4.88)を用いて R_1, R_2 を求めよ．

2.　曲面上の点 $\mathrm{P}(u, v)$ から接近する点 $\mathrm{P}'(u+\Delta u, v+\Delta v)$ へ引いたベクトルは(図 4-29 参照)

$$\begin{aligned}\Delta\boldsymbol{r} &\equiv \boldsymbol{r}(u+\Delta u, v+\Delta v)-\boldsymbol{r}(u, v)\\ &= \boldsymbol{r}_u\Delta u+\boldsymbol{r}_v\Delta v\\ &\quad +\frac{1}{2}(\boldsymbol{r}_{uu}\Delta u^2+2\boldsymbol{r}_{uv}\Delta u\Delta v\\ &\quad +\boldsymbol{r}_{vv}\Delta v^2)+\cdots\end{aligned}$$

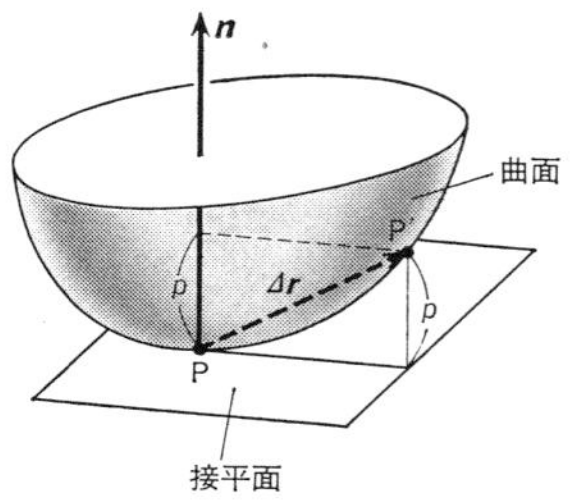

図 4-29

で与えられる．ここで $\Delta\boldsymbol{r}$ と点 $\mathrm{P}(u, v)$ における曲面の垂線 $\boldsymbol{n}$ とのスカラー積は，$\mathrm{P}'(u+\Delta u, v+\Delta v)$ から $\mathrm{P}(u, v)$ における接平面へ下ろした垂線の長さに等しいことを示し，この垂線の長さが

$$p = \frac{1}{2}(L\Delta u^2+2M\Delta u\Delta v+N\Delta v^2)$$

で与えられることを示せ．

第 4 章 演習問題

[1]　曲線を $\boldsymbol{r}(x(t), y(t), z(t))$ とし，この上の点 $\mathrm{P}(t)$ における接触平面上の点を (X, Y, Z) とすると，接触平面の方程式は

$$\begin{vmatrix} X-x(t) & \dfrac{dx}{dt} & \dfrac{d^2x}{dt^2} \\ Y-y(t) & \dfrac{dy}{dt} & \dfrac{d^2y}{dt^2} \\ Z-z(t) & \dfrac{dz}{dt} & \dfrac{d^2z}{dt^2} \end{vmatrix} = 0$$

で与えられることを示せ．

[2]　曲面上の点 $\boldsymbol{r}(u, v)$ における接平面の上の点を $\boldsymbol{X}$ とすれば，接平面の方程式はスカラー 3 重積を用いて

$$[\boldsymbol{X}-\boldsymbol{r}, \boldsymbol{r}_u, \boldsymbol{r}_v] = 0$$

で与えられることを示せ．

[3]　曲面を

$$\boldsymbol{r}(u,v) = x(u,v)\boldsymbol{i}+y(u,v)\boldsymbol{j}+z(u,v)\boldsymbol{k}$$

とすると

$$\boldsymbol{r}_u\times\boldsymbol{r}_v = \frac{\partial(y,z)}{\partial(u,v)}\boldsymbol{i}+\frac{\partial(z,x)}{\partial(u,v)}\boldsymbol{j}+\frac{\partial(x,y)}{\partial(u,v)}\boldsymbol{k}$$

であることを示せ．ただし

$$\frac{\partial(y,z)}{\partial(u,v)} = \begin{vmatrix} \dfrac{\partial y}{\partial u} & \dfrac{\partial z}{\partial u} \\ \dfrac{\partial y}{\partial v} & \dfrac{\partial z}{\partial v} \end{vmatrix} = \frac{\partial y}{\partial u}\frac{\partial z}{\partial v}-\frac{\partial y}{\partial v}\frac{\partial z}{\partial u} \quad \text{など}$$

である(これはヤコビヤンとよばれている)．

[4] 面素は

$$dS = \sqrt{\left(\frac{\partial(y,z)}{\partial(u,v)}\right)^2+\left(\frac{\partial(z,x)}{\partial(u,v)}\right)^2+\left(\frac{\partial(x,y)}{\partial(u,v)}\right)^2}\,dudv$$

で与えられることを示せ．

[5] z 軸を中心とする軸対称の曲面(図 4-30)

$$x = k\sin u\cos v, \qquad y = k\sin u\sin v,$$

$$z = k\left(\log\tan\frac{u}{2}+\cos u\right)$$

$$(0<u<\pi,\ 0\leqq v\leqq 2\pi)$$

(k は定数)に対し

$$E = k^2\frac{\cos^2 u}{\sin^2 u}, \qquad F=0, \qquad G = k^2\sin^2 u$$

法線 $\boldsymbol{n} = (-\cos u\cos v, -\cos u\sin v, \sin u)$

$$L = -k\frac{\cos u}{\sin u}, \qquad M=0, \qquad N = k\sin u\cos u$$

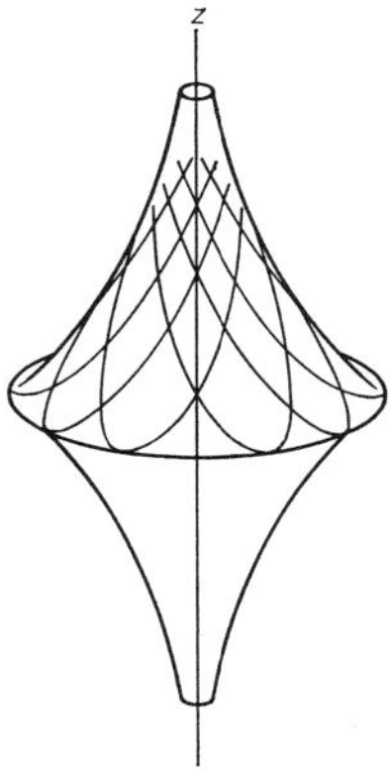

図 4-30

であることを示し，全曲率(ガウスの曲率)が

$$K = \frac{1}{R_1R_2} = -\frac{1}{k^2}$$

であることを証明せよ．これは負の一定曲率の面で，**擬球**とよばれる．

Coffee Break

セッケン膜

細い針金の枠をセッケン水につけて持ち上げると，枠にセッケン膜が張られる．セッケン膜は重さのためにいくらかひずむが，重力の影響を無視するとセッケン膜は表面張力によって表面積を極小にする形をとる．したがって，与えられた境界をもつ曲面で極小の面積をもつもの，すなわち極小曲面はセッケン膜によって実現される．極小曲面の問題は 18 世紀にラグランジュによって変分問題として扱われて偏微分方程式が導かれていて，多くの特殊解が見出された．また極小曲面は平均曲率(p. 114)がゼロの曲面であることも指摘されている．

ベルギーの発明家でもあったプラトー(J. A. Plateau)は油と比重を同じにした混合液中の回転する油の形や油の薄膜の形を研究している中にセッケン膜の実験を考えついたという．この結果の公表(1849 年)以来，この種の膜の問題はプラトー問題とよばれている．1936 年には，アメリカのダグラス(J. Douglas)がこの問題の解決によって第 1 回のフィールズ賞を得ている．

5

ベクトルの場

天気図を見ると各地の風向と風速段階が矢印で表わされていて，この矢印は各地の風の速度ベクトルである．川の流れも場所によってちがうから，水の流れの速度を矢印で表わすことができる．速度ベクトルに限らない．消しゴムやコンニャクなどをひねれば，各場所の変位を表わすベクトルが考えられるわけである．電場や磁場も各点で異なるベクトル量である．平面や空間の各点でベクトルが与えられるとき，一般にこれをベクトル場というのだが，一般に考察するにしても，やはり水の流れの速度場などを具体的にイメージした方がわかりやすい．

5-1 スカラー場の勾配

スカラー場 空間のある領域内の各点(x,y,z)において，スカラー関数$f(x,y,z)$が定まっているとき，この領域をfの**スカラー場**(scalar field)という．

［例1］ 地表の近くで重力の加速度をg(一定)とすると，高さzにおける位置エネルギーは

$$U(z) = gz$$

であり，これは一様な重力のスカラー場である．❙

［例2］ 太陽を質点と考えると，太陽からの距離rの場所における太陽の万有引力の場は(後の(5.31)参照)

$$U(r) = -G\frac{M}{r}$$

で与えられる(Gは万有引力定数，Mは太陽の質量)．❙

ベクトル場 空間の各点においてベクトルが定義されているとき，これを**ベクトル場**(vector field)という．たとえば水の流れの**速度場**は，各点における速度の矢印を図5-1(a)のように描いて表わすことができる．この図で各点の矢印はそれぞれ矢印の起点における速度の向きに引き，その長さは速度の大きさ，すなわち速さに比例してかく．したがって，それぞれのベクトル矢の起点はその空間の位置であるが，矢印の終点は空間的な位置を表わすものではない．水の流れの経路をつらねた曲線を**流線**という．流れの速度ベクトル矢は起点で流線に接するが，流線が図のように曲がっているときは，速度ベクトルの起点を通った水の粒子(微小部分)はその矢印の終点からはなれたところを通るわけである．図5-1(b)はぐるぐる回る渦の速度場である．回転運動はその中心に向かう加速度をもつから，各点における加速度を矢印で表わせば，(c)のような加速度の図を得る．

消しゴムなどの弾性体を変形させる場合，各点の変位からなる**変位の場**，あるいは**ひずみの場**が考えられ，ひずみによって生じる**応力の場**も考えられるわ

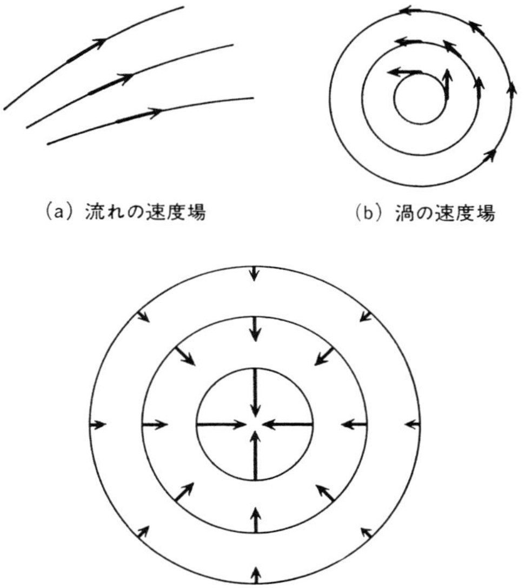

(a) 流れの速度場　(b) 渦の速度場

(c) 渦の加速度場

図 5-1

けである．しかし弾性体のひずみや応力の場は実はベクトルよりも複雑な**テンソル**といわれるものの場である．これについては，5-6 節で述べることにする．

前に述べたように静水の圧力はスカラー場と考えることができるが，水が曲がって流れたりする加速度をもつときに水の中ではたらく応力は，スカラー場でなく，やはりテンソルである．

なお，万有引力のポテンシャルはスカラー場であるが，万有引力を力の場と見れば，これはベクトル場である．単位質量の物体に及ぼす太陽の万有引力は，太陽からの距離の 2 乗に反比例し，太陽に向かう力である．万有引力のポテンシャル(スカラー場)と万有引力の場(ベクトル場)については後にくわしく考えることにする(p. 136)．

電磁場　電極の間に電圧をかければ，電極の間に**電場**が生じる(図 5-2)．電荷の周囲には電場があり，各点の電場を表わすベクトルをつらねると正電荷から出て負電荷へ入る電気力線が描かれる．電気力線を水の流れの流線にたとえ，正電荷を水のわき出し，負電荷を吸い込みにたとえることができる．同様に磁

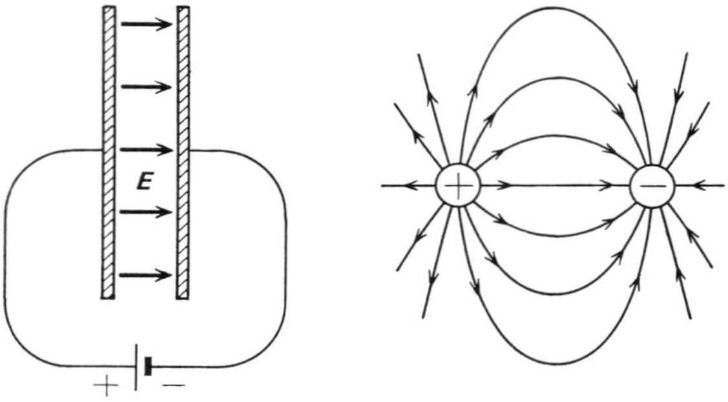

図 5-2

石の周囲には**磁場**があり，磁場の矢印をつらねた磁力線は磁石のＮ極から出てＳ極に入るので，Ｎ極はわき出し，Ｓ極は吸い込みにたとえられる．

電荷が動くのが電流であるが，電流はその周囲に磁場を伴なう．そして磁場の変化は電流を生じ(**電磁誘導**)，電場を生じ，また電場の変化は磁場を生じる．磁場と電場の変化が相伴って空間を伝播するのが，**電磁波**であり，電波も光も電磁波である．このような電磁現象を表わすには電場と磁場からなる**電磁場**というベクトル場を用いなければならない(p. 160 参照)．

ニュートン力学は，万有引力のように物体と物体の間に，これらを結ぶ直線にそう力がはたらくとして，多くの自然現象を説明することに成功した．そしてこのような物体間の力によって自然を理解できるとさえ思われたのである．これを力学的自然観という．しかし，電磁誘導や電磁波などの現象は力学的自然観では表現できない．電磁現象は空間が電磁気的な場であるとしたとき見事に記述できることがわかる．

勾配　図 5-3 の地図には，平均海面から測った高さが等しいところを結んだ等高線が描かれている．地図の紙の上の点を 2 次元の座標 (x, y) で表わし，その点の地表の高さを $f(x, y)$ とすれば，地図は高さ f のスカラー場を表わしたものと考えられる．地面がなだらかであるとすれば，水平面 xy に垂直に高さ f をとるとき，地面は曲面

$$f = f(x, y) \tag{5.1}$$

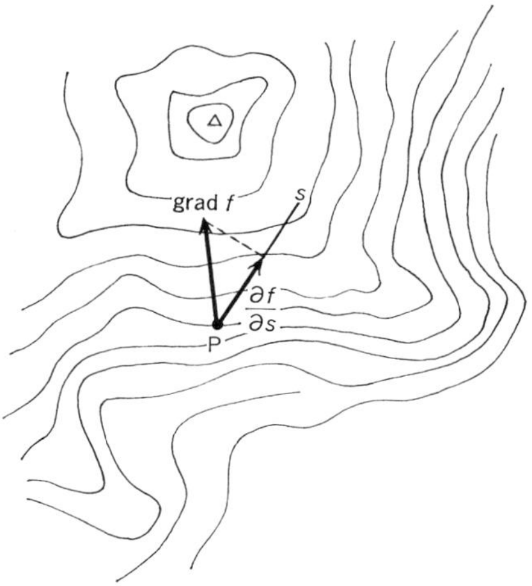

図 5-3

によって与えられる(図 5-4).

なめらかな地形を考え，地図の上で点 P から水平 x 方向に X まで進み(図 5-4)，水平 y 方向に Y まで進んで点 Q に到達するとき，地表では P から S まで上がる．距離 PX, PY が小さいとし，これらを $\varDelta x, \varDelta y$ と書くと，P の座標 (x, y) に対し Q の座標は $(x+\varDelta x, y+\varDelta y)$ となる．x 方向に $\varDelta x$ 進むときは y は一定に保たれるから X における地面の高まりを $XA=h_1$ とすると

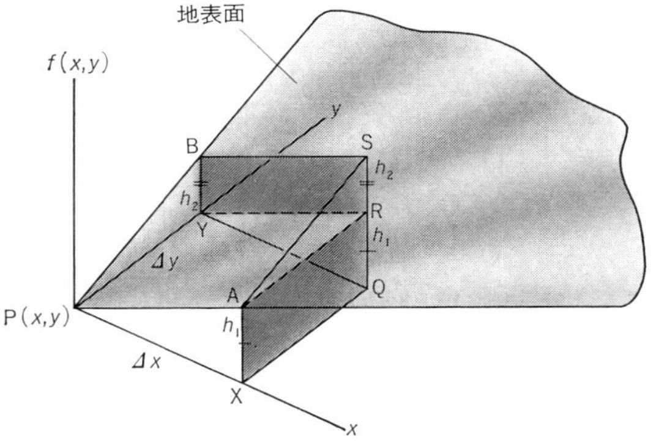

図 5-4

$$h_1 = \frac{\partial f}{\partial x}\Delta x$$

である．ここで $\partial f/\partial x$ は y を一定に保って x で微分する偏微分である．同様に y 方向に Y まで行ったときの地面の高まりを $\mathrm{YB}=h_2$ とすると

$$h_2 = \frac{\partial f}{\partial y}\Delta y$$

である．$\Delta x, \Delta y$ は十分小さいとしているので，P の近くで地表面は図 5-4 のように傾いた平面 PASB とみなしてよく，x 方向に Δx だけ進み，y 方向に Δy だけ進んで Q に達するときの高まり QS は，図で XQ を AR まで上げ，次いで YR を BS まで上げる高さ h_1+h_2 に等しい．P の高さは $f(x,y)$ であり，Q における高さは $f(x+\Delta x, y+\Delta y)$ であって，その差は

$$\Delta f = f(x+\Delta x, y+\Delta y)-f(x,y) = h_1+h_2$$

したがって P から S へ斜面の坂を登るときの高さは

$$\Delta f = \frac{\partial f}{\partial x}\Delta x+\frac{\partial f}{\partial y}\Delta y \tag{5.2}$$

となる．ここで $\partial f/\partial x$ は地面の x 方向の傾斜であり，$\partial f/\partial y$ は y 方向の傾斜である．

そこで，$\partial f/\partial x, \partial f/\partial y$ を x, y 成分とするベクトルを**勾配**(グラジエント，gradient)とよび，$\mathrm{grad}\, f$ で表わすと

$$\mathrm{grad}\ f = \left(\frac{\partial f}{\partial x},\ \frac{\partial f}{\partial y}\right) \tag{5.3}$$

となる．また $\Delta x, \Delta y$ を成分とするベクトルを $\Delta\boldsymbol{s}$ とすれば

$$\Delta\boldsymbol{s} = (\Delta x, \Delta y) \tag{5.4}$$

であり，(5.2)はこれらのスカラー積

$$\Delta f = \mathrm{grad}\ f\cdot\Delta\boldsymbol{s} \tag{5.5}$$

となるが，これはさらに

$$\frac{\Delta f}{\Delta s} = |\mathrm{grad}\, f|\cos\theta \tag{5.6}$$

と書き直せる．ここで θ はベクトル $\mathrm{grad}\, f$ と $\Delta\boldsymbol{s}$ との間の角であり，Δs は $\Delta\boldsymbol{s}$

の長さ，すなわちPQ間の距離である．(5.6)の右辺で$|\mathrm{grad}\,f|$は点Pできまる勾配の大きさであり，θに依存しない．左辺の$\Delta f/\Delta s$はΔs方向へ進むときの坂の急峻さであり，(5.6)はこれが$\cos\theta$に比例することを表わしている．したがって坂が最も急なのは$\theta=0$（あるいはπ）の方向である．$\theta=0$は$\mathrm{grad}\,f$と$\Delta\boldsymbol{s}$の方向が一致する場合であるから，坂が最も急なのはベクトル$\mathrm{grad}\,f$の矢印の向きである．

地図上で

$$f(x, y) = c \quad （一定） \tag{5.7}$$

は高さの等しい点をつらねた曲線，すなわち等高線を与える．図5-5のように等高線の接線を$\boldsymbol{t}$とし，$d\boldsymbol{s}$をこの方向にとれば$d\boldsymbol{s}=\boldsymbol{t}ds$であり，この方向では$f$は変化しないから$\Delta f=0$，すなわち

$$\mathrm{grad}\,f\cdot\boldsymbol{t} = 0 \tag{5.8}$$

となる．これはベクトル$\mathrm{grad}\,f$が接線に垂直であること，したがって$\mathrm{grad}\,f$は等高線（図5-3）に対する法線の方向にある．図5-5に示したように，$\mathrm{grad}\,f$の方向にそって進めば，最短距離で次の等高線

$$f(x, y) = c+\Delta c \qquad （\Delta c \text{ は微小量}）$$

に達することができる（しかし$\mathrm{grad}\,f$の方向は地面の傾斜が最も急な方向である）．

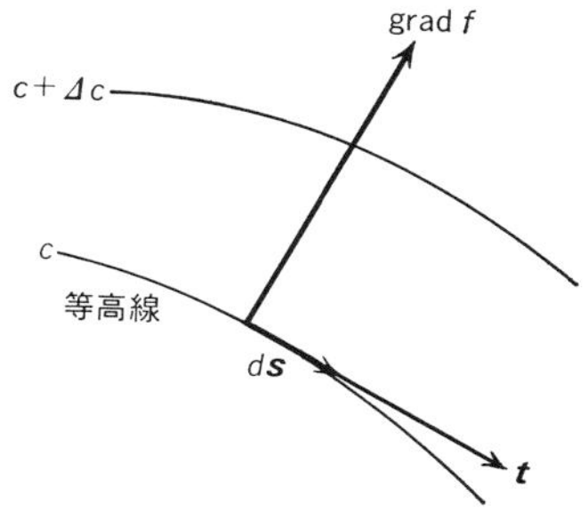

図5-5

等位面　3次元空間のスカラー場$f(x, y, z)$を，2次元の場合の図5-4のように表わすことはできない．しかし地図の等高線に相当して

$$f(x, y, z) = c \quad （一定） \tag{5.9}$$

を考えることができる．これは空間の曲面を表わし，**等位面**という．スカラー場 f として重力場や静電場のようなポテンシャルを考えることが多いので，等位面は**等ポテンシャル面**ともよばれる．

3次元の勾配ベクトル　スカラー場 $f(x, y, z)$ に対し3次元の勾配を

$$\mathrm{grad}\, f = \left(\frac{\partial f}{\partial x},\ \frac{\partial f}{\partial y},\ \frac{\partial f}{\partial z}\right) \tag{5.10}$$

で定義する．ここで

$$\nabla = \left(\frac{\partial}{\partial x},\ \frac{\partial}{\partial y},\ \frac{\partial}{\partial z}\right) \tag{5.11}$$

を**ナブラ**という．x, y, z 方向の基本ベクトル $\boldsymbol{i}, \boldsymbol{j}, \boldsymbol{k}$ を用いれば

$$\nabla = \boldsymbol{i}\frac{\partial}{\partial x} + \boldsymbol{j}\frac{\partial}{\partial y} + \boldsymbol{k}\frac{\partial}{\partial z} \tag{5.12}$$

と書ける．∇ を x, y, z 成分が微分演算 $\partial/\partial x, \partial/\partial y, \partial/\partial z$ であるベクトルとみなして，f に左から掛けると

$$\nabla f = \mathrm{grad}\, f = \frac{\partial f}{\partial x}\boldsymbol{i} + \frac{\partial f}{\partial y}\boldsymbol{j} + \frac{\partial f}{\partial z}\boldsymbol{k} \tag{5.13}$$

となる．このように ∇ は演算のはたらきをするもの，すなわち**演算子**である．grad は勾配という物理的な意味がはっきりするのですてがたいが，∇ も簡潔で便利であるので，本書では両方を用いることにする．

また ∇ の代りに記号 $\partial/\partial \boldsymbol{r}$ を用いた本もある．∇f の成分 $\partial f/\partial x$ なども $\nabla_x f$, $(\nabla f)_x$, $\mathrm{grad}_x f$, $(\mathrm{grad}\, f)_x$ などと書かれることがある．

$\mathrm{grad}\, f$ の大きさ(勾配の大きさ)は

$$|\mathrm{grad}\, f| = \sqrt{\left(\frac{\partial f}{\partial x}\right)^2 + \left(\frac{\partial f}{\partial y}\right)^2 + \left(\frac{\partial f}{\partial z}\right)^2} \tag{5.14}$$

で与えられる．

方向微分係数　スカラー量 $f(x, y, z)$ が任意の向きに変化する割り合いを考える．点 $\mathrm{P}(x, y, z)$ から近い点 $\mathrm{P}'(x+dx, y+dy, z+dz)$ へ移ったときの f の増加は

$$df=\frac{\partial f}{\partial x}dx+\frac{\partial f}{\partial y}dy+\frac{\partial f}{\partial z}dz \tag{5.15}$$

である．ここでPとP′を結ぶベクトルを

$$d\boldsymbol{s}=(dx, dy, dz) \tag{5.16}$$

で表わせば

$$df=\mathrm{grad}\, f\cdot d\boldsymbol{s} \tag{5.17}$$

と書ける．また $d\boldsymbol{s}$ 方向の単位ベクトルを $\boldsymbol{e}_s$ とすると

$$d\boldsymbol{s}=\boldsymbol{e}_s ds \tag{5.18}$$

であるので，$\boldsymbol{e}_s$ 方向の微分係数は

$$\frac{\partial f}{\partial s}=\boldsymbol{e}_s\cdot\mathrm{grad}\, f \tag{5.19}$$

これを**方向微分係数**という．$\boldsymbol{e}_s$ と $\mathrm{grad}\, f$ のなす角を ψ とすれば（図5-6）

$$\frac{\partial f}{\partial s}=|\mathrm{grad}\, f|\cos\psi=(\mathrm{grad}\, f)_s \tag{5.20}$$

したがって方向微分係数 $\partial f/\partial s$ は $\boldsymbol{e}_s$ 方向の正射影（成分）$(\mathrm{grad}\, f)_s$ に等しい．

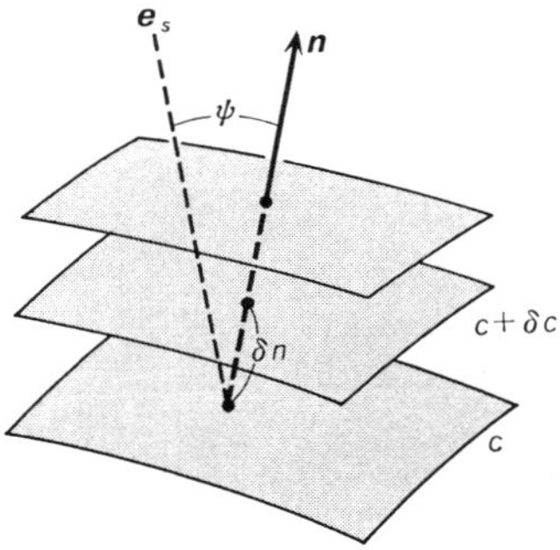

図 5-6

点PとともにP′も曲面 $f(x, y, z)=c$ 上にとれば $df=0$，であり，$d\boldsymbol{s}$ は接線となる．このとき $df=\mathrm{grad}\, f\cdot d\boldsymbol{s}=0$ は $\mathrm{grad}\, f$ が曲面の法線であることを示している（(5.8)参照）．曲面の法線ベクトル（単位長さ）を $\boldsymbol{n}$ とすれば

$$\mathrm{grad}\, f=|\mathrm{grad}\, f|\boldsymbol{n} \tag{5.21}$$

であり，$\boldsymbol{n}$ を成分で表わせば

$$\boldsymbol{n} = \left(\frac{\partial f/\partial x}{|\mathrm{grad}\, f|}, \frac{\partial f/\partial y}{|\mathrm{grad}\, f|}, \frac{\partial f/\partial z}{|\mathrm{grad}\, f|}\right) \tag{5.22}$$

となる．grad f の成分 $(\mathrm{grad}\, f)_s$ は $\phi=0$，すなわち $\boldsymbol{e}_s$ が法線と一致したときに最大になる(図 5-6 参照)．

grad f は法線 $\boldsymbol{n}$ の方向にあるから，この方向の方向微分係数を $\partial f/\partial n$ と書けば

$$\frac{\partial f}{\partial n} = (\mathrm{grad}\, f)_n = |\mathrm{grad}\, f| \tag{5.23}$$

である．

曲面 $f(x, y, z)=c$ と曲面 $f(x, y, z)=c+\delta c$ とは，δc が小さいとき，接近した2つの等位面である．これらの間の距離を δn とすれば

$$\frac{\partial f}{\partial n}\delta n = \delta c \tag{5.24}$$

である．したがって

$$\delta n = \frac{\delta c}{\dfrac{\partial f}{\partial n}} = \frac{\delta c}{|\mathrm{grad}\, f|} \tag{5.25}$$

あるいは

$$\delta n = \frac{\delta c}{\sqrt{\left(\dfrac{\partial f}{\partial x}\right)^2+\left(\dfrac{\partial f}{\partial y}\right)^2+\left(\dfrac{\partial f}{\partial z}\right)^2}} \tag{5.26}$$

例題 5.1　$r=\sqrt{x^2+y^2+z^2}$ とするとき

$$\nabla r = \frac{\boldsymbol{r}}{r} \qquad (\boldsymbol{r}=(x, y, z)), \qquad |\nabla r| = 1 \tag{5.27}$$

であることを示せ．

[解]

$$\frac{\partial r}{\partial x} = \frac{x}{\sqrt{x^2+y^2+r^2}} = \frac{x}{r}, \quad \text{同様に} \quad \frac{\partial r}{\partial y} = \frac{y}{r}, \quad \frac{\partial r}{\partial z} = \frac{z}{r}$$

$$|\nabla r| = \sqrt{\left(\frac{x}{r}\right)^2+\left(\frac{y}{r}\right)^2+\left(\frac{z}{r}\right)^2} = \sqrt{\frac{x^2+y^2+z^2}{r^2}} = 1 \qquad \blacksquare$$

例題 5.2　$\phi(r)=-\dfrac{1}{r}$ とするとき

$$\nabla\phi = \frac{\boldsymbol{r}}{r^3}, \qquad |\nabla\phi| = \frac{1}{r^2} \tag{5.28}$$

であることを示せ．

［解］

$$\frac{\partial\phi}{\partial x} = \frac{d}{dr}\left(-\frac{1}{r}\right)\frac{\partial r}{\partial x} = \frac{1}{r^2}\frac{x}{r} = \frac{x}{r^3}, \quad \frac{\partial\phi}{\partial y} = \frac{y}{r^3}, \quad \frac{\partial\phi}{\partial z} = \frac{z}{r^3}$$

$$|\nabla\phi| = \sqrt{\left(\frac{x}{r^3}\right)^2+\left(\frac{y}{r^3}\right)^2+\left(\frac{z}{r^3}\right)^2} = \sqrt{\frac{1}{r^4}} = \frac{1}{r^2} \qquad \blacksquare$$

例題 5.3　一般に $\phi(r)$ を r の関数とするとき

$$\nabla\phi(r) = \phi'(r)\frac{\boldsymbol{r}}{r} \qquad \left(\phi'(r) = \frac{d\phi}{dr}\right) \tag{5.29}$$

であることを示せ(これは放射状の場である)．

［解］

$$\frac{\partial}{\partial x}\phi(r) = \frac{d\phi}{dr}\frac{\partial r}{\partial x} = \phi'\frac{x}{r}$$

同様に

$$\frac{\partial}{\partial y}\phi(r) = \phi'\frac{y}{r}, \qquad \frac{\partial}{\partial z}\phi(r) = \phi'\frac{z}{r} \qquad \blacksquare$$

物理学における例　すでにこの章のはじめに述べた万有引力のポテンシャルのように，力があるスカラー場の勾配として与えられるとき，このスカラー場を**ポテンシャル**とよび，力を**保存力**という．力が保存力だけのときは力学系の運動エネルギーとポテンシャルの値(ポテンシャルエネルギー)の和は一定に保たれる．これが**力学的エネルギー保存の法則**である．摩擦があるとエネルギーの一部が熱に変わるので，力学的エネルギーは保存されない．摩擦力は保存力でなく，ポテンシャルから導かれる力ではない．

力が x, y, z 成分をもつのに対し，ポテンシャルはスカラーなので単純な足し算ができる．したがって保存力の場合は，力を扱うよりもポテンシャルで扱った方がはるかに簡単になる．一般にポテンシャルが $\phi(x,y,z)$ で与えられたとき，場所 (x,y,z) にある質点に働く力 $\boldsymbol{F}$ は

$$\boldsymbol{F} = -\nabla\phi, \qquad \nabla = (\partial/\partial x, \partial/\partial y, \partial/\partial z) \tag{5.30}$$

で与えられる．例を挙げよう．

(i)　万有引力　太陽が原点にあるとき，これから r の距離にある単位質量の物体(試験体)のポテンシャル(図5-7)は

$$\phi(r) = -G\frac{M}{r} \tag{5.31}$$

である(M は太陽の質量，G は万有引力定数)．これは上の例題5.2で扱った $\dfrac{1}{r}$ ポテンシャルであって，試験体の位置 (x, y, z) について微分すると(5.28)により，

$$|\boldsymbol{F}| = |-\nabla\phi| = G\frac{M}{r^2} \tag{5.32}$$

を与える．これはよく知られた万有引力で r^2 に反比例する．

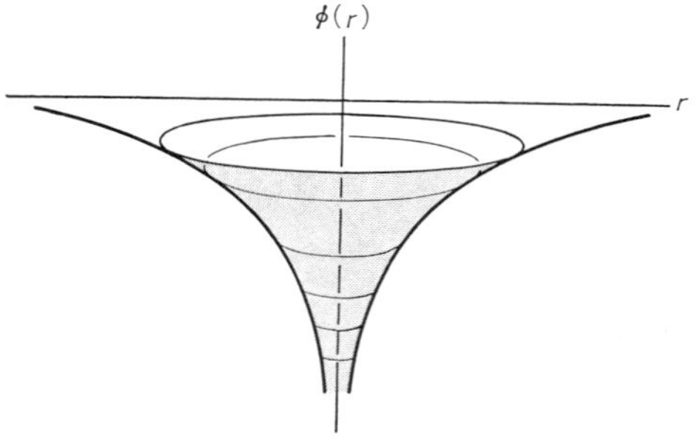

図 5-7

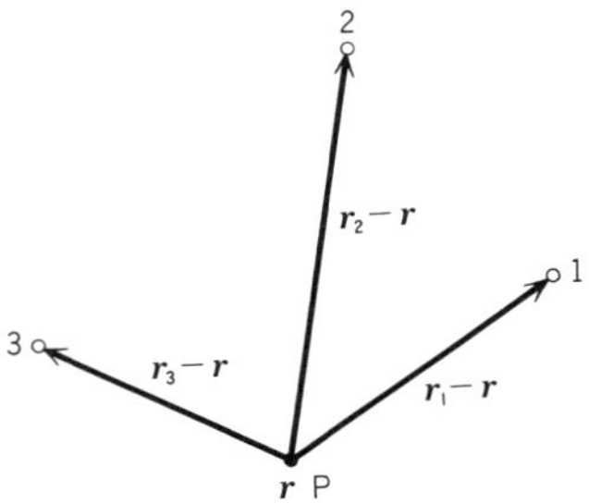

図 5-8

多くの質点(質量 $M_1, M_2, \cdots$)がそれぞれ $\boldsymbol{r}_1, \boldsymbol{r}_2, \cdots$ にあるとき(図5-8)，試験体P(位置 $\boldsymbol{r}$)のポテンシャルは

$$\phi(\boldsymbol{r}) = -G\sum_j \frac{M_j}{|\boldsymbol{r}_j - \boldsymbol{r}|} \tag{5.33}$$

で与えられる．ここに $|\boldsymbol{r}_j - \boldsymbol{r}|$ は試験体と j 番目の質点との間の距離である．試験体に働く力はその位置 x, y, z に関する微分演算子 $\nabla = (\partial/\partial x, \partial/\partial y, \partial/\partial z)$ により，$\boldsymbol{F} = -\nabla\phi$ で与えられる．

(ii)　静電力　原点に電荷 e があり，単位電荷の試験体が点 (x, y, z) にある

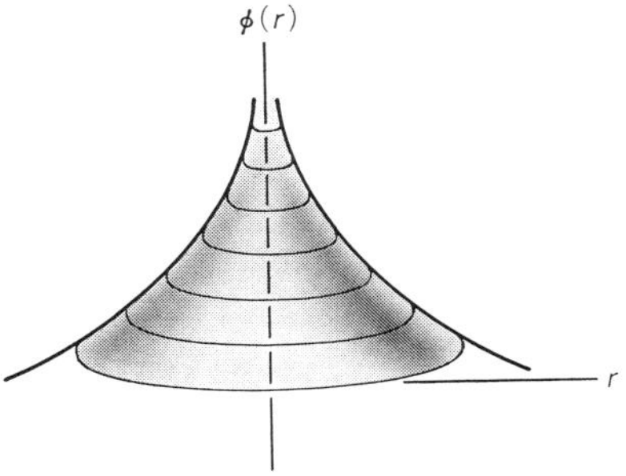

図 5-9

とすると，これらの間の静電力によるポテンシャル(静電ポテンシャル)は

$$\phi(r) = K\frac{e}{r} \tag{5.34}$$

で与えられる(図 5-9)．ただし $K=1/4\pi\varepsilon_0$ (ε_0=真空の誘電率) である．単位電荷に働く力は $\boldsymbol{E}=-\nabla\phi$，その大きさは

$$|\boldsymbol{E}| = K\frac{e}{r^2} \tag{5.35}$$

で与えられる．これは静電力に関するクーロンの法則である．電荷 $e_1, e_2, \cdots$ がそれぞれ $\boldsymbol{r}_1, \boldsymbol{r}_2, \cdots$ にあるとき試験体(位置 $\boldsymbol{r}$)のポテンシャルは

$$\phi(\boldsymbol{r}) = K\sum_j \frac{e_j}{|\boldsymbol{r}-\boldsymbol{r}_j|} \tag{5.36}$$

(iii) 速度ポテンシャル 点 (x, y, z) における水の流速 $\boldsymbol{v}$ が

$$\boldsymbol{v} = -\nabla\phi \tag{5.37}$$

で与えられるとき，ϕ を**速度ポテンシャル**という．これに対する具体的な例は後に述べることにしよう(p. 154)．

問 題 5-1

1. 次の諸式が成り立つことを確かめよ．a を定数，f および g を x, y, z の関数とするとき

$$\nabla(af) = a\nabla f$$

$$\nabla(f+g) = \nabla f+\nabla g$$
$$\nabla(fg) = f\nabla g+g\nabla f$$
$$\nabla(f(g)) = \frac{\partial f}{\partial g}\nabla g$$

2. 方向余弦 (l, m, n) の方向への微分係数は

$$\frac{\partial f}{\partial s} = l\frac{\partial f}{\partial x}+m\frac{\partial f}{\partial y}+n\frac{\partial f}{\partial z}$$

で与えられることを示せ.

5-2 発　散

ベクトル場の発散

前節では山の傾斜を例にとって勾配ベクトルの説明をしたが，この節は水の流れの話から入ることにする．水は圧力をかけても縮まないとみなしてよいから，水の密度は一定で，流れは各点における速度，すなわち流れの速度場だけできまる．

いちばん簡単な流れは真直ぐな1次元的な流れである．一様な太さの管内を一定の速さで x 方向に水が流れているとき，流速 v は

$$v = \text{一定}\quad \text{すなわち}\quad \frac{dv}{dx} = 0$$

である．$dv/dx \neq 0$ になるのは，管へ外から水が流入してくるか，外へ水が洩れる場合である．水が流入してくるところを**わき出し**(湧点，源，泉などともいう)，水が流れ去るところを**吸い込み**(吸点，負の源)，単位時間にわき出す量を**湧出量**という．負の湧出量は吸い込まれる量である．

管の一部にわき出しがあれば，そこから先の流量が多くなるので，流速も大きくなる．小さなわき出しが管にそって多数ある場合(図5-10)は，流れは先へ行くほどだんだん速くなる．わき出しが小さく，その数が多くなった極限，すなわち連続的に分布するわき出しでは流速 v は x のなだらかな関数になる．これを $v(x)$ とすると

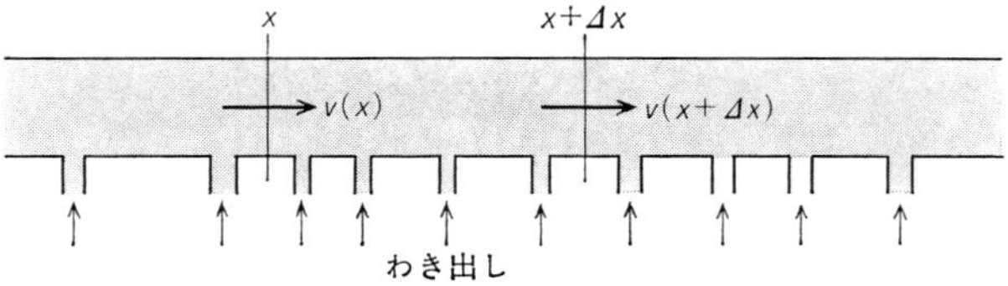

図 5-10

$$\frac{dv(x)}{dx}dx = q(x)dx$$

は x と $x+\Delta x$ の間の湧出量を表わすわけである(図 5-10 参照).

2 次元の流れは，わき水のある浅い池で見られる．水の深さは一定で，各点で水面も底も同じ速度で流れていると仮定すると，流速 $\boldsymbol{v}$ は水平面にとった座標 x, y の関数 $\boldsymbol{v}(x, y)$ として表わされる．図 5-11 のように小さな領域 dx, dy を考え，ここへ流入し出て行く水の量を考察する．簡単のため水深は単位長さであるとし，点 (x, y) における流速の成分を v_x, v_y とする．図で左の面の面積は dy であり，ここを単位時間に通って流入する水の量は $v_x dy$ である．右の面は $x+dx$ の位置にあるので，そこの流速の x 成分は

$$v_x(x+dx) = v_x + \frac{\partial v_x}{\partial x}dx$$

であり，単位時間にここを出て行く水の量は $v_x(x+dx)dy$ である．したがって x 方向の流れのためにこの領域から外へ出て行く水の量は単位時間に

$$v_x(x+dx)dy - v_x dy = \frac{\partial v_x}{\partial x}dxdy$$

である．同様に y 方向の流れのために，この領域から外へ出て行く水の量は単

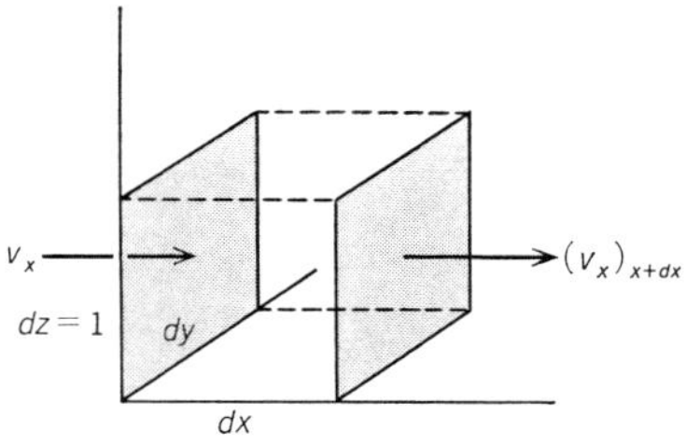

図 5-11

位時間に $\partial v_y/\partial y dxdy$ である．したがって合わせて

$$\left(\frac{\partial v_x}{\partial x}+\frac{\partial v_y}{\partial y}\right)dxdy = q(x, y)dxdy$$

の水の量が外へ出て行くが，これが0でないならば，これだけの水がこの領域内でわき水として供給されているはずである．したがって $q(x, y)dxdy$ はこの領域内のわき出しの湧出量である．もちろん吸い込みは負のわき出しとして考える．

3次元の流れについてはわき出し，吸い込みを想像するのはむずかしいが，流速を $\boldsymbol{v}(x, y, z)=(v_x, v_y, v_z)$ とすると

$$\left(\frac{\partial v_x}{\partial x}+\frac{\partial v_y}{\partial y}+\frac{\partial v_z}{\partial z}\right)dxdydz = q(x, y, z)dxdydz \tag{5.38}$$

は小さな領域 $dxdydz$ 内の水の湧出量を表わす．これだけの水がわき出て外へ広がって行くのである．

そこで(5.38)の左辺の量を

$$\mathrm{div}\,\boldsymbol{v} = \frac{\partial v_x}{\partial x}+\frac{\partial v_y}{\partial y}+\frac{\partial v_z}{\partial z} \tag{5.39}$$

と書き，これをベクトル場 $\boldsymbol{v}$ の**発散**(ダイバージェンス，divergence)という．演算子 $\nabla=(\partial/\partial x, \partial/\partial y, \partial/\partial z)$ を用いれば発散は

$$\nabla\cdot\boldsymbol{A} = \frac{\partial A_x}{\partial x}+\frac{\partial A_y}{\partial y}+\frac{\partial A_z}{\partial z} \tag{5.39'}$$

と書ける．

「発散」と体積変化　(5.39)を導くのに水の流れを使ったが，短い時間 δt に対する変位

$$\boldsymbol{u} = \boldsymbol{v}\delta t \tag{5.40}$$

を水の流れでなく，スポンジのように伸縮できる物体の各点における変位と考えることができる．このとき，(5.38)の左辺に相当して $\mathrm{div}\,\boldsymbol{u}\,dxdydz$ は領域 $dxdydz$ の体積変化を表わす．いいかえると，各点の変位 $\boldsymbol{u}$ によって物体が変形したとき，微小体積 $V_0=dxdydz$ が体積 V になったとすると，体積変化は

$$V - V_0 = V_0 \operatorname{div} \boldsymbol{u} \tag{5.41}$$

で与えられる．このように $\operatorname{div} \boldsymbol{u}$ は変位 $\boldsymbol{u}$ によって生じる体積変化の割り合いを意味する．

［注］ 上の流量や体積変化の求め方は多分に直観的であるが，結果は正しい．(5.41)についていえば変位が十分小さいときに正しいのである．厳密に扱うには次のようにすればよい．簡単のため z 方向の変位はないとすると変形は xy 面内で起こる．物体の一端を原点に止めて変形を起こさせると(図5-12)，点 x, y における変位は

$$u_x = \frac{\partial u_x}{\partial x} x + \frac{\partial u_x}{\partial y} y$$

$$u_y = \frac{\partial u_y}{\partial x} x + \frac{\partial u_y}{\partial y} y$$

となる．ここで $\partial u_x/\partial x$ などの係数は定数としている(このとき変形は一様であるという)．物体の一端 $\mathrm{A}(l_1, 0)$ が $\mathrm{A}'(x_\mathrm{A}', y_\mathrm{A}')$ に変位し，$\mathrm{B}(0, l_2)$ が $\mathrm{B}'(x_\mathrm{B}', y_\mathrm{B}')$ に変位したとすると，

$$x_\mathrm{A}' = l_1 + u_x(l_1, 0) = \left(1 + \frac{\partial u_x}{\partial x}\right) l_1$$

$$y_\mathrm{A}' = u_y(l_1, 0) = \frac{\partial u_y}{\partial x} l_1$$

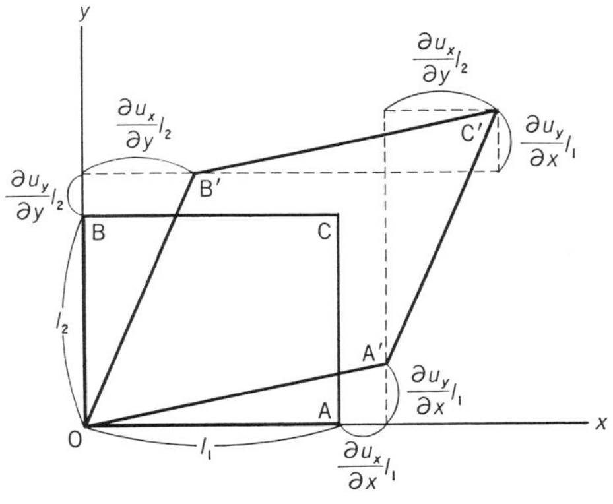

図 5-12

$$x_{\mathrm{B}}' = u_x(0, l_2) = \frac{\partial u_x}{\partial y} l_2$$

$$y_{\mathrm{B}}' = l_2 + u_y(0, l_2) = \left(1 + \frac{\partial u_y}{\partial y}\right) l_2$$

となる．図からわかるように，矩形 OACB だった物体はこの変形によって平行四辺形 OA′C′B′ になる．その面積は $S_0 = l_1 l_2$ だったのが，変形後はベクトル $\boldsymbol{A}' = \overrightarrow{\mathrm{OA}'}$ と $\boldsymbol{B}' = \overrightarrow{\mathrm{OB}'}$ を 2 辺とする平行四辺形になるので，その面積は $S = |\boldsymbol{A}' \times \boldsymbol{B}'|$ で与えられる．ここで $\boldsymbol{A}' = (x_{\mathrm{A}}', y_{\mathrm{A}}')$，$\boldsymbol{B}' = (x_{\mathrm{B}}', y_{\mathrm{B}}')$ であるから((1.79)参照)

$$\begin{aligned} S &= |\boldsymbol{A}' \times \boldsymbol{B}'| = x_{\mathrm{A}}' y_{\mathrm{B}}' - x_{\mathrm{B}}' y_{\mathrm{A}}' \\ &= \left(1 + \frac{\partial u_x}{\partial x}\right)\left(1 + \frac{\partial u_y}{\partial y}\right) l_1 l_2 - \frac{\partial u_x}{\partial y} \frac{\partial u_y}{\partial x} l_1 l_2 \end{aligned}$$

この場合，z 方向の変形はないので，変形前の体積を V_0，変形後の体積を V とすると一様な変形の厳密な式は

$$V = \left\{\left(1 + \frac{\partial u_x}{\partial x}\right)\left(1 + \frac{\partial u_y}{\partial y}\right) - \frac{\partial u_x}{\partial y} \frac{\partial u_y}{\partial x}\right\} V_0$$

となる．(5.40)で δt が十分小さいとすると，δt の 1 乗の量である $\partial u_x/\partial x$，$\partial u_x/\partial y$ などに対してその積 $(\partial u_x/\partial x)(\partial u_y/\partial y)$ などは無視できる．したがって変位が十分小さいとき

$$V = \left(1 + \frac{\partial u_x}{\partial x} + \frac{\partial u_y}{\partial y}\right) V_0$$

が成立する．z 方向の変形がある場合も同様にして変位が十分小さいとき(5.41)が成り立つのである．

連続の方程式　水の流れでは水の密度は変わらないとしてよいが，空気などのように体積が変わりやすい流体では密度の変化も考えなければならない．そこで流体の密度を $\rho(x, y, z)$ とし，流れの速度を $\boldsymbol{v}(x, y, z)$ とする．この場合は単位体積の質量の流れ

$$\boldsymbol{w} = \rho \boldsymbol{v} \tag{5.42}$$

を考えればよい．前のように小さな領域 dx, dy, dz をとり，この領域について

質量の出入りを計算する．まず x 方向の流れ w_x を考えると，点 $\mathrm{P}(x, y, z)$ における x 軸に垂直な面 $dydz$ を通して単位時間に $w_x dydz = \rho v_x dydz$ の質量の流入があり，ここから dx だけ進んだ点においては

$$w_x(x+dx, y, z)dydz = \left\{w_x(x, y, z) + \frac{\partial w_x}{\partial x}dx\right\}dydz$$

だけの質量の流出がある．したがって x 方向の流れによる質量の変化は

$$\begin{aligned}\{w_x(x+dx, y, z) - w_x(x, y, z)\}dydz &= \frac{\partial w_x}{\partial x}dxdydz \\ &= \frac{\partial(\rho v_x)}{\partial x}dxdydz\end{aligned}$$

である．同様な変化は y 方向，z 方向の流れについても起こるので，この領域から単位時間に出て行く質量は

$$\left\{\frac{\partial(\rho v_x)}{\partial x} + \frac{\partial(\rho v_y)}{\partial y} + \frac{\partial(\rho v_z)}{\partial z}\right\}dxdydz = \mathrm{div}(\rho \boldsymbol{v})dxdydz$$

である．

この領域にわき出しも吸い込みもなければ，領域内の質量 $\rho dxdydz$ の単位時間の変化は上式の符号を変えたものに等しいことになる．したがって

$$\frac{\partial \rho}{\partial t} = -\mathrm{div}\,\rho\boldsymbol{v} \tag{5.43}$$

が成り立つ．これを**連続の方程式**という．この領域にわき出しがあれば，左辺に湧出量 $q(x, y, z)$ を加えなければならない．

水のように密度の変わらない流体を非圧縮性流体(縮まない流体)という．非圧縮性流体では $\rho=$ 一定 なので $\partial\rho/\partial t = 0$，$\mathrm{div}\,(\rho\boldsymbol{v}) = \rho\,\mathrm{div}\,\boldsymbol{v} = 0$，したがってわき出しがないときは

$$\mathrm{div}\,\boldsymbol{v} = 0 \qquad (\text{非圧縮性流体}) \tag{5.44}$$

が成り立つ．

[例 1]　水の流れ，その 1　水の密度 ρ は一定としてよいのがふつうである．深さが一定の池で，図 5-13 のように点 O から水がわき出して放射状に広がるとしよう．水深を h，わき出しを原点にして r の距離における流速を v，単位

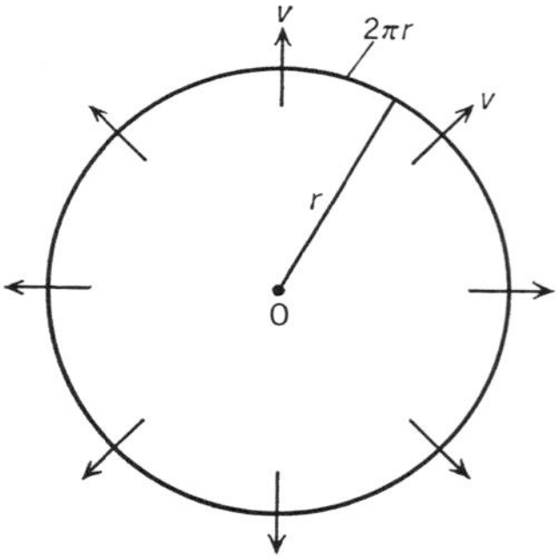

図 5-13

時間の湧出量を Q とすると，$2\pi rhv=Q$ となる．すなわち

$$v=\frac{Q}{2\pi h}\frac{1}{r} \qquad (r=\sqrt{x^2+y^2}) \tag{5.45}$$

あるいは流速ベクトルとして

$$\boldsymbol{v}=\frac{Q}{2\pi h}\frac{\boldsymbol{r}}{r^2} \tag{5.45$'$}$$

したがって原点を除き

$$\frac{\partial}{\partial x}v_x=\frac{Q}{2\pi h}\frac{\partial}{\partial x}\frac{x}{x^2+y^2}$$

$$=\frac{Q}{2\pi h}\left\{\frac{1}{x^2+y^2}-\frac{2x^2}{(x^2+y^2)^2}\right\}=\frac{Q}{2\pi h}\frac{y^2-x^2}{(x^2+y^2)^2}$$

同様に

$$\frac{\partial}{\partial y}v_y=\frac{Q}{2\pi h}\frac{x^2-y^2}{(x^2+y^2)^2}$$

したがって

$$\mathrm{div}\,\boldsymbol{v}=\frac{\partial v_x}{\partial x}+\frac{\partial v_y}{\partial y}=0 \qquad (\text{原点を除く})$$

すなわち(5.44)が成り立つ．❙

[例 2]　水の流れ，その 2　海中のような 3 次元空間で水がホースの口から四方八方へ放射状に流れる場合を考える．わき出しから距離 r の点の流速を v とすると，$4\pi r^2v=Q$ は単位時間の湧出量であり，一定である．したがって

$$v = \frac{Q}{4\pi r^2} \qquad (r = \sqrt{x^2+y^2+z^2}) \tag{5.46}$$

あるいはベクトルとして流速は

$$\boldsymbol{v} = \frac{Q}{4\pi}\frac{\boldsymbol{r}}{r^3} \tag{5.46'}$$

である．したがって

$$\frac{\partial}{\partial x}v_x = \frac{Q}{4\pi}\frac{\partial}{\partial x}\left(\frac{x}{r^3}\right) = \frac{Q}{4\pi}\left(\frac{1}{r^3}-\frac{3x^2}{r^5}\right)$$

同様に

$$\frac{\partial}{\partial y}v_y = \frac{Q}{4\pi}\left(\frac{1}{r^3}-\frac{3y^2}{r^5}\right)$$

$$\frac{\partial}{\partial z}v_z = \frac{Q}{4\pi}\left(\frac{1}{r^3}-\frac{3z^2}{r^5}\right)$$

これらを加えれば(5.44)

$$\mathrm{div}\,\boldsymbol{v} = \frac{\partial v_x}{\partial x}+\frac{\partial v_y}{\partial y}+\frac{\partial v_z}{\partial z} = 0 \qquad (\text{原点を除く})$$

が成り立つ．▎

点状のわき出し　放射状の水の流れ(5.46)では原点に水のわき出しがあるので，原点は特別の配慮が必要である．原点の付近($r \leqq a$)にわき出しが一様に分布していて，そのため，原点の付近で放射状の流れがあり，その速さ v は $r=0$ で 0 であって，原点から r のところでは

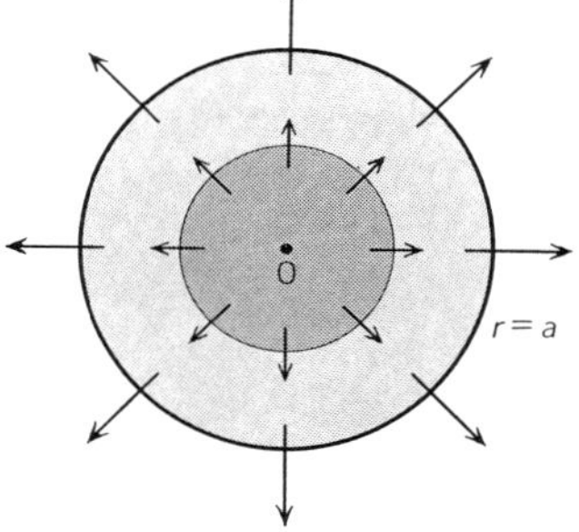

図 5-14

$$v=\frac{q}{3}r \qquad (r\leqq a)$$

であるとしよう．半径 r の球面の面積は $4\pi r^2$ であるから，この球面を単位時間に通る流量は

$$Q(r)=\frac{4\pi}{3}qr^3$$

となる．この水量は体積 $\frac{4\pi}{3}r^3$ の球の内部の湧出量であるから，q は $r\leqq a$ における単位体積の湧出量を意味する．$r=a$ の外にはわき出しはないとすると $r=a$ とおいた

$$Q=\frac{4\pi}{3}qa^3$$

は遠方で見たわき出しの強さである．この場合，わき出しの密度 $q(x,y,z)$ は $r\leqq a$ で q に等しく，$r>a$ で 0 である．そこで $|\mathbf{r}|=r$ として，

$$QG(\mathbf{r})=\begin{cases}q & (r\leqq a)\\ 0 & (r>a)\end{cases}$$

とおいてみると，$G(\mathbf{r})$ は半径 a の球の中で一定の値をもち，その外では 0 になる関数

$$G(\mathbf{r})=\begin{cases}\dfrac{3}{4\pi a^3} & (r\leqq a)\\ 0 & (r>a)\end{cases} \tag{5.47}$$

であり，これを全空間で積分すると

$$\iiint G(\mathbf{r})dxdydz=\int_0^\infty G(\mathbf{r})4\pi r^2dr=1$$

となる．ここで Q を一定にして a を無限に小さくすることを考える．$a\to 0$，$q\to\infty$，$Q=$一定 とするのである．

準備として $x=x_0$ において非常に大きくなるが少し離れると急激に 0 になる関数を考える．たとえば ε を非常に小さなパラメタとして

$$g(x-x_0)=\begin{cases}\dfrac{1}{2\varepsilon} & (|x-x_0|\leqq\varepsilon)\\ 0 & (|x-x_0|>\varepsilon)\end{cases}$$

とおけばよい(図 5-15)．このとき

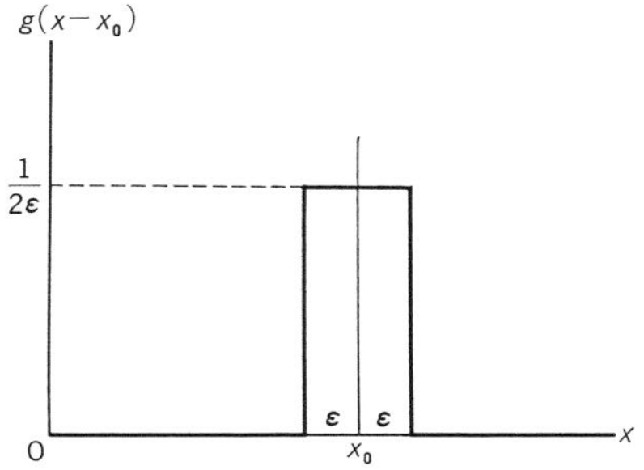

図 5-15

$$\int_{-\infty}^{\infty} g(x-x_0)dx = 1$$

である．$f(x)$ をなめらかな関数とすると $\varepsilon\to 0$ の極限で

$$\int_{-\infty}^{\infty} f(x)g(x-x_0)dx = f(x_0) \qquad (\varepsilon\to 0)$$

となる．そこで

$$\delta(x-x_0) = \lim_{\varepsilon\to 0} g(x-x_0) = \begin{cases} \infty & (x=x_0) \\ 0 & (x\neq x_0) \end{cases} \tag{5.48}$$

とおけば，$\delta(x-x_0)$ は $x=x_0$ で無限に大きくなり，その他の x においては 0 になり，任意のなめらかな関数 $f(x)$ に対して

$$\int_{-\infty}^{\infty} f(x)\delta(x-x_0)dx = f(x_0) \tag{5.49}$$

となる．このような $\delta(x-x_0)$ を**デルタ関数**（ディラックの δ 関数）という．これは関数 $g(x-x_0)$ の極限として考えられるものでふつうの関数ではないが，数学的には超関数として定義される．しかしここでは上に述べたように直観的に理解しておけばよい．3 次元的なデルタ関数を δ^3 と書くと（3 次元なので肩の添字 3 をつける），これは

$$\delta^3(\boldsymbol{r}-\boldsymbol{r}_0) = \delta(x-x_0)\delta(y-y_0)\delta(z-z_0) \tag{5.50}$$

で与えられ，任意のなめらかな関数 $f(\boldsymbol{r})$ に対して

$$\iiint f(\boldsymbol{r})\delta^3(\boldsymbol{r}-\boldsymbol{r}_0)dxdydz = f(\boldsymbol{r}_0) \tag{5.51}$$

となる．(5.47)で与えた関数 $G(r)$ との関係は

$$\delta^3(\boldsymbol{r}) = \lim_{a\to 0} G(\boldsymbol{r}) \tag{5.52}$$

と考えればよい．

$a\to 0$ の極限で1点に縮まったわき出しが原点にあるとき，わき出しの分布

$$q(\boldsymbol{r}) = Q\delta^3(\boldsymbol{r}) \tag{5.53}$$

で表わされ，水の流速 $\boldsymbol{v}$ は原点を含めて

$$\mathrm{div}\,\boldsymbol{v} = Q\delta^3(\boldsymbol{r}) \tag{5.54}$$

を満足する．

わき出しのない流れ　わき出しがある場合の流れとして典型的なのは，原点にあるわき出しから水が放射状に流れる(5.46′)の流れである．これに対してたとえば xy 面内で原点を中心とする円運動の流れ

$$v_x = -\omega y, \qquad v_y = \omega x, \qquad v_z = 0$$

は，原点を含めいたるところで $\mathrm{div}\,\boldsymbol{v}=0$ である．一般のわき出しのない流れについては次の節で扱う．

div の演算

$\dfrac{\partial}{\partial x}(\boldsymbol{A}+\boldsymbol{B})=\dfrac{\partial \boldsymbol{A}}{\partial x}+\dfrac{\partial \boldsymbol{B}}{\partial x}$．また $f(x,y,z)$ をスカラーとすると $\dfrac{\partial}{\partial x}(f\boldsymbol{A})=\dfrac{\partial f}{\partial x}\boldsymbol{A}+f\dfrac{\partial \boldsymbol{A}}{\partial x}$．したがって

$$\mathrm{div}\,(\boldsymbol{A}+\boldsymbol{B}) = \mathrm{div}\,\boldsymbol{A}+\mathrm{div}\,\boldsymbol{B}$$

$$\mathrm{div}(f\boldsymbol{A}) = \mathrm{grad}\,f\cdot\boldsymbol{A}+f\,\mathrm{div}\,\boldsymbol{A}$$

が成立する．∇ を用いて書けば

$$\begin{aligned}\nabla\cdot(\boldsymbol{A}+\boldsymbol{B}) &= \nabla\cdot\boldsymbol{A}+\nabla\cdot\boldsymbol{B}\\ \nabla\cdot(f\boldsymbol{A}) &= (\nabla f)\cdot\boldsymbol{A}+f\nabla\cdot\boldsymbol{A}\end{aligned} \tag{5.55}$$

また $\phi=\phi(x,y,z)$ をスカラーとすると

$$\mathrm{div}\,\mathrm{grad}\,\phi = \frac{\partial}{\partial x}\left(\frac{\partial\phi}{\partial x}\right)+\frac{\partial}{\partial y}\left(\frac{\partial\phi}{\partial y}\right)+\frac{\partial}{\partial z}\left(\frac{\partial\phi}{\partial z}\right) \tag{5.56}$$

したがって

$$\mathrm{div}\,\mathrm{grad}\,\phi = \frac{\partial^2\phi}{\partial x^2}+\frac{\partial^2\phi}{\partial y^2}+\frac{\partial^2\phi}{\partial z^2} \tag{5.57}$$

ここで

$$\nabla^2 = \frac{\partial^2}{\partial x^2}+\frac{\partial^2}{\partial y^2}+\frac{\partial^2}{\partial z^2} \tag{5.58}$$

は**ラプラス**(Laplace)**演算子**，あるいは**ラプラシアン**とよばれる．(5.56)により

$$\mathrm{div}\,\mathrm{grad}\,\phi = \nabla\cdot\nabla\phi = \nabla^2\phi \tag{5.59}$$

である．ラプラス演算子は物理数学に広く現われる重要な演算子である．

[例 3]

$$\nabla^2\phi = 0 \tag{5.60}$$

を**ラプラス方程式**といい，これを満たす関数を**調和関数**という．▎

[例 4]

$$\frac{\partial\theta}{\partial t} = D\nabla^2\theta \tag{5.60$'$}$$

(D は定数)は**熱伝導方程式**，あるいは**拡散方程式**である．θ が温度のとき D は**温度拡散率**，θ が濃度のとき D は**拡散率**とよばれる．▎

[例 5]

$$\frac{\partial^2\varphi}{\partial t^2} = c^2\nabla^2\varphi \tag{5.60$''$}$$

は**波動方程式**，c は**波の速さ**(光速，音速)である．▎

問　題 5-2

1. 次のベクトル場について，それぞれの発散を求めよ．

(1)　$\boldsymbol{A} = \nabla r$　　(2)　$\boldsymbol{A} = \dfrac{1}{2}\nabla(r^2)$

(3)　$\boldsymbol{A} = k\nabla\left(\dfrac{1}{r}\right)$　　($r \neq 0$，k は定数)

2. 速度成分が次のように与えられた流れの場について，それぞれの発散を求めよ．これらはそれぞれどのような流れか．

(1)　$v_x = x,\ v_y = y,\ v_z = 0$

(2)　$v_x = y,\ v_y = -x,\ v_z = 0$

(3) $v_x = y,\ v_y = x,\ v_z = 0$

(4) $v_x = y,\ v_y = 0,\ v_z = 0$

3. $\left(\dfrac{\partial^2}{\partial x^2} + \dfrac{\partial^2}{\partial y^2}\right)\log\sqrt{x^2+y^2} = 0$ (原点を除く)を示せ.

4. $\phi(r) = \dfrac{a}{r}e^{-\kappa r}$ のとき $(\nabla^2 - \kappa^2)\phi = 0$ を示せ.

5-3 回　転

ベクトル場 $\boldsymbol{A} = (A_x, A_y, A_z)$ に対して，ベクトル

$$\mathrm{rot}\,\boldsymbol{A} = \left(\frac{\partial A_z}{\partial y} - \frac{\partial A_y}{\partial z}\right)\boldsymbol{i} + \left(\frac{\partial A_x}{\partial z} - \frac{\partial A_z}{\partial x}\right)\boldsymbol{j} + \left(\frac{\partial A_y}{\partial x} - \frac{\partial A_x}{\partial y}\right)\boldsymbol{k} \tag{5.61}$$

を $\boldsymbol{A}$ の**回転**(ローテイション，rotation)とよぶ．これはナブラ ∇ と $\boldsymbol{A}$ との外積として書くこともできる．すなわち

$$\mathrm{rot}\,\boldsymbol{A} = \nabla \times \boldsymbol{A} = \begin{vmatrix} \boldsymbol{i} & \boldsymbol{j} & \boldsymbol{k} \\ \dfrac{\partial}{\partial x} & \dfrac{\partial}{\partial y} & \dfrac{\partial}{\partial z} \\ A_x & A_y & A_z \end{vmatrix} \tag{5.62}$$

これから

$$\mathrm{rot}\,(\boldsymbol{A}+\boldsymbol{B}) = \mathrm{rot}\,\boldsymbol{A} + \mathrm{rot}\,\boldsymbol{B} \tag{5.63}$$

また $\boldsymbol{A}_0$ を定ベクトル(成分が定数のベクトル)とすれば

$$\mathrm{rot}\,\boldsymbol{A}_0 = 0 \tag{5.64}$$

である．

「回転」の意味　剛体が xy 面内で回転するとし，その角速度を $\boldsymbol{\omega}$ として，剛体上の点 $\mathrm{P}(x, y)$ の速度を考える(図 5-16)．$x = r\cos\varphi$，$y = r\sin\varphi$，$\varphi = \omega t$ であるから，その速度 $\boldsymbol{v} = (v_x, v_y)$ は

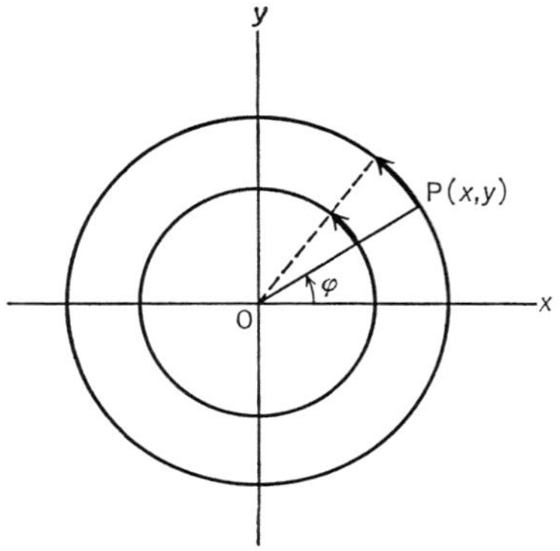

図 5–16

$$v_x = \frac{dx}{dt} = -\omega r \sin \omega t = -\omega y$$
$$v_y = \frac{dy}{dt} = \omega r \cos \omega t = \omega x \qquad (5.65)$$

したがって

$$\mathrm{rot}\,\boldsymbol{v} = \begin{vmatrix} \boldsymbol{i} & \boldsymbol{j} & \boldsymbol{k} \\ \dfrac{\partial}{\partial x} & \dfrac{\partial}{\partial y} & \dfrac{\partial}{\partial z} \\ -\omega y & \omega x & 0 \end{vmatrix} = 2\omega \boldsymbol{k}$$

すなわち

$$\mathrm{rot}\,\boldsymbol{v} = 2\omega \boldsymbol{k} \qquad (5.66)$$

である．したがって $\mathrm{rot}\,\boldsymbol{v}$ の大きさは回転の角速度の 2 倍に等しい．

剛体の 3 次元空間における回転は(2.68)によれば，角速度ベクトル $\boldsymbol{\omega}$ で与えられる．実際，剛体が図 5–17 の $\boldsymbol{\omega}$ を軸として回転するとき，点 $\boldsymbol{r}$ の速度の大きさは

$$v = \omega r \sin\theta = |\boldsymbol{\omega}\times\boldsymbol{r}|$$

であり，速度ベクトルとしては

$$\boldsymbol{v} = \boldsymbol{\omega}\times\boldsymbol{r} = \begin{vmatrix} \boldsymbol{i} & \boldsymbol{j} & \boldsymbol{k} \\ \omega_x & \omega_y & \omega_z \\ x & y & z \end{vmatrix}$$
$$= (\omega_y z - \omega_z y)\boldsymbol{i} + (\omega_z x - \omega_x z)\boldsymbol{j} + (\omega_x y - \omega_y x)\boldsymbol{k} \qquad (5.67)$$

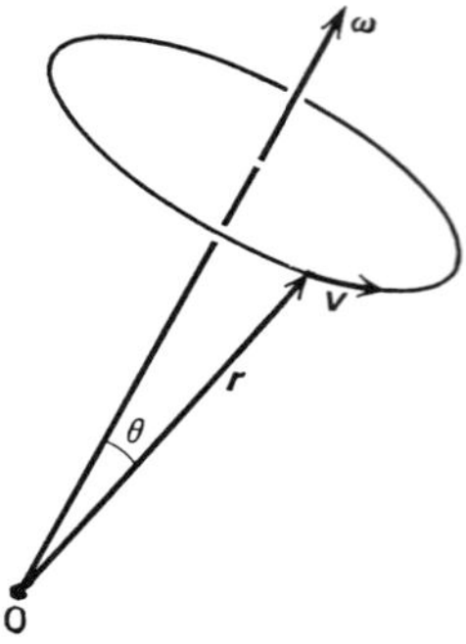

図 5-17

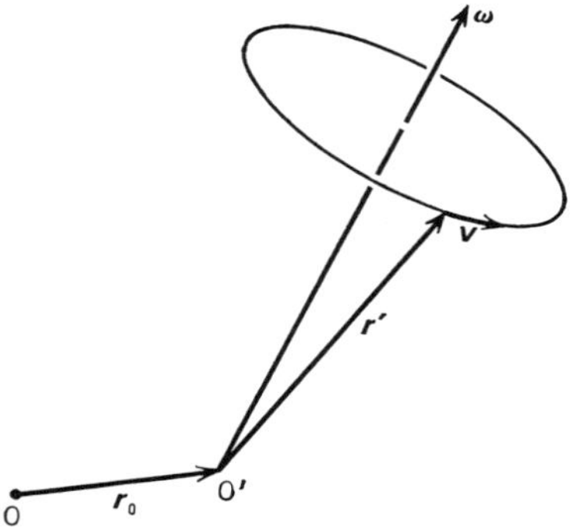

図 5-18

となる．(5.62)により（$\omega_x, \omega_y, \omega_z$ は x, y, z によらないことに注意）

$$\mathrm{rot}\,\boldsymbol{v} = \begin{vmatrix} \boldsymbol{i} & \boldsymbol{j} & \boldsymbol{k} \\ \dfrac{\partial}{\partial x} & \dfrac{\partial}{\partial y} & \dfrac{\partial}{\partial z} \\ \omega_y z - \omega_z y & \omega_z x - \omega_x z & \omega_x y - \omega_y x \end{vmatrix}$$

$$= 2\omega_x \boldsymbol{i} + 2\omega_y \boldsymbol{j} + 2\omega_z \boldsymbol{k}$$

すなわち

$$\mathrm{rot}\,\boldsymbol{v} = 2\boldsymbol{\omega} \tag{5.68}$$

となる．したがって剛体の回転において速度場 $\boldsymbol{v}$ の rot は回転軸の向きにあり，その大きさは角速度 ω の 2 倍に等しい．(5.66)は $\boldsymbol{\omega}$ が z 軸方向にある特別な場合である．

上の証明に用いた図 5-17 において原点が $\boldsymbol{\omega}$ 軸上にあるとしたが，(5.68)は原点が $\boldsymbol{\omega}$ 軸上になくても成り立つ．このときは図 5-18 のように $\boldsymbol{\omega}$ 軸上の任意の点 O′ をとると，$\overrightarrow{\mathrm{OO'}} = \boldsymbol{r}_0$，$\overrightarrow{\mathrm{O'P}} = \boldsymbol{r}'$，$\overrightarrow{\mathrm{OP}} = \boldsymbol{r}$ として

$$\boldsymbol{v} = \boldsymbol{\omega} \times \boldsymbol{r}', \qquad \boldsymbol{r}' = \boldsymbol{r} - \boldsymbol{r}_0$$

したがって

$$\mathrm{rot}\,\boldsymbol{v} = \mathrm{rot}\,[(\boldsymbol{\omega} \times \boldsymbol{r}) - (\boldsymbol{\omega} \times \boldsymbol{r}_0)]$$

$$= \mathrm{rot}\,(\boldsymbol{\omega} \times \boldsymbol{r}) - \mathrm{rot}\,(\boldsymbol{\omega} \times \boldsymbol{r}_0)$$

ここで $\boldsymbol{r}_0$ は定ベクトルであるから $\mathrm{rot}(\boldsymbol{\omega}\times\boldsymbol{r}_0)=0$ であり，(5.68) が成り立つ．このように $\boldsymbol{\omega}$ が原点を通らなくても (5.68) は成り立つのである．

例題 5.4

$$v_x = -a\frac{y}{r^n}$$
$$v_y = a\frac{x}{r^n} \tag{5.69}$$

(a＝定数) のとき，運動は xy 面内で原点を中心とする同心円にそうが，

$$(\mathrm{rot}\,\boldsymbol{v})_z = (2-n)\frac{a}{r^n} \tag{5.70}$$

したがって，$n=0$ (図 5-16) のときは $\mathrm{rot}\,\boldsymbol{v}=2a\boldsymbol{k}$，$n=2$ のときは原点を除き $\mathrm{rot}\,\boldsymbol{v}=0$ であることを示せ．

［解］

$$\frac{\partial}{\partial x}v_y = a\left(\frac{1}{r^n}-n\frac{x}{r^{n+1}}\frac{\partial r}{\partial x}\right) = \frac{a}{r^n}\left(1-n\frac{x^2}{r^2}\right)$$

$$\frac{\partial}{\partial y}v_x = -a\left(\frac{1}{r^n}-n\frac{y}{r^{n+1}}\frac{\partial r}{\partial y}\right) = \frac{a}{r^n}\left(1-n\frac{y^2}{r^2}\right)$$

したがって

$$(\mathrm{rot}\,\boldsymbol{v})_z = \frac{\partial}{\partial x}v_y-\frac{\partial}{\partial y}v_x = (2-n)\frac{a}{r^n}$$

また $(\mathrm{rot}\,\boldsymbol{v})_x=(\mathrm{rot}\,\boldsymbol{v})_y=0$ は明らか．$n=2$ なら $r=0$ を除き $\mathrm{rot}\,\boldsymbol{v}=0$． ▎

［注］ 見かけ上は流れの回転があっても $\mathrm{rot}\,\boldsymbol{v}=0$ の場合もあることを上の例題は示している．$n=2$ の場合は原点を除き $\mathrm{rot}\,\boldsymbol{v}=0$ である．この場合は実は原点に渦があり，これによって移動が起こる (p. 155 参照)．そして原点以外では純粋なひずみ (p. 155 参照) は起こるが，回転はないのである．

渦なし場　$\phi(x,y,z)$ をスカラー場とするとき，ベクトル $\mathrm{grad}\,\phi$ の回転を調べると，その x 成分は

$$(\mathrm{rot\,grad}\,\phi)_x = \frac{\partial}{\partial y}(\mathrm{grad}\,\phi)_z-\frac{\partial}{\partial z}(\mathrm{grad}\,\phi)_y$$

$$= \frac{\partial}{\partial y}\frac{\partial\phi}{\partial z}-\frac{\partial}{\partial z}\frac{\partial\phi}{\partial y} = 0$$

となり，他の成分についても同様である．したがって

$$\mathrm{rot}\,\mathrm{grad}\,\phi = \nabla\times\nabla\phi = 0 \tag{5.71}$$

ベクトル場 $\boldsymbol{v}$ がいたるところで

$$\mathrm{rot}\,\boldsymbol{v} = 0$$

を満たすとき，この場を**渦なしの場**といい，

$$\boldsymbol{v} = -\mathrm{grad}\,\phi \qquad (\text{渦なしの場}) \tag{5.72}$$

であるような関数 $\phi(x, y, z)$ が存在する．ϕ は**速度ポテンシャル**とよばれる((5.37) 参照)．

[例 1] 点電荷による電場は

$$\boldsymbol{E} = K\frac{e}{r^2}\frac{\boldsymbol{r}}{r}$$

で与えられる((5.35) 参照)．

$$(\mathrm{rot}\,\boldsymbol{E})_x = eK\left\{\frac{\partial}{\partial y}\left(\frac{z}{r^3}\right)-\frac{\partial}{\partial z}\left(\frac{y}{r^3}\right)\right\}$$

$$= eK\left(-\frac{3zy}{r^5}+\frac{3yz}{r^5}\right) = 0$$

他の成分についても同様．したがって

$$\mathrm{rot}\,\boldsymbol{E} = 0$$

電荷が多数あっても $\boldsymbol{E}$ は加え合わされるから $\mathrm{rot}\,\boldsymbol{E}=0$ は静電場について一般に成り立つ．したがって静電場は渦なしであり (5.72) により，ポテンシャル ϕ をもち一般に

$$\boldsymbol{E} = -\mathrm{grad}\,\phi \tag{5.72$'$}$$

と表わせる．❙

[例 2] 速度ポテンシャルが

$$\phi = -axy \qquad (a=\text{定数})$$

のときは

$$v_x = ay, \qquad v_y = ax, \qquad v_z = 0 \tag{5.73}$$

流れは xy 面に平行であって，

$$\operatorname{rot} \boldsymbol{v} = \begin{vmatrix} \boldsymbol{i} & \boldsymbol{j} & \boldsymbol{k} \\ \dfrac{\partial}{\partial x} & \dfrac{\partial}{\partial y} & \dfrac{\partial}{\partial z} \\ ay & ax & 0 \end{vmatrix} = 0$$

これは図 5-19 で表わせるような変形を起こす流れである．この変形を**純粋なひずみ**という．

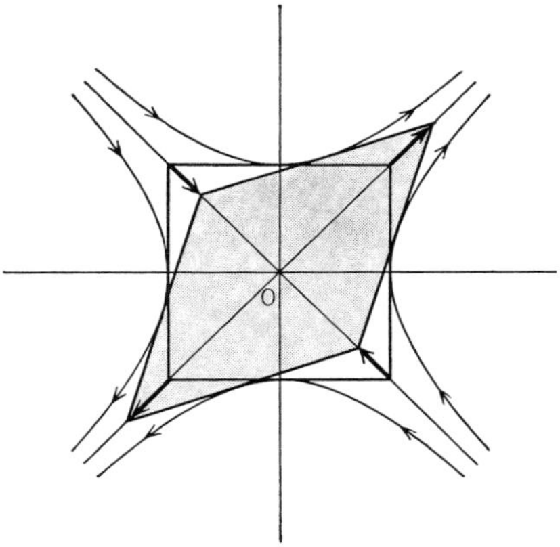

図 5-19

渦　$\operatorname{rot} \boldsymbol{v} \neq 0$ の場所は渦をもつ．渦は管状になった**渦管**やフィラメント状の**渦糸**もある．前の例題 5.4 で $n=2$ の場合は z 軸を除き $\operatorname{rot} \boldsymbol{v}=0$ であるが，z 軸はフィラメント状の渦糸になっている．

例題 5.4 で $n \neq 2$ の場合は，空間のどこでも $\operatorname{rot} \boldsymbol{v} \neq 0$ であり，渦が空間に広がった場合である．$n=0$ の場合は特に全体が剛体のように回転している．

[例 3]　渦のない流れ(a＝定数)

$$v_x^{(1)} = \frac{1}{2}ay, \qquad v_y^{(1)} = \frac{1}{2}ax, \qquad v_z^{(1)} = 0 \tag{5.74}$$

(図 5-19) と渦をもつ流れ(図 5-16 で $\omega=-\dfrac{a}{2}$ としたもの)

$$v_x^{(2)} = \frac{1}{2}ay, \qquad v_y^{(2)} = -\frac{1}{2}ax, \qquad v_z^{(2)} = 0 \tag{5.75}$$

とを加え合わせると(図 5-20(a))，流れ $\boldsymbol{v}=\boldsymbol{v}^{(1)}+\boldsymbol{v}^{(2)}$ は

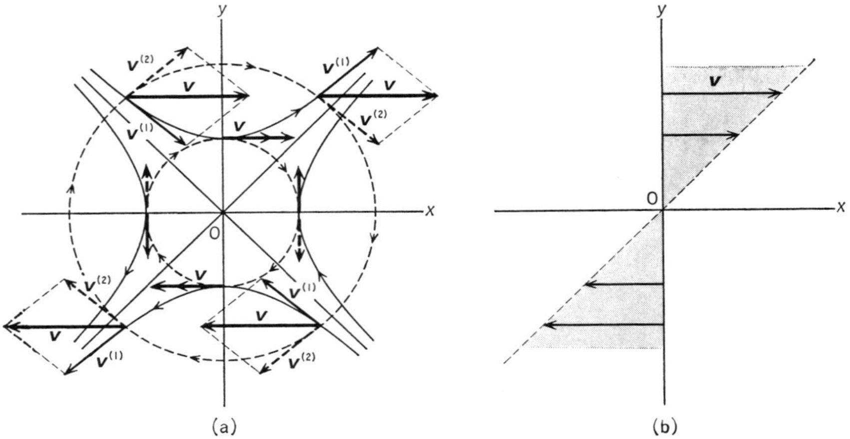

図 5-20

$$v_x = ay, \quad v_y = 0, \quad v_z = 0 \tag{5.76}$$

これは流れが x 方向の**層流**を表わす(図 5-20(b)). 粘性をもった流体はこのような流れをし得る. この例で $\boldsymbol{v}^{(1)}$ は純粋なひずみ, $\boldsymbol{v}^{(2)}$ は純粋な回転であり, $\mathrm{rot}\,\boldsymbol{v} = \mathrm{rot}\,\boldsymbol{v}^{(2)} = -a\boldsymbol{k}$. ▎

発散のない場 ベクトル場 $\boldsymbol{B}$ がいたるところで

$$\mathrm{div}\,\boldsymbol{B} = 0 \tag{5.77}$$

を満足するとき, これを**発散のない場**といい, 適当なベクトル場 $\boldsymbol{A}$ を用いて

$$\boldsymbol{B} = \mathrm{rot}\,\boldsymbol{A} \qquad (\text{発散のない場}) \tag{5.78}$$

と書ける. $\boldsymbol{A}$ をベクトルポテンシャルという. 実際 div rot を計算すると

$$\mathrm{div\,rot}\,\boldsymbol{A} = \frac{\partial}{\partial x}\left(\frac{\partial A_z}{\partial y} - \frac{\partial A_y}{\partial z}\right) + \frac{\partial}{\partial y}\left(\frac{\partial A_x}{\partial z} - \frac{\partial A_z}{\partial x}\right)$$
$$+ \frac{\partial}{\partial z}\left(\frac{\partial A_y}{\partial x} - \frac{\partial A_x}{\partial y}\right) = 0$$

となる. しかしベクトルポテンシャルは一義的にはきまらない. $\mathrm{rot\,grad}\,\phi = 0$ であるから, ある $\boldsymbol{A}$ が(5.78)を満たすならば, ϕ を任意のスカラーとすると

き

$$\boldsymbol{A}' = \boldsymbol{A} + \mathrm{grad}\,\phi \tag{5.79}$$

も $\boldsymbol{B} = \mathrm{rot}\,\boldsymbol{A}'$ を満たすからである.

[例 4] 回転運動の流れ(5.65)は

$$\boldsymbol{v} = (-\omega y, \omega x, 0) = \mathrm{rot}\,\boldsymbol{A}$$

ただし

$$\boldsymbol{A} = \left(0, 0, -\frac{\omega}{2}(x^2+y^2)\right)$$

と書ける. またたとえば $\phi = \dfrac{\omega}{2}(x^2+y^2)z$ として

$$\boldsymbol{A}' = (\omega xz, \omega yz, 0)$$

とすれば $\boldsymbol{v} = \mathrm{rot}\,\boldsymbol{A}'$. ❙

渦なしの場は(5.72)のようにスカラーポテンシャルの勾配で与えられ，わき出しのない場は(5.78)のようにベクトルポテンシャルの回転で与えられることがわかったが，一般のベクトル場はこれらの和

$$\boldsymbol{B} = \mathrm{rot}\,\boldsymbol{A} + \mathrm{grad}\,\phi \tag{5.80}$$

として与えられることが示される. これを**ヘルムホルツの定理**という.

問 題 5-3

1. 次のベクトルの成分を求めよ.

(1) $\nabla\times(\boldsymbol{\omega}\times\boldsymbol{r})$ (ただし $\boldsymbol{\omega} = (\omega_x, \omega_y, \omega_z)$ は定ベクトル, $\boldsymbol{r} = (x, y, z)$).

(2) $\nabla\times\mathrm{grad}(xy)$.

2. $v_x = 0$, $v_y = ax$ (a=定数)はどのような流れか. $\boldsymbol{v} = (v_x, v_y, 0)$ とするとき rot $\boldsymbol{v}$ を求めよ.

3. 静電場 $\boldsymbol{E}$ は回転がないこと，すなわち $\mathrm{rot}\,\boldsymbol{E} = 0$ であることを示せ.

5-4 微分演算と電磁場

はじめに重要な公式を示しておく.

$$\mathrm{div}\,\mathrm{grad}\,f = \nabla^2 f \tag{5.81 a}$$

$$\mathrm{rot}\,\mathrm{grad}\,f = 0 \tag{5.81 b}$$

$$\mathrm{div}\,\mathrm{rot}\,\boldsymbol{A} = 0 \tag{5.81 c}$$

$$\mathrm{rot}\,\mathrm{rot}\,\boldsymbol{A} = \mathrm{grad}\,\mathrm{div}\,\boldsymbol{A} - \nabla^2\boldsymbol{A} \tag{5.82}$$

$$\mathrm{div}\,(f\boldsymbol{A}) = f\,\mathrm{div}\,\boldsymbol{A} + \boldsymbol{A}\cdot\mathrm{grad}\,f \tag{5.83 a}$$

$$\mathrm{rot}\,(f\boldsymbol{A}) = f\,\mathrm{rot}\,\boldsymbol{A} - \boldsymbol{A}\times\mathrm{grad}\,f \tag{5.83 b}$$

$$\mathrm{div}\,(\boldsymbol{A}\times\boldsymbol{B}) = \boldsymbol{B}\cdot\mathrm{rot}\,\boldsymbol{A} - \boldsymbol{A}\cdot\mathrm{rot}\,\boldsymbol{B} \tag{5.84 a}$$

$$\mathrm{grad}\,(\boldsymbol{A}\cdot\boldsymbol{B}) = (\boldsymbol{A}\cdot\nabla)\boldsymbol{B} + (\boldsymbol{B}\cdot\nabla)\boldsymbol{A} + \boldsymbol{A}\times\mathrm{rot}\,\boldsymbol{B} + \boldsymbol{B}\times\mathrm{rot}\,\boldsymbol{A} \tag{5.84 b}$$

$$\mathrm{rot}\,(\boldsymbol{A}\times\boldsymbol{B}) = (\boldsymbol{B}\cdot\nabla)\boldsymbol{A} - (\boldsymbol{A}\cdot\nabla)\boldsymbol{B} + \boldsymbol{A}\,\mathrm{div}\,\boldsymbol{B} - \boldsymbol{B}\,\mathrm{div}\,\boldsymbol{A} \tag{5.84 c}$$

(5.81 a), (5.81 b), (5.81 c)についてはすでに述べた. (5.82)の証明を示そう. この式の左辺 x の成分は

$$\frac{\partial}{\partial y}\left(\frac{\partial A_y}{\partial x}-\frac{\partial A_x}{\partial y}\right)-\frac{\partial}{\partial z}\left(\frac{\partial A_x}{\partial z}-\frac{\partial A_z}{\partial x}\right)=\frac{\partial}{\partial x}\left(\frac{\partial A_y}{\partial y}+\frac{\partial A_z}{\partial z}\right)-\frac{\partial^2 A_x}{\partial y^2}-\frac{\partial^2 A_x}{\partial z^2}$$

右辺の x 成分は

$$\frac{\partial}{\partial x}\left(\frac{\partial A_x}{\partial x}+\frac{\partial A_y}{\partial y}+\frac{\partial A_z}{\partial z}\right)-\frac{\partial^2 A_x}{\partial x^2}-\frac{\partial^2 A_x}{\partial y^2}-\frac{\partial^2 A_x}{\partial z^2}$$

これらは一致する. y 成分と z 成分についても同様.

(5.83 a)についてはすでに述べた((5.34)参照).

(5.83 b)の証明は次のとおりである. 左辺の x 成分は

$$\frac{\partial}{\partial y}(fA_z)-\frac{\partial}{\partial z}(fA_y)=f\left(\frac{\partial A_z}{\partial y}-\frac{\partial A_y}{\partial z}\right)+\frac{\partial f}{\partial y}A_z-\frac{\partial f}{\partial z}A_y$$

右辺の x 成分は

$$f\left(\frac{\partial A_z}{\partial y}-\frac{\partial A_y}{\partial z}\right)-\left(A_y\frac{\partial f}{\partial z}-A_z\frac{\partial f}{\partial y}\right)$$

これらは一致する. y 成分と z 成分についても同様.

(5.84 a), (5.84 b), (5.84 c)の証明は演習にまかせる(問題5-4の1).

曲線座標

本書では曲線座標による具体的な表現にはあまり触れないが，少し付け加えておこう.

2次元(平面)極座標　(ρ, φ)

$$x = \rho\cos\varphi, \qquad y = \rho\sin\varphi$$

$$\rho^2 = x^2+y^2, \qquad \tan\varphi = \frac{y}{x} \tag{5.85}$$

$$\frac{\partial u}{\partial x} = \frac{\partial u}{\partial \rho}\frac{\partial \rho}{\partial x}+\frac{\partial u}{\partial \varphi}\frac{\partial \varphi}{\partial x} \quad \text{など} \tag{5.86}$$

上の式の左辺ではuをx, yの関数とみる．右辺ではuをρ, φの関数とみ，ρ, φをx, yの関数とみる.

ここで(5.85)から

$$\rho\frac{\partial \rho}{\partial x} = x \qquad \therefore\ \frac{\partial \rho}{\partial x} = \frac{x}{\rho} = \cos\varphi$$

および

$$\frac{1}{\cos^2\varphi}\frac{\partial \varphi}{\partial x} = -\frac{y}{x^2} \qquad \therefore\ \frac{\partial \varphi}{\partial x} = -\frac{\sin\varphi}{\rho}$$

したがって

$$\frac{\partial u}{\partial x} = \cos\varphi\frac{\partial u}{\partial \rho}-\frac{\sin\varphi}{\rho}\frac{\partial u}{\partial \varphi}$$

同様にして

$$\frac{\partial u}{\partial y} = \sin\varphi\frac{\partial u}{\partial \rho}+\frac{\cos\varphi}{\rho}\frac{\partial u}{\partial \varphi}$$

さらに同じように微分して

$$\nabla^2 u = \frac{\partial^2 u}{\partial x^2}+\frac{\partial^2 u}{\partial y^2} = \frac{\partial^2 u}{\partial \rho^2}+\frac{1}{\rho}\frac{\partial u}{\partial \rho}+\frac{1}{\rho^2}\frac{\partial^2 u}{\partial \varphi^2}$$

を得る.

ρのふえる方向，φのふえる方向の単位ベクトルを$\boldsymbol{e}_\rho, \boldsymbol{e}_\varphi$とすると

$$\boldsymbol{e}_\rho = \cos\varphi\,\boldsymbol{i}+\sin\varphi\,\boldsymbol{j}$$

$$\boldsymbol{e}_\varphi = -\sin\varphi \boldsymbol{i} + \cos\varphi \boldsymbol{j}$$

$$\boldsymbol{A} = A_x \boldsymbol{i} + A_y \boldsymbol{j} = A_\rho \boldsymbol{e}_\rho + A_\varphi \boldsymbol{e}_\varphi$$

$$A_\rho = A_x \cos\varphi + A_y \sin\varphi$$

$$A_\varphi = -A_x \sin\varphi + A_y \cos\varphi$$

$$\operatorname{div} \boldsymbol{A} = \frac{\partial A_x}{\partial x} + \frac{\partial A_y}{\partial y} = \frac{1}{\rho}\frac{\partial}{\partial \rho}(\rho A_\rho) + \frac{1}{\rho}\frac{\partial A_\varphi}{\partial \varphi}$$

線素　　　$ds^2 = (d\rho)^2 + \rho^2 (d\varphi)^2$

面積要素　$dS = \rho d\rho d\varphi$

極座標　(r, θ, φ)

$$x = r\sin\theta\cos\varphi, \quad y = r\sin\theta\sin\varphi, \quad z = r\cos\theta$$

$$r^2 = x^2 + y^2 + z^2, \quad \tan\theta = \frac{\sqrt{x^2+y^2}}{z}, \quad \tan\varphi = \frac{y}{x}$$

$$\nabla^2 u = \frac{1}{r^2}\frac{\partial}{\partial r}\left(r^2 \frac{\partial u}{\partial r}\right) + \frac{1}{r^2 \sin\theta}\frac{\partial}{\partial \theta}\left(\sin\theta \frac{\partial u}{\partial \theta}\right) + \frac{1}{r^2 \sin^2\theta}\frac{\partial^2 u}{\partial \varphi^2}$$

線素　　　$ds^2 = (dr)^2 + r^2 (d\theta)^2 + r^2 \sin^2\theta (d\varphi)^2$

体積要素　$dV = r^2 \sin\theta dr d\theta d\varphi$

電磁場

ベクトル場と微分演算の物理的な例として電磁場と電磁波を挙げよう．電磁場の方程式はマクスウェルによって与えられ，次のような方程式系である．

$$\operatorname{div} \boldsymbol{D} = \rho_e \tag{5.87}$$

$$\operatorname{div} \boldsymbol{B} = 0 \tag{5.88}$$

$$\operatorname{rot} \boldsymbol{E} + \frac{\partial \boldsymbol{B}}{\partial t} = 0 \tag{5.89}$$

$$\operatorname{rot} \boldsymbol{H} - \frac{\partial \boldsymbol{D}}{\partial t} = \boldsymbol{J}_e \tag{5.90}$$

$$\boldsymbol{D} = \varepsilon \boldsymbol{E} \tag{5.91}$$

$$\boldsymbol{B} = \mu \boldsymbol{H} \tag{5.92}$$

ここで $\boldsymbol{D}$ は電束密度(電気偏位)，ρ_e は電荷密度，$\boldsymbol{B}$ は磁束密度，$\boldsymbol{E}$ は電場の強さ(ベクトル)，$\boldsymbol{H}$ は磁場の強さ(ベクトル)，$\boldsymbol{J}_e$ は電流密度，ε は誘電率，μ

は透磁率である．(5.87)と(5.88)はそれぞれスカラー方程式，あとの方程式はベクトル方程式である．したがってベクトル方程式を空間の3成分で書けば，マクスウェルの方程式系は全体で14個の方程式である．ニュートンの運動方程式が成分で書くと3個の方程式であるのに比べ，電磁場の方程式が理解しにくい理由は方程式の数の差にも現われている．変数の数はどうかというと，電荷密度ρ_eと電流密度$\boldsymbol{J}_e$が与えられているとすると，$\boldsymbol{D}, \boldsymbol{B}, \boldsymbol{E}, \boldsymbol{H}$の各成分をあわせて全部で12個の変数がある．したがって方程式の数が2個だけ多すぎるように見えるが，これは次の例題で示されるように(5.87)と(5.88)の2個の方程式は初期条件に関するものであって，これを除けば方程式の数は変数の数と同じく12個である．

例題 5.5　(5.89), (5.90)から

$$\frac{\partial}{\partial t}\mathrm{div}\,\boldsymbol{B} = 0 \tag{5.93}$$

$$\frac{\partial}{\partial t}(\mathrm{div}\,\boldsymbol{D} - \rho_e) = 0 \tag{5.94}$$

が導かれることを示せ．

[解]　div はx, y, zに関する微分演算であるからtに関する微分とは順序を変えてもよいので，

$$\mathrm{div}\frac{\partial}{\partial t}\boldsymbol{B} = \frac{\partial}{\partial t}\mathrm{div}\,\boldsymbol{B}$$

が成り立つ．また(5.81 c)により，div rot＝0．したがって(5.89)の div をとれば(5.93)を得る．

同様に(5.90)の div をとれば

$$\frac{\partial}{\partial t}\mathrm{div}\,\boldsymbol{D} + \mathrm{div}\,\boldsymbol{J}_e = 0$$

となるが，電荷の保存則((5.43)参照)により $\mathrm{div}\,\boldsymbol{J} = -\partial\rho_e/\partial t$ であるから，(5.94)が得られる．▌

(5.93)と(5.94)によれば $\mathrm{div}\,\boldsymbol{B}$ の値も $\mathrm{div}\,\boldsymbol{D} - \rho$ の値も時間によらないから初期値によって定まる．この初期値が0であるというのが(5.87)と(5.88)の意

味である.

電磁波 真空の電磁場で，電荷も電流もないとすると $\rho_e=0$, $\boldsymbol{J}_e=0$ とおき，真空の誘電率を ε_0, 透磁率を μ_0 とすると，$\boldsymbol{D}=\varepsilon_0\boldsymbol{E}$, $\boldsymbol{B}=\mu_0\boldsymbol{H}$. したがって真空に対するマクスウェルの方程式は

$$\mathrm{rot}\,\boldsymbol{E}+\mu_0\frac{\partial \boldsymbol{H}}{\partial t}=0 \tag{5.95}$$

$$\mathrm{rot}\,\boldsymbol{H}-\varepsilon_0\frac{\partial \boldsymbol{E}}{\partial t}=0 \tag{5.96}$$

$$\mathrm{div}\,\boldsymbol{E}=0 \tag{5.97}$$

$$\mathrm{div}\,\boldsymbol{H}=0 \tag{5.98}$$

である．まず $\boldsymbol{H}$ を消去するため (5.95) の rot をとると (5.82), (5.96) と (5.97) により

$$\nabla^2\cdot\boldsymbol{E}=\varepsilon_0\mu_0\frac{\partial^2 \boldsymbol{E}}{\partial t^2} \tag{5.99}$$

を得る．また (5.96) の rot をとると (5.95) と (5.98) により

$$\nabla^2\cdot\boldsymbol{H}=\varepsilon_0\mu_0\frac{\partial^2 \boldsymbol{H}}{\partial t^2} \tag{5.100}$$

を得る．したがって，電場の強さ $\boldsymbol{E}$ も磁場の強さ $\boldsymbol{H}$ も波動方程式

$$\frac{\partial^2 u}{\partial t^2}=c_0{}^2\nabla^2 u, \qquad c_0=\frac{1}{\sqrt{\varepsilon_0\mu_0}} \tag{5.101}$$

を満たす．c_0 は光の速さである.

問　題 5-4

1. (5.84 a), (5.84 b), (5.84 c) を証明せよ.

2. 等式

(1) $\mathrm{rot}\,\nabla^2\boldsymbol{A}=\nabla^2\,\mathrm{rot}\,\boldsymbol{A}$

(2) $\mathrm{rot}\,\mathrm{rot}\,\mathrm{rot}\,\boldsymbol{A}=-\nabla^2\,\mathrm{rot}\,\boldsymbol{A}$

を証明せよ.

5-5　座標変換とスカラーとベクトル

座標系を変換したときにベクトルの成分がどのように変わるか，という問題はすでに 1-6 節において扱い，その結果を(1.97)，(1.98)にまとめた．この節では，座標変換においてスカラー積 $\boldsymbol{A}\cdot\boldsymbol{B}$，ベクトル積 $\boldsymbol{A}\times\boldsymbol{B}$，勾配 grad f，発散 div $\boldsymbol{A}$，回転 rot $\boldsymbol{A}$ などがどのようになるか，という問題を扱う．

結論からいえば，$\boldsymbol{A}, \boldsymbol{B}$ を(1.97)，(1.98)の変換にしたがうベクトルとすると，スカラー積 $\boldsymbol{A}\cdot\boldsymbol{B}$，発散 div $\boldsymbol{A}$ などのスカラーは座標変換で変わらない．ベクトル積 $\boldsymbol{A}\times\boldsymbol{B}$，grad f，回転 rot $\boldsymbol{A}$ などのベクトルはベクトル成分の変換(1.97)，(1.98)と同じ変換を受ける．この変換は，空間に不変に存在しているベクトルを 2 つの座標系で見たときの成分の関係を表わすもので，その意味で，これらのベクトルも不変な量である．これらは物理的に考えられるスカラーやベクトルの性質でもある．しかしすべてのベクトルが不変であるとは限らない．たとえば，基本ベクトル $\boldsymbol{i}, \boldsymbol{j}, \boldsymbol{k}$ は座標系を変えれば別の基本ベクトル $\boldsymbol{i}', \boldsymbol{j}', \boldsymbol{k}'$ になってしまうから，不変なベクトルではない(これらは変換(1.97)，(1.98)にしたがわない)．また，ベクトル $\boldsymbol{A}$ の成分 $A_x=\boldsymbol{A}\cdot\boldsymbol{i}$ などは，スカラー積の形で書けるが座標変換に対し不変ではない．スカラー積 $\boldsymbol{A}\cdot\boldsymbol{B}$ が不変であるといったのは $\boldsymbol{A}$ と $\boldsymbol{B}$ が変換(1.97)，(1.98)にしたがうときのことである．そこでこのとき実際にスカラー積 $\boldsymbol{A}\cdot\boldsymbol{B}=A_xB_x+A_yB_y+A_zB_z$ がこの変換に対して不変であることを確かめ，ついで div $\boldsymbol{A}$ が実際に不変なスカラーであること，grad f が不変なベクトルであることなどを確かめよう．ベクトル積 $\boldsymbol{A}\times\boldsymbol{B}$，回転 rot $\boldsymbol{A}$ なども不変なベクトルであることが確かめられるが，計算が複雑になるので省略する．

まず変換(1.97)，(1.98)をもう少し簡単な記号で表わそう．$A_x=A_1$，$A_y=A_2$，$A_z=A_3$，$A_x'=A_1'$，$A_y'=A_2'$，$A_z'=A_3'$ と書くと(1.97)，(1.98)は

$$A_\alpha' = \sum_{j=1}^{3} a_{\alpha j}A_j, \qquad A_j = \sum_{\alpha=1}^{3} A_\alpha' a_{\alpha j} \tag{5.102}$$

と書ける．$\boldsymbol{B}$ についても同様で

$$B_\alpha{}' = \sum_{k=1}^{3} a_{\alpha k} B_k, \qquad B_k = \sum_{\alpha=1}^{3} B_\alpha{}' a_{\alpha k} \tag{5.103}$$

である($\boldsymbol{A}', \boldsymbol{B}'$ にはギリシャ文字 α, β など，$\boldsymbol{A}, \boldsymbol{B}$ にはローマ字 j, k などを使う)．直交関係(1.93)は

$$\sum_{\alpha=1}^{3} a_{\alpha j} a_{\alpha k} = \delta_{jk}, \qquad \sum_{k=1}^{3} a_{\alpha k} a_{\beta k} = \delta_{\alpha\beta}$$
$$\delta_{\alpha j} = \begin{cases} 1 & (\alpha = j) \\ 0 & (\alpha \neq j) \end{cases} \tag{5.104}$$

となる．

スカラー積　$\boldsymbol{A}'$ と $\boldsymbol{B}'$ に(5.102)を用いると

$$\begin{aligned} \boldsymbol{A}' \cdot \boldsymbol{B}' &= \sum_{\alpha=1}^{3} A_\alpha{}' B_\alpha{}' = \sum_\alpha \sum_j \sum_k a_{\alpha j} a_{\alpha k} A_j B_k \\ &= \sum_j \sum_k \left(\sum_\alpha a_{\alpha j} a_{\alpha k}\right) A_j A_k = \sum_j \sum_k \delta_{jk} A_j A_k = \sum_j A_j B_j \end{aligned}$$

したがって

$$A_1{}' B_1{}' + A_2{}' B_2{}' + A_3{}' B_3{}' = A_1 B_1 + A_2 B_2 + A_3 B_3$$

であって $\boldsymbol{A}' \cdot \boldsymbol{B}' = \boldsymbol{A} \cdot \boldsymbol{B}$．スカラー積は座標変換において不変な量である．

div $\boldsymbol{A}$　これは

$$\operatorname{div} \boldsymbol{A} = \frac{\partial A_1}{\partial x_1} + \frac{\partial A_2}{\partial x_2} + \frac{\partial A_3}{\partial x_3} = \sum_{i=1}^{3} \frac{\partial A_i}{\partial x_i}$$

ただし $x = x_1, y = x_2, z = x_3$ とした．座標変換によって $\boldsymbol{r} = (x_1, x_2, x_3)$ はベクトルとして(5.102)と同じ変換

$$x_\alpha{}' = \sum_{j=1}^{3} a_{\alpha j} x_j, \qquad x_j = \sum_{\alpha=1}^{3} x_\alpha{}' a_{\alpha j} \tag{5.105}$$

を受ける．そのため

$$\frac{\partial}{\partial x_i} = \sum_{\alpha=1}^{3} \frac{\partial x_\alpha{}'}{\partial x_i} \frac{\partial}{\partial x_\alpha{}'} = \sum_{\alpha=1}^{3} a_{\alpha i} \frac{\partial}{\partial x_\alpha{}'} \tag{5.106}$$

であり

$$\sum_{i=1}^{3} \frac{\partial A_i}{\partial x_i} = \sum_\alpha \sum_i a_{\alpha i} \frac{\partial}{\partial x_\alpha{}'} A_i = \sum_\alpha \sum_i a_{\alpha i} \frac{\partial}{\partial x_\alpha{}'} \sum_\beta A_\beta{}' a_{\beta i}$$

$$= \sum_{\alpha} \frac{\partial}{\partial x_\alpha'} \sum_{\beta} \left(\sum_{i} a_{\alpha i} a_{\beta i}\right) A_\beta' = \sum_{\alpha} \frac{\partial}{\partial x_\alpha'} \sum_{\beta} \delta_{\beta\alpha} A_\beta'$$

$$= \sum_{\alpha} \frac{\partial A_\alpha'}{\partial x_\alpha'} \tag{5.107}$$

これは div $\boldsymbol{A}$ が不変なスカラーであることを表わしている．

grad $\boldsymbol{f}$　これを grad $f=\boldsymbol{u}=(u_1, u_2, u_3)$ とすれば，その成分は(5.106)により

$$u_i = \frac{\partial f}{\partial x_i} = \sum_{\alpha=1}^{3} a_{\alpha i} \frac{\partial f}{\partial x_\alpha'} = \sum_{\alpha=1}^{3} a_{\alpha i} u_\alpha'$$

これは grad f の成分が(5.102)と同じ変換を受け，したがって grad f が不変なベクトルであることを表わしている．

右手系と左手系　いままでは x 軸，y 軸，z 軸がそれぞれ右手のおや指，ひとさし指，なか指にあたる座標系(図 5-21)を考えてきた．これがふつうの座標系で右手系という．これに対し，x 軸，y 軸，z 軸がそれぞれ左手のおや指，ひとさし指，なか指にあたる座標系も考えられ，これを左手系という．図からわかるように，1つの軸，たとえば z 軸の向きを逆にすれば，$x \to x$，$y \to y$，$z \to -z$ により右手系は左手系に移る．これを**鏡映**という．この変換において，変位，速度，力，勾配などの成分は位置座標(x, y, z)と同様に $A_x \to A_x$，$A_y \to A_y$，$A_z \to -A_z$ と変換される．このようなベクトルを**極性ベクトル**という．また，極性ベクトルは反転$(x, y, z) \to (-x, -y, -z)$をおこなうと符号が変わる．

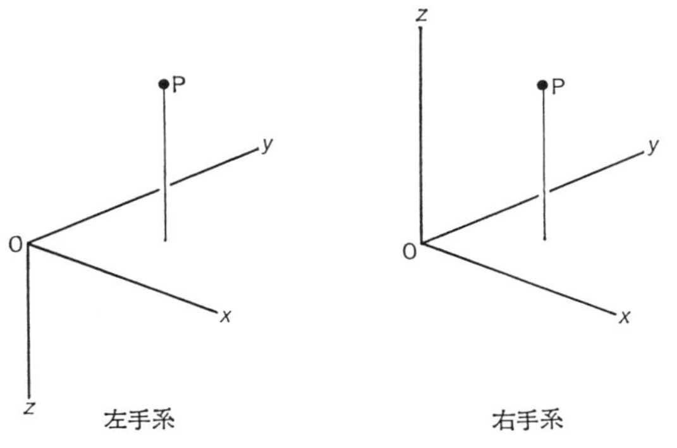

図 5-21

これに対し，たとえば極性ベクトル $\boldsymbol{A}$ と $\boldsymbol{B}$ のベクトル積 $\boldsymbol{C}=\boldsymbol{A}\times\boldsymbol{B}$ の成分

$$C_x=A_yB_z-A_zB_y, \qquad C_y=A_zB_x-A_xB_z, \qquad C_z=A_xB_y-A_yB_x$$

は，反転 $(x,y,z)\rightarrow(-x,-y,-z)$ をおこなっても変わらない．

このようなベクトルを**軸性ベクトル**あるいは**擬ベクトル**という．$\boldsymbol{A}$ を極性ベクトルとすると，その回転 rot $\boldsymbol{A}$ は軸性ベクトルである．力のモーメントも軸性ベクトルである．

これらのことは，いままでこの本で扱ってきた具体的なベクトルについてはとりたてていうほどのことではないが，もっと抽象的なベクトルを考える場合，たとえば非ユークリッド幾何学とか，相対性理論などを考えるときには座標変換やベクトルの概念を拡張して，座標変換における成分の変換則によってベクトルを定義することが必要になる．そのような一般的な扱いは本書の程度を越えるので，ここでは述べない．

問　題 5-5

1. 反転 $x\rightarrow -x$，$y\rightarrow -y$，$z\rightarrow -z$ において変位ベクトル $\boldsymbol{u}$，ベクトル積 $\boldsymbol{C}=\boldsymbol{A}\times\boldsymbol{B}$ はそれぞれどのように変換されるか．

2. 力のモーメントは軸性ベクトルであることを示せ．

5-6 テンソル

ベクトル $\boldsymbol{A}=(A_1, A_2, A_3)$ と $\boldsymbol{B}=(B_1, B_2, B_3)$ の間に

$$A_i=\sum_{k=1}^{3} T_{ik}B_k \tag{5.108}$$

の関係があるとき，$\boldsymbol{A}, \boldsymbol{B}$ が前節の座標変換(5.102)，(5.103)を受けると，この関係は同じ形，

$$A_{\alpha}'=\sum_{\beta=1}^{3} T_{\alpha\beta}'B_{\beta}' \tag{5.109}$$

を保つ．この量 $T=T_{ik}$ をテンソルという．

注　ここでローマ字の添字 i, j などがはじめの座標系，ギリシャ文字 α, β などが新しい座標系を表わすことにする．この区別をしておけば A_α', B_β' などのダッシュは不用で A_α, B_β は新しい座標系における成分を表わすことになるが，区別をはっきりさせるためダッシュをつけておく(後の(5.113)の左辺の $\delta_{\alpha\beta}$ もダッシュをつけたくなるが，δ' は導関数と誤解されるといけないのでつけない)．

テンソルの変換則　(5.102), (5.108), (5.109)により

$$A_\alpha' = \sum_j a_{\alpha j} A_j = \sum_j \sum_h a_{\alpha j} T_{jh} B_h$$
$$= \sum_j \sum_h \sum_\beta a_{\alpha j} T_{jh} B_\beta' a_{\beta h} \tag{5.110}$$

したがって T_{ik} の変換は

$$T_{\alpha\beta}' = \sum_j \sum_h a_{\alpha j} a_{\beta h} T_{jh} \tag{5.111}$$

で与えられる．この変換則にしたがう量がテンソルであるといってもよい．

例題 2.2　テンソル T_{ik} の変換則(5.111)は $A_i B_k$ の変換則，あるいは $x_i x_k$ の変換則と同じであることを示せ．

[解]　(5.102) (5.103)により

$$A_\alpha' B_\beta' = \sum_j a_{\alpha j} A_j \sum_h a_{\beta h} B_h$$
$$= \sum_j \sum_h a_{\alpha j} a_{\beta h} A_j B_h \tag{5.112}$$

この変換は(5.111)と同じである．特に $A_i = x_i$, $B_k = x_k$ とすれば，これは $x_i x_k$ の変換則でもある．▎

例題 2.3　クローネッカーの δ 関数 δ_{jk} はテンソルであることを示せ．

[解]　(5.104)により(上の注を参照しなさい)

$$\delta_{\alpha\beta} = \sum_j a_{\alpha j} a_{\beta j} = \sum_j a_{\alpha j} \sum_h \delta_{jh} a_{\beta h}$$
$$= \sum_j \sum_h a_{\alpha j} a_{\beta h} \delta_{jh} \tag{5.113}$$

すなわち δ_{jk} は(5.111)の T_{jk} と同じ変換を受ける．したがって δ_{jk} はテンソルである．▎

慣性テンソル　重心のまわりの剛体の回転運動は方程式

$$\frac{d\boldsymbol{L}}{dt} = \boldsymbol{N} \tag{5.114}$$

にしたがう．ここで $\boldsymbol{L}$ は角運動量，$\boldsymbol{N}$ は力のモーメントである．剛体の角運動量 $\boldsymbol{L}$ と角速度 $\boldsymbol{\omega}$ はベクトルでその間に（x, y, z は重心を通る座標系）

$$\begin{aligned} L_x &= I_{xx}\omega_x + I_{xy}\omega_y + I_{xz}\omega_z \\ L_y &= I_{yx}\omega_x + I_{yy}\omega_y + I_{yz}\omega_z \\ L_z &= I_{zx}\omega_x + I_{zy}\omega_y + I_{zz}\omega_z \end{aligned} \tag{5.115}$$

の関係がある．ただし $\rho(\boldsymbol{r})$ を密度として

$$\begin{aligned} I_{xx} &= \iiint \rho(\boldsymbol{r})(y^2+z^2)dv \\ I_{yy} &= \iiint \rho(\boldsymbol{r})(z^2+x^2)dv \\ I_{zz} &= \iiint \rho(\boldsymbol{r})(x^2+y^2)dv \\ I_{xy} &= I_{yx} = -\iiint \rho(\boldsymbol{r})xydv \\ I_{yz} &= I_{zy} = -\iiint \rho(\boldsymbol{r})yzdv \\ I_{zx} &= I_{xz} = -\iiint \rho(\boldsymbol{r})zxdv \end{aligned} \tag{5.116}$$

積分は剛体全体にわたるものとする．I_{xx}, I_{yy}, I_{zz} を各軸に対する**慣性モーメント**，$-I_{xy}, -I_{yz}, -I_{zx}$ をそれぞれ x, y, z 各軸に関する**慣性乗積**という．座標系が不動で，剛体が回転するならば，慣性モーメントも一般に慣性乗積も時々刻々変わる．剛体に固定した座標系に対する慣性モーメント，慣性乗積を考えると都合がよいことが多い．

座標変換(5.105)をおこなうとき，これらの量がどのように変換されるかを調べよう．まず

$$I = \iiint \rho(\boldsymbol{r})(x^2+y^2+z^2)dv \tag{5.117}$$

とおくと，これはスカラー（座標変換に対し不変）である．これを用いると

$$I_{xx} = I - B_{xx}, \qquad B_{xx} = \iiint \rho(\mathbf{r})x^2 dv$$
$$I_{xy} = -B_{xy}, \qquad B_{xy} = \iiint \rho(\mathbf{r})xydv \tag{5.118}$$

と書ける．他の要素についても同様であるから $x=1$, $y=2$, $z=3$ と記せば

$$I_{ij} = I\delta_{ij} - B_{ij}, \qquad \delta_{ij} = \begin{cases} 1 & (i=j) \\ 0 & (i \neq j) \end{cases} \tag{5.119}$$

である．δ_{ij} はすでに知ったようにテンソルで，B_{ij} も $x_i x_j$ と同様に変換されるのでテンソルであり，したがって I_{ij} はテンソルである．I_{ij} を**慣性テンソル**という．

応力テンソル　弾性体，あるいは流体(運動していてもよい)の中に，図 5-22 のような小さな三角錐を考える．この 4 個の面を図のように法線の文字 n, x, y, z で表わし，それぞれの面積を ΔS_n, ΔS_x, ΔS_y, ΔS_z, これらにはたらく力の x 成分をそれぞれ $X_n \Delta S_n$, $X_x \Delta S_x$, $X_y \Delta S_y$, $X_z \Delta S_z$ とするとき，三角錐が十分小さいとすると力は釣り合わなければならないから

$$X_n \Delta S_n = X_x \Delta S_x + X_y \Delta S_y + X_z \Delta S_z \tag{5.120}$$

が成り立つ．法線 n が x, y, z 軸となす角をそれぞれ α, β, γ とすると，ΔS_x などは ΔS_n の射影であるから

$$\Delta S_x = \Delta S_n \cos\alpha, \qquad \Delta S_y = \Delta S_n \cos\beta, \qquad \Delta S_z = \Delta S_n \cos\gamma \tag{5.121}$$

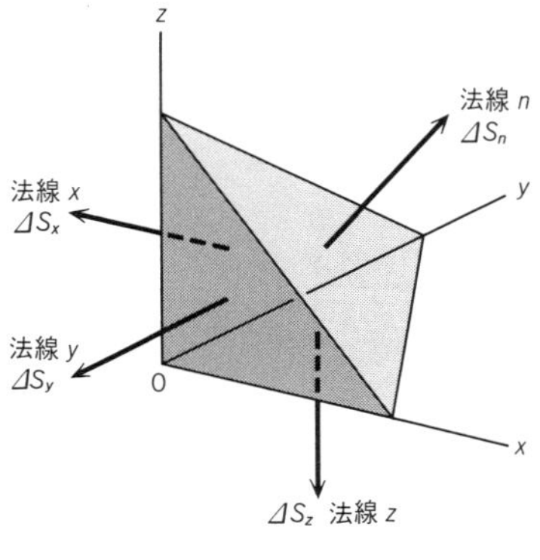

図 5-22

の関係がある(後の(6.23)参照)．したがって

$$X_n = X_x \cos\alpha + X_y \cos\beta + X_z \cos\gamma \tag{5.122}$$

を得る．力の y 成分，z 成分についても同様である．したがって

$$p_{nx} = X_n, \quad p_{xx} = X_x, \quad p_{xy} = X_y, \quad p_{xz} = X_z \quad \text{など} \tag{5.123}$$

と書けば関係式

$$\begin{pmatrix} p_{nx} \\ p_{ny} \\ p_{nz} \end{pmatrix} = \begin{pmatrix} p_{xx} & p_{xy} & p_{xz} \\ p_{yx} & p_{yy} & p_{yz} \\ p_{zx} & p_{zy} & p_{zz} \end{pmatrix} \begin{pmatrix} \cos\alpha \\ \cos\beta \\ \cos\gamma \end{pmatrix} \tag{5.124}$$

を得る．これはベクトル $\boldsymbol{n}=(\cos\alpha, \cos\beta, \cos\gamma)$ と $\boldsymbol{p}_n=(p_{nx}, p_{ny}, p_{nz})$ を結びつける式で，p_{xx}, p_{xy}, $\cdots$, p_{zz} を**応力テンソル**という．力のモーメントの釣り合いから

$$p_{xy} = p_{yx}, \quad p_{yz} = p_{zy}, \quad p_{zx} = p_{xz}$$

が導かれる．静止した流体や粘性のない流体では

$$p_{xy} = p_{xz} = p_{yz} = 0$$

静止した流体では $p_{xx}=p_{yy}=p_{zz}=p$ が静水圧である．

ひずみテンソル　流体や弾性体中に接近した2点 $\mathrm{P}_0(x, y, z)$ と $\mathrm{P}(x+\delta x, y+\delta y, z+\delta z)$ をとり，それぞれの点の変位を $\boldsymbol{u}=(u, v, w)$, $\boldsymbol{u}+\delta\boldsymbol{u}=(u+\delta u, v+\delta v, w+\delta w)$ とすると(図5-23参照)

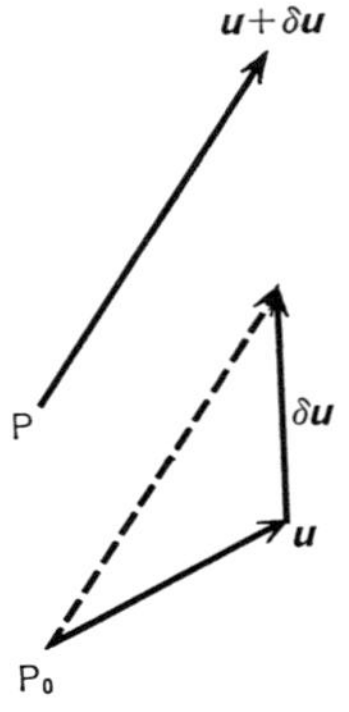

図 5-23

$$\begin{pmatrix}\delta u\\ \delta v\\ \delta w\end{pmatrix}=\begin{pmatrix}\dfrac{\partial u}{\partial x} & \dfrac{\partial u}{\partial y} & \dfrac{\partial u}{\partial z}\\ \dfrac{\partial v}{\partial x} & \dfrac{\partial v}{\partial y} & \dfrac{\partial v}{\partial z}\\ \dfrac{\partial w}{\partial x} & \dfrac{\partial w}{\partial y} & \dfrac{\partial w}{\partial z}\end{pmatrix}\begin{pmatrix}\delta x\\ \delta y\\ \delta z\end{pmatrix} \tag{5.125}$$

となる．ここで要素 $\partial u/\partial x, \partial u/\partial y$ などから対称な量を

$$\begin{aligned} e_{xy}&=e_{yx}=\frac{1}{2}\left(\frac{\partial v}{\partial x}+\frac{\partial u}{\partial y}\right)\\ e_{yz}&=e_{zy}=\frac{1}{2}\left(\frac{\partial w}{\partial y}+\frac{\partial v}{\partial z}\right)\\ e_{zx}&=e_{xz}=\frac{1}{2}\left(\frac{\partial u}{\partial z}+\frac{\partial w}{\partial x}\right)\\ e_{xx}&=\frac{\partial u}{\partial x}, \qquad e_{yy}=\frac{\partial v}{\partial y}, \qquad e_{zz}=\frac{\partial w}{\partial z}\end{aligned} \tag{5.126}$$

と書き，反対称な量を

$$\omega_x=\frac{1}{2}\left(\frac{\partial w}{\partial y}-\frac{\partial v}{\partial z}\right), \qquad \omega_y=\frac{1}{2}\left(\frac{\partial u}{\partial z}-\frac{\partial w}{\partial x}\right), \qquad \omega_z=\frac{1}{2}\left(\frac{\partial v}{\partial x}-\frac{\partial u}{\partial y}\right) \tag{5.127}$$

と書くと

$$\begin{pmatrix}\dfrac{\partial u}{\partial x} & \dfrac{\partial u}{\partial y} & \dfrac{\partial u}{\partial z}\\ \dfrac{\partial v}{\partial x} & \dfrac{\partial v}{\partial y} & \dfrac{\partial v}{\partial z}\\ \dfrac{\partial w}{\partial x} & \dfrac{\partial w}{\partial y} & \dfrac{\partial w}{\partial z}\end{pmatrix}=\begin{pmatrix}e_{xx} & e_{xy} & e_{xz}\\ e_{yx} & e_{yy} & e_{yz}\\ e_{zx} & e_{zy} & e_{zz}\end{pmatrix}+\begin{pmatrix}0 & -\omega_z & \omega_y\\ \omega_z & 0 & -\omega_x\\ -\omega_y & \omega_x & 0\end{pmatrix} \tag{5.128}$$

となる．この右辺第1項 $e_{xx}, e_{xy}, \cdots, e_{zz}$ を**ひずみテンソル**という．第2項の行列は回転を表わす．実際，これによる相対変位は

$$\begin{pmatrix}0 & -\omega_z & \omega_y\\ \omega_z & 0 & -\omega_x\\ -\omega_y & \omega_x & 0\end{pmatrix}\begin{pmatrix}\delta x\\ \delta y\\ \delta z\end{pmatrix}=\begin{pmatrix}\omega_y\delta z-\omega_z\delta y\\ \omega_z\delta x-\omega_x\delta z\\ \omega_x\delta y-\omega_y\delta x\end{pmatrix}=\boldsymbol{\omega}\times\delta\boldsymbol{r} \tag{5.129}$$

ここで $\boldsymbol{\omega}=(\omega_x, \omega_y, \omega_z)$, $\delta\boldsymbol{r}=(\delta x, \delta y, \delta z)$ であり，(5.129)は $\boldsymbol{\omega}$ 方向を軸として $\delta\boldsymbol{r}=\overrightarrow{\mathrm{P_0P}}$ が微小角 $|\boldsymbol{\omega}|$ だけ回転することを表わす．これに対して $e_{xx}, \cdots$ で表わ

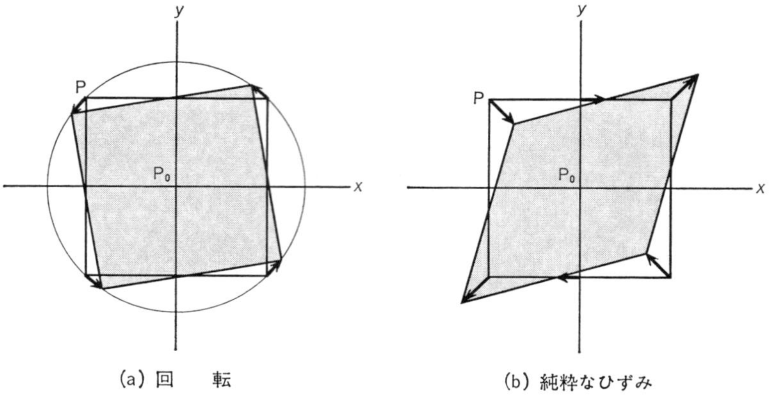

図 5-24

されるのは回転を除いた純粋なひずみである(図 5-24 参照).

$\boldsymbol{\omega}$ のように反対称なテンソルは一般に軸性ベクトルとみることができる.

なお，$x_i x_j$ と同じ変換則にしたがう量 T_{ij} をテンソルとよんだが，さらに $x_i x_j x_k$ と同じ変換を受ける量 T_{ijk} も考えられる．T_{ij} を**2階テンソル**，T_{ijk} を3階テンソル，**高階テンソル**などという.

問　題 5-6

1. 図 5-25 のように，軽い十文字の棒の両側 a の距離に，等しい質量 m が固定されている．図のようにこの物体に固定した座標系 (x, y, z) に関する慣性テンソルを求めよ.

2. 前問の物体において xy 面内で座標系を傾けて (x', y', z) としたときの慣性テンソルを求めよ．この場合，変換則はどのように書けるか.

3. 上の物体で y 軸に平行に，1方の質量を通る y'' 軸をとり，座標系を (x, y'', z) としたときの慣性テンソルを求めよ.

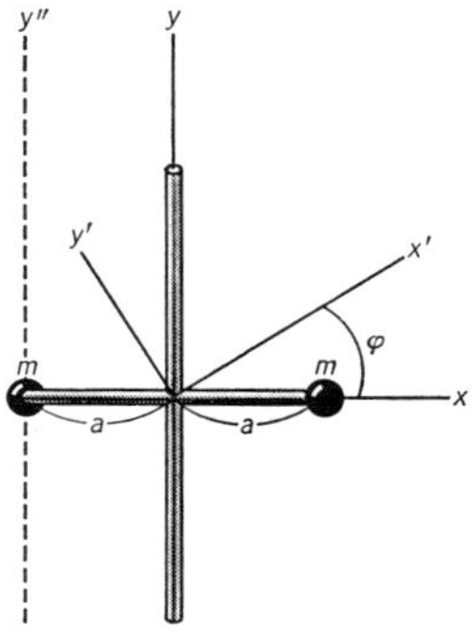

図 5-25

第 5 章演習問題

[1] 連続の式(5.43)は $\rho=$一定 のときどうなるか.

[2] 縮まない流体の 2 次元の流れは

$$v_x=\frac{\partial\psi}{\partial y},\qquad v_y=-\frac{\partial\psi}{\partial x}$$

を満たすことを示せ(ψ を**流れの関数**という).

[3] 単位時間に単位面積を通る熱量(熱流) $\boldsymbol{J}$ は温度勾配に比例し，温度を θ とすれば

$$\boldsymbol{J}=-K\,\mathrm{grad}\,\theta$$

で与えられる．これを用いて熱伝導の式(5.60′)を導け.

[4] ベクトル場 $\boldsymbol{A}=-f(r)\dfrac{\boldsymbol{r}}{r}$ はどのような場か，また

$$\mathrm{div}\,\boldsymbol{A}=-f'(r)-2\frac{f(r)}{r}$$

を示せ.

Coffee Break

解析幾何学と微分幾何学

たとえば，放物線の性質は方程式 $y=ax^2$ を調べれば導かれる．このように幾何学の研究に代数的方法を用いるのが解析幾何学である．解析幾何学の萌芽はギリシャ時代に見られるが，フェルマー(P. de Fermat, 1601–1665)，の研究を経てデカルト(L. Descartes, 1596–1650)によって確立された．伝説によれば，デカルトは寝室内を飛ぶハエの位置を表わすのに座標を用いればよいことに気がついて解析幾何学を思いついたといわれている．

微分積分学の発達により，この手法を用いて曲線や曲面を研究する数学分野が開け，微分幾何学となった．ガウス(C. F. Gauss, 1777–1855)は曲面の微分幾何学を完成し，リーマン(G. F. B. Riemann, 1826–1866)はこれを n 次元に拡張した．

6

ベクトル場の積分定理

この章ではいくつかの重要な積分定理について述べる．前章で山の道の傾斜を grad にたとえたが，grad を積分して山の高さを求めるのは道にそった線積分である．発散 div $\boldsymbol{v}dV$ は体積 dV を出て行く水の量にたとえたが，これをある領域で積分したものは，この領域を囲む面を出て行く水の量であるから，この面に関する積分に書き直される．これは 6-2 節で考えるガウスの積分定理である．rot $\boldsymbol{A}$ に関するストークスの定理，$\nabla^2 f$ に関するグリーンの定理なども重要な積分定理である．

6-1 ベクトルの線積分

$f(x)$ を x の関数，df/dx をその導関数とするとき

$$\int_{x_0}^{x} \frac{df}{dx}dx = f(x)-f(x_0) \tag{6.1}$$

はよく知られた公式である．ここで x は1次元の変数であるが，直線である必要はない．たとえば地図上の道にそった距離を x とし，$f(x)$ を登った高さとすることができ，この場合の被積分関数 df/dx は道の傾斜になる．

山に登る道が幾つもあるときは，前の章で考えたように，地図上の位置を x, y で表わすのがよい．山の高さは位置 x, y の関数 $f(x, y)$ として表わせる．前章で述べたように山の勾配はベクトル

$$\mathrm{grad}\, f = \left(\frac{\partial f}{\partial x},\ \frac{\partial f}{\partial y}\right)$$

で表わされ，地図上である方向へ短い距離 $\Delta\boldsymbol{s}$ だけ進むときに登った高さは

$$\Delta f = \frac{\partial f}{\partial x}\Delta x+\frac{\partial f}{\partial y}\Delta y = \mathrm{grad}\, f\cdot\Delta\boldsymbol{s} \tag{6.2}$$

で与えられる．ここでベクトル $\Delta\boldsymbol{s}=(\Delta x, \Delta y)$ は進んだ向きと距離を表わすものとしている．

線積分 山に登る道(図6-1参照)を微小な線分 $\Delta\boldsymbol{s}_1, \Delta\boldsymbol{s}_2, \cdots, \Delta\boldsymbol{s}_n$ に分割すれば，位置 $\mathrm{P}_0(x_0, y_0)$ から $\mathrm{P}(x, y)$ まで行く間に登った高さは

$$f(x, y)-f(x_0, y_0) = (\mathrm{grad}\, f)_1\cdot\Delta\boldsymbol{s}_1+(\mathrm{grad}\, f)_2\cdot\Delta\boldsymbol{s}_2+\cdots+(\mathrm{grad}\, f)_n\cdot\Delta\boldsymbol{s}_n$$

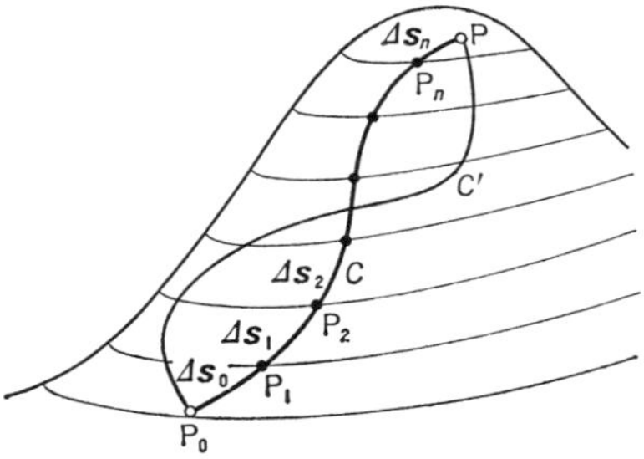

図 6-1

$$= \sum_{j=1}^{n} (\mathrm{grad}\, f)_j \cdot \Delta \boldsymbol{s}_j \tag{6.3}$$

となる．ここで $(\mathrm{grad}\, f)_j$ は $\Delta \boldsymbol{s}_j$ のところにおける勾配を表わす．(6.3) は $\Delta \boldsymbol{s}_j$ をすべて無限に小さくした極限で正しくなるので，n を無限大にした極限を

$$\lim_{n\to\infty} \sum_{j=1}^{n} (\mathrm{grad}\, f)_j \cdot \Delta \boldsymbol{s}_j = \int_{\mathrm{P}_0}^{\mathrm{P}} \mathrm{grad} f \cdot d\boldsymbol{s} \tag{6.4}$$

と書き，これをこの道にそった grad f の**線積分**という．$f(x, y) = f(\mathrm{P})$ などと書けば (6.3) は

$$f(\mathrm{P}) - f(\mathrm{P}_0) = \int_{\mathrm{P}_0}^{\mathrm{P}} \mathrm{grad}\, f \cdot d\boldsymbol{s} \tag{6.5}$$

となる．

(6.5) において $f(\mathrm{P}) - f(\mathrm{P}_0)$ は高さの差であるから，道すじ (経路) によらない．ある道すじ C_1 で P_0 から P へ行くことを $C_1(\mathrm{P}_0 \to \mathrm{P})$ で表わし，別の道すじ C_2 で P_0 から P へ行くことを $C_2(\mathrm{P}_0 \to \mathrm{P})$ で表わせば，このことは

$$\int_{C_1(\mathrm{P}_0\to\mathrm{P})} \mathrm{grad}\, f \cdot d\boldsymbol{s} = \int_{C_2(\mathrm{P}_0\to\mathrm{P})} \mathrm{grad}\, f \cdot d\boldsymbol{s} = \int_{\mathrm{P}_0}^{\mathrm{P}} \mathrm{grad}\, f \cdot d\boldsymbol{s} \tag{6.6}$$

と書ける．P_0 から P へ行くある道すじを C とし，P から P_0 へ戻るある道すじを C' とすると，C と C' をたどるとき結局は出発点へ戻るので

$$\int_{C(\mathrm{P}_0\to\mathrm{P})} \mathrm{grad}\, f \cdot d\boldsymbol{s} + \int_{C'(\mathrm{P}\to\mathrm{P}_0)} \mathrm{grad}\, f \cdot d\boldsymbol{s} = f(\mathrm{P}_0) - f(\mathrm{P}_0) = 0$$

したがって

$$\int_{C(\mathrm{P}_0\to\mathrm{P})} \mathrm{grad}\, f \cdot d\boldsymbol{s} = -\int_{C'(\mathrm{P}\to\mathrm{P}_0)} \mathrm{grad}\, f \cdot d\boldsymbol{s}$$

(6.5) によりこれらの積分は道すじによらず，起点と終点だけで定まるので，上式で道すじを表わす C, C' は省いてもよく，この式は

$$\int_{\mathrm{P}_0}^{\mathrm{P}} \mathrm{grad}\, f \cdot d\boldsymbol{s} = -\int_{\mathrm{P}}^{\mathrm{P}_0} \mathrm{grad}\, f \cdot d\boldsymbol{s} \tag{6.7}$$

と書ける．

(6.5) は (6.2) により

$$f(\mathrm{P})-f(\mathrm{P}_0)=\int_{\mathrm{P}_0}^{\mathrm{P}}\mathrm{grad}\,f\cdot d\boldsymbol{s}=\int_{\mathrm{P}_0}^{\mathrm{P}}\left(\frac{\partial f}{\partial x}dx+\frac{\partial f}{\partial y}dy\right) \tag{6.8}$$

と書いてもよい．しかしこの右辺において dx, dy は P_0 と P を結ぶある道すじにそってとらなければならない．この右辺の 2 項を無関係に積分してはいけないのである．次の例で積分の仕方を示そう．

[例 1] k と c を定数とし

$$f(x,y)=\frac{k}{2}(x^2+y^2)+cxy$$

とする(これは 2 次元単振動のポテンシャルである)．grad f の成分は

$$\frac{\partial f}{\partial x}=kx+cy, \qquad \frac{\partial f}{\partial y}=ky+cx$$

原点 O と点 P(x, y) を結ぶ道すじ C として(図 6-2 参照)

(1) 原点から x 軸 $(y=0)$ にそって Q$(x, 0)$ まで行き，

(2) 次に y 軸に平行に進んで P(x, y) へ達する

としよう．(1)については $y=0, dy=0$ なので(6.8)により

$$f(x,0)-f(0,0)=\int_{(1)}\frac{\partial f}{\partial x}dx=\int_0^x\frac{\partial f(x,0)}{\partial x}dx$$
$$=\int_0^x kxdx=\frac{k}{2}x^2$$

次に(2)では x を x に保つので $dx=0$ であり，積分は

$$f(x,y)-f(x,0)=\int_{(2)}\frac{\partial f}{\partial y}dy=\int_0^y\frac{\partial f(x,y)}{\partial y}dy$$

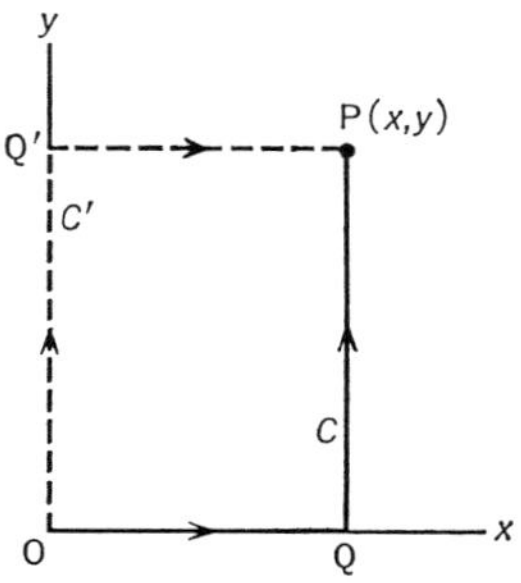

図 6-2

$$= \int_0^y (ky+cx)\,dy = \frac{k}{2}y^2+cxy$$

したがって，求める線積分はこれらを加えて $(C=(1)+(2))$

$$f(x,y)-f(0,0) = \int_C \left(\frac{\partial f}{\partial x}dx+\frac{\partial f}{\partial y}dy\right)$$

$$= \frac{k}{2}(x^2+y^2)+cxy$$

を得る．これははじめに与えたポテンシャルにほかならない．C と異なる道，たとえば図 6-2 の C' にそって積分してみても同じ結果を得る．これは実際に計算して確かめてみるとよい(問題 6-1 の問 1)．▎

わかりやすくするため，2 次元の $\mathrm{grad}\, f$ の積分について述べてきたが，以上のことはすべて 3 次元の grad ベクトルの線積分

$$f(\mathrm{P})-f(\mathrm{P}_0) = \int_{\mathrm{P}_0}^{\mathrm{P}} \mathrm{grad}\, f\cdot d\boldsymbol{s} = \int_C \left(\frac{\partial f}{\partial x}dx+\frac{\partial f}{\partial y}dy+\frac{\partial f}{\partial z}dz\right)$$

についても成立する．

例題 6.1　方向微分係数 $\partial f/\partial s$ を用いれば

$$\int_{\mathrm{P}_0}^{\mathrm{P}} \mathrm{grad}\, f\cdot d\boldsymbol{s} = \int_{\mathrm{P}_0}^{\mathrm{P}} \frac{\partial f}{\partial s}ds \tag{6.9}$$

と書けることを示せ．

［解］　$d\boldsymbol{s}$ 方向の単位ベクトルを $\boldsymbol{e}_s$ とすれば

$$d\boldsymbol{s} = \boldsymbol{e}_s ds$$

$$\mathrm{grad}\, f\cdot \boldsymbol{e}_s = \frac{\partial f}{\partial s}$$

したがって $\mathrm{grad}\, f\cdot d\boldsymbol{s} = (\partial f/\partial s)ds$．▎

一般の線積分　一般に，ベクトル $\boldsymbol{A}=(A_x, A_y, A_z)$ に対してある経路 C にそう積分

$$\int_C \boldsymbol{A}\cdot d\boldsymbol{s} = \int_C (A_x dx+A_y dy+A_z dz) \tag{6.10}$$

を線積分という．この式の右辺で x, y, z についての積分は経路 C にそって実行しなければならない(独立に x, y, z について積分してはならない)．

ベクトル $\boldsymbol{A}$ があるスカラー場の勾配ならば，その線積分は(6.5)のように出発点 P_0 と終点 P とできまり，その間の経路によらない．しかし，一般のベクトル $\boldsymbol{A}$ に対しては線積分(6.10)は出発点と終点をきめても定まらず，その間の経路によって変わる．

[例 2] 粒子に力 $\boldsymbol{F}$ が働くとき，粒子の変位 $d\boldsymbol{r}$ に対する積分

$$W = -\int_{C(P_0\to P)} \boldsymbol{F}\cdot d\boldsymbol{r}$$

を，粒子が P_0 から P へ移動する間に力 $\boldsymbol{F}$ に対してした**仕事**という．力がポテンシャル ϕ をもつとき，すなわち $\boldsymbol{F} = -\nabla\phi$ のときは，

$$W = \phi(P) - \phi(P_0)$$

となり，これは途中の道筋によらない．しかし，$\boldsymbol{F}$ が**摩擦力**で，変位に対して逆向きに働く場合は，常に $W > 0$ で同じ始点 P_0 と終点 P の間の積分でも，長い曲線の道をとるほど W は大きくなる．❙

問　題 6-1

1. 図 6-2 の道 C' にそって積分した[例 1]の結果が C にそって積分したものと同じになることを示せ．

2. ベクトル場

$$A_x = -y, \quad A_y = x, \quad A_z = 0$$

に対し，原点をまわる半径 r の道にそって左まわりに 1 周したときの $\int_C \boldsymbol{A}\cdot d\boldsymbol{s}$ を求めよ．

3. ベクトル場

$$A_x = y, \quad A_y = x, \quad A_z = 0$$

に対し，原点を 1 周した道に対して $\int_C \boldsymbol{A}\cdot d\boldsymbol{s}$ を求めよ．

6-2 ガウスの定理

水のように縮まない流体を考え，その流れの速度を $\boldsymbol{v}(x, y, z)$ としよう．小

さな立方体の領域を $\Delta x\Delta y\Delta z$ とすると，div $\boldsymbol{v}\Delta x\Delta y\Delta z$ はこの領域を単位時間に出て行く水の量であるから，この領域内に水のわき出しも吸い込みもなければ div $\boldsymbol{v}=0$ であるが，わき出しがあれば div $\boldsymbol{v}>0$ であり，吸い込みがあれば div $\boldsymbol{v}<0$ である．一般に連続的なわき出しや吸い込みがあるとしよう．今考えた小さな領域を囲む閉じた面を ΔS とし，流体 $\boldsymbol{v}$ のこの面に垂直な成分を v_n とする．ただし流体がこの領域から外へ出て行くときは $v_n>0$ とし，入り込んでくるときは $v_n<0$ とする．ΔS の全表面上の積分(図 6-3 参照)

$$M=\iint_{\Delta S} v_n dS \tag{6.11}$$

は単位時間にこの領域を出て行く水の量である．したがってこれは div $\boldsymbol{v}$ $\Delta x\Delta y\Delta z$ に等しく

$$\iint_{\Delta S} v_n dS = \mathrm{div}\, \boldsymbol{v}\Delta x\Delta y\Delta z \tag{6.12}$$

が成り立つ．図 6-4 のように領域 V を小さく分割して，その 1 つを $\Delta x\Delta y\Delta z$ とする．これを寄せ集めれば右辺は

$$\sum \mathrm{div}\, \boldsymbol{v}\Delta x\Delta y\Delta z = \iiint_V \mathrm{div}\, \boldsymbol{v}dxdydz$$

すなわち全領域 V に対する体積積分になる．これに対し(6.12)の左辺を寄せ集めると，小さな領域が 2 つ接する面においては，一方の領域から出る水がもう 1 つの領域に入るので v_n の正と負とが打ち消し合うことになる．したがっ

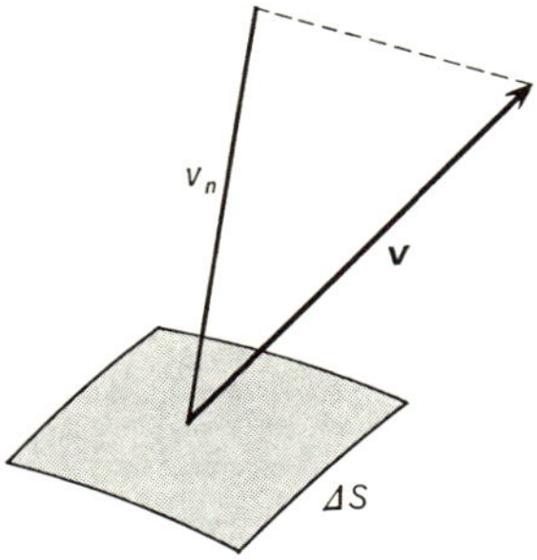

図 6-3

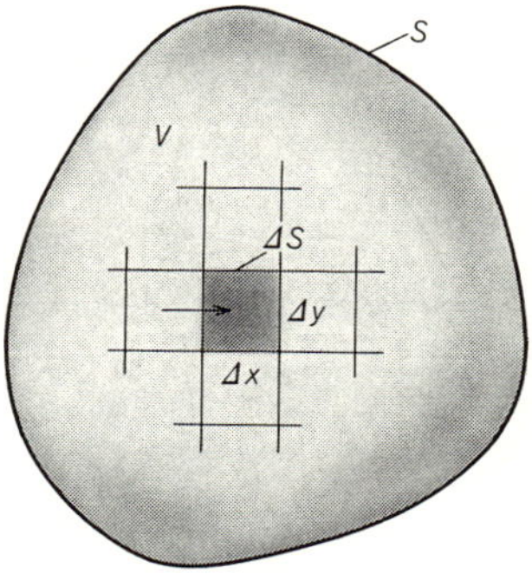

図 6-4

て，(6.12)の左辺を寄せ集めたときに残るのは全領域 V を囲む外側の面 S に対する積分だけである．したがって寄せ集めた結果は

$$\sum \iint_{\Delta S} v_n dS = \iint_S v_n dS$$

となる．ここで S は全領域 V を囲む全表面を意味する．

ガウスの定理 こうして(6.12)から

$$\iint_S v_n dS = \iiint_V \mathrm{div}\, \boldsymbol{v} dxdydz \tag{6.13}$$

を得る．これを**ガウス**(Gauss)**の定理**あるいは**発散定理**という．ここで V は閉曲面 S の内部の領域であり，ガウスの定理は右辺の体積積分を左辺の面積分で与える公式，あるいは逆に左辺の面積分を右辺の体積積分で与える公式である．一般のベクトル場が流速の場にたとえられることからわかるように，ガウスの定理(6.13)は一般のベクトル場 $\boldsymbol{v}$ について成立する．

$\boldsymbol{v}$ の成分を用いて書くと(6.13)の右辺は

$$\iiint_V \mathrm{div}\, \boldsymbol{v} dxdydz = \iiint_V \left(\frac{\partial v_x}{\partial x} + \frac{\partial v_y}{\partial y} + \frac{\partial v_z}{\partial z} \right) dxdydz$$

となる．また左辺を成分で書くため dS の法線を $\boldsymbol{n}$ (閉曲面 S から外向きに立てると約束する)とし，$\boldsymbol{n}$ が x, y, z 軸となす角を α, β, γ とすると $\boldsymbol{n}$ の成分は $\cos\alpha$, $\cos\beta, \cos\gamma$ となるから

$$v_n = \boldsymbol{v}\cdot\boldsymbol{n} = v_x \cos\alpha + v_y \cos\beta + v_z \cos\gamma$$

と書ける．したがってガウスの定理は

$$\iint_S (v_x \cos\alpha + v_y \cos\beta + v_z \cos\gamma) dS = \iiint_V \left(\frac{\partial v_x}{\partial x} + \frac{\partial v_y}{\partial y} + \frac{\partial v_z}{\partial z} \right) dxdydz \tag{6.14}$$

となる．

ここで $v_y = v_z = 0$ である場を考え，$v_x = A(x, y, z)$ とおくと(6.14)は

$$\iint_S A \cos\alpha dS = \iiint_V \frac{\partial A}{\partial x} dxdydz \tag{6.15}$$

となる．同様に $v_x = v_z = 0$, $v_y = B(x, y, z)$ とおくと

$$\iint_S B\cos\beta dS = \iiint_V \frac{\partial B}{\partial y}dxdydz \tag{6.15'}$$

また $v_x=v_y=0$, $v_z=C(x,y,z)$ とおくと

$$\iint_S C\cos\gamma dS = \iiint_V \frac{\partial C}{\partial z}dxdydz \tag{6.15''}$$

を得る．したがってガウスの定理(6.13)はこれら3式を合わせ，$\boldsymbol{v}=(A,B,C)$ をベクトル場としたものとみることができる．

[例1] 浮力——アルキメデスの原理 浮力は液体の重さによる圧力によって生じる．そこで z 軸を鉛直上方にとり，圧力は z の関数 $P(z)$ であるとする．(6.15″) において $C=-P(z)$ とおくと

$$-\iint_S P(z)\cos\gamma dS = -\iiint_V \frac{dP}{dz}dxdydz$$

となる．液体の密度を $\rho(z)$，重力の加速度を g とすると

$$dP = -g\rho(z)dz$$

であるから上式は

$$-\iint_S P(z)\cos\gamma dS = g\iiint_V \rho(z)dxdydz \tag{6.16}$$

ここで V は液中にある物体の体積とすると，S はその表面積になる．また上式の右辺で

$$W = g\iiint_V \rho(z)dxdydz$$

はこの物体と同体積の液体の重さを表わしている．アルキメデスの原理によれば(6.16)の左辺は浮力を与えるはずである．実際，この式で γ は面 S の外向きの法線と z 軸(上向き)とがなす角であるから，図6-5において下の面aでは $\gamma_a>\pi/2$, $\cos\gamma_a<0$ であり，上の面bでは $\gamma_b<\pi/2$, $\cos\gamma_b>0$ である(物体はもっと複雑な形をしていても差し支えないが，簡単のためこのように考えておく)．PdS は圧力による力で $P\cos\gamma dS$ はその z 成分であるから，図のように鉛直な液柱部分について(6.16)の左辺は上向きの力の成分

$$+P(a)|\cos\gamma_a|dS_a - P(b)\cos\gamma_b dS_b$$

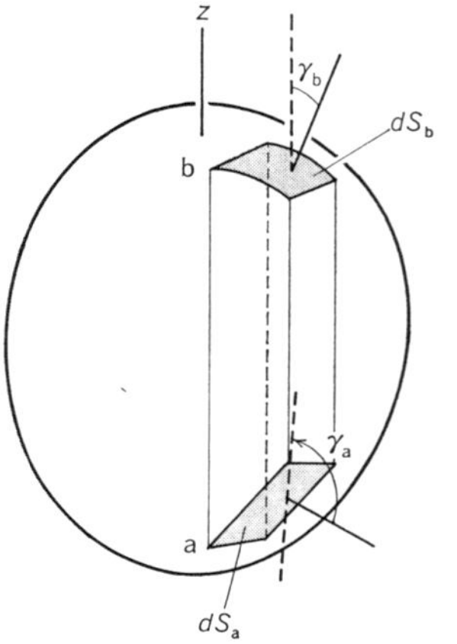

図 6-5

を与える．領域 V をこのような液柱に分け，この力を加え合わせると，この領域 V にはたらく浮力を与える．したがって浮力 F は

$$F = -\iint_S P(z)\cos\gamma dS = W \tag{6.17}$$

で与えられる．すなわち浮力は物体と同体積の液体の重さ W に等しい．これでアルキメデスの原理が証明された．▌

面積要素　上の計算で現われた量

$$\boldsymbol{dS} = (dS\cos\alpha, dS\cos\beta, dS\cos\gamma) \tag{6.18}$$

は，曲面 S の外向きの法線で，大きさが面積 dS に等しく，面積要素ベクトルとよばれる．$dS\cos\alpha$ などの意味を考えよう．

図 6-6 において斜め面が x 軸，y 軸，z 軸を切る点を X, Y, Z とし，三角形 XYZ の面積を S とする．この面をヘッセの標準形(第1章)で

$$lx+my+nz = p \tag{6.19}$$

とすると，l, m, n はこの面の法線の方向余弦で，法線が 3 軸と交わる角 α, β, γ を用いると

$$l = \cos\alpha, \quad m = \cos\beta, \quad n = \cos\gamma \tag{6.20}$$

であり，また p は原点からこの面へおろした垂線の長さである．(6.19)におい

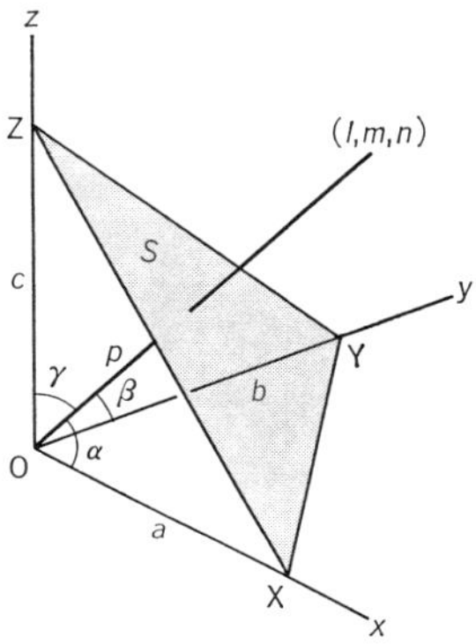

図 6-6

て $y=z=0$, $x=\overline{\mathrm{OX}}=a$ とおけば $la=p$ を得る．同様に $\overline{\mathrm{OY}}=b$, $\overline{\mathrm{OZ}}=c$ とおくと

$$la = mb = nc = p \tag{6.21}$$

を得る．

さて，三角錐 OXYZ の体積は，種々の方法で求められる．x 軸に垂直な三角形 OYZ の面積を S_x，y 軸に垂直な三角形 OZX の面積を S_y，z 軸に垂直な三角形 OXY の面積を S_z とすると，三角錐 OXYZ の体積 V は底面積と高さの積の 1/3 であるから，

$$V = \frac{1}{3}Sp = \frac{1}{3}S_x a = \frac{1}{3}S_y b = \frac{1}{3}S_z c \tag{6.22}$$

と書ける．したがって(6.21), (6.20)により

$$\begin{aligned} S_x &= \frac{p}{a}S = lS = S\cos\alpha \\ S_y &= \frac{p}{b}S = mS = S\cos\beta \\ S_z &= \frac{p}{c}S = nS = S\cos\gamma \end{aligned} \tag{6.23}$$

となる．すなわち $S\cos\alpha$ は面 S を x 軸に垂直な面(yz 面)へ射影した面積 S_x に等しく，$S\cos\beta$ は zx 面への射影 S_y に等しく，$S\cos\gamma$ は xy 面への射影 S_z に等しい．これからわかるように一般に $dS\cos\alpha$, $dS\cos\beta$, $dS\cos\gamma$ はそれぞ

れ dS を yz 面，zx 面，xy 面へ射影した面積 dS_x, dS_y, dS_z に等しいのである．

さて，曲面 dS の法線を $\boldsymbol{n}$ とすれば，その成分は(6.20)であるから，(6.18)により

$$\boldsymbol{n}dS = d\boldsymbol{S} \tag{6.24}$$

であり，ベクトル $\boldsymbol{v}$ の法線成分は

$$v_n = \boldsymbol{v}\cdot\boldsymbol{n} \tag{6.25}$$

である．これらを用いて(6.13)の左辺は

$$\iint_S v_n dS = \iint_S \boldsymbol{v}\cdot\boldsymbol{n}dS = \iint_S \boldsymbol{v}\cdot d\boldsymbol{S}$$

と書けるので，ガウスの定理(6.13)は

$$\iint_S \boldsymbol{v}\cdot d\boldsymbol{S} = \iiint_V \mathrm{div}\,\boldsymbol{v}dV \tag{6.26}$$

と書くことができる（$dV = dxdydz$）．

問　題 6-2

1. 単位面積を単位時間に通る熱エネルギー(熱流) $\boldsymbol{J}$ は温度 T の勾配に比例する(フーリエの法則)．熱伝導率を K とすれば

$$\boldsymbol{J} = -K\,\mathrm{grad}\,T$$

閉曲面 S で囲まれる領域を V とすれば

$$\iint_S J_n dS = -K\iiint_V \nabla^2 T dV$$

であることを示せ．

2. 前問において熱エネルギーに対する連続の式

$$c\rho\frac{\partial T}{\partial t} + \mathrm{div}\,\boldsymbol{J} = 0$$

(c は比熱，ρ は密度)が成り立つとすると

$$\frac{\partial T}{\partial t} = \frac{K}{c\rho}\nabla^2 T$$

となることを示せ(熱伝導方程式，p. 149 参照)．

3. 原点を中心とする半径 1 の球面を S とし，$\boldsymbol{A} = z\boldsymbol{k}$ とするとき $\iint_S \boldsymbol{A}\cdot d\boldsymbol{S}$ を求

めよ.

4. 閉曲面 S の法線方向に対する $g(x,y,z)$ の方向微分を $\partial g/\partial n$ とし，S のかこむ領域を V とすれば

$$\iiint_V \nabla^2 g\,dV = \iint_S \frac{\partial g}{\partial n}\,dS$$

が成り立つことを示せ.

6-3　静電力と万有引力

万有引力は距離の逆 2 乗に比例する力であり，静電的なクーロン力も距離の 2 乗に反比例する力である．また原点から放射状に 3 次元空間へ広がる水の流速も原点からの距離の 2 乗に反比例するので，万有引力や静電力のたとえに水の流れを考えることもある．このように逆 2 乗に比例する場に対しては，有名な積分定理がある．これはふつう静電力についていわれるので静電気に関する**ガウスの法則**，あるいは単にガウスの法則とよばれる．前節のガウスの定理とまぎらわしいが，これと異なるものである．ガウスの定理は一般のベクトル場に関する定理であるが，この節で述べるガウスの法則は逆 2 乗の場で成り立つ法則である．便宜上，ここでは静電力を中心に述べるが，ガウスの法則は万有引力についてもそのままあてはまるし，非圧縮性流体にもあてはまる法則であるので，そのような例や例題も加えることにする.

静電場　空間にただ 1 つの電荷 Q があるとし，これを原点にとると，点 (x, y, z) における**電場**の大きさは $r^2=x^2+y^2+z^2$ に反比例し

$$E = \frac{Q}{4\pi\varepsilon_0 r^2} \tag{6.27}$$

で与えられる．この点に小さな電荷(試験体) e をおけば $e\boldsymbol{E}$ の力が加わるというのが電場の定義である．$Q>0$ (正電荷)とすれば，電場 $\boldsymbol{E}$ はこの電荷から引いたベクトルの方向に向いている(図 6-7 左)．なお上式で ε_0 は真空の誘電率とよばれる定数である.

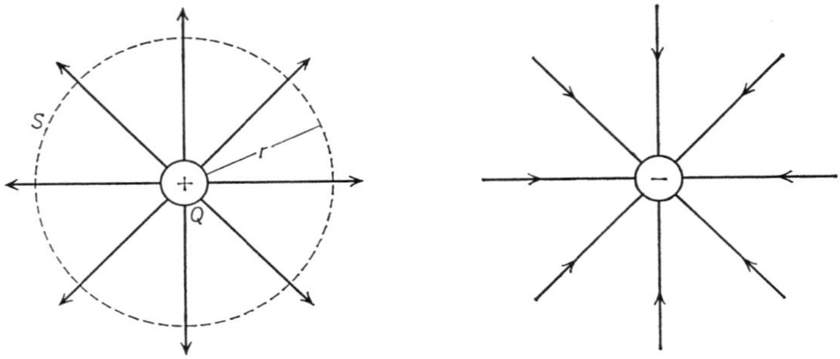

図 6-7

図 6-7 のように電荷 Q を中心とする半径 r の球を S とし，この上で E を積分すれば $S=4\pi r^2$ であるから

$$\iint_S EdS = 4\pi r^2 E = \frac{Q}{\varepsilon_0} \tag{6.28}$$

となって，半径 r に無関係になる．これが逆 2 乗の場の特長である．そこで電荷 Q から放射状に Q/ε_0 本の直線を引いたとする．Q/ε_0 は大きな整数であると考え，直線はどの方向にも同じ分布で(同じ密度で)引く．この線は電荷 Q の近くでは密で，遠方では r^{-2} に比例して密度が小さくなるが，球 S の半径に無関係に Q/ε_0 本の線が球 S を貫くわけである．このような線は電場の様子を与えるので**電気力線**というが，簡単に力線とよぶことにしよう．力線の密度とは，力線に垂直な単位面積の面を貫く力線の数である(半径 r の球の面積は $4\pi r^2$ であり，力線の総数は Q/ε_0 であるから，電荷から r の距離における力線の密度は $(Q/\varepsilon_0)/4\pi r^2=E$ となる)．力線は電場の大きさに比例して引かれ，その向きは電場の向き(正の試験体にはたらく力の向き)であると約束する．

空間にただ 1 個の正電荷があるときは，力線は放射状に広がり，途中で消えたり増えたりすることはない．これが逆 2 乗の力の場の特長である．負の電荷のときは無限遠から負電荷に集まる力線が存在する(図 6-7 右)．2 個以上の電荷があるときは電場は複雑になり，それに応じて力線の様子も複雑になる(たとえば図 5-2 参照)．しかし後に示すように力線が途中で消えたり増えたりすることはなく，正の電荷から出て負の電荷へ入るか，無限遠まで続く．

さて(6.28)はもっと一般に書ける．電荷 Q を囲む任意の閉曲面 S を考え，その微小部分 dS における外向きの法線を $\boldsymbol{n}$ とする．$\boldsymbol{n}dS=d\boldsymbol{S}$ は面積要素ベクトル，

$$E_n = \boldsymbol{E}\cdot\boldsymbol{n} \tag{6.29}$$

は電場 $\boldsymbol{E}$ の法線成分である．いま電荷 Q だけが存在しているとしているのでこれを原点にとれば，電場は

$$\boldsymbol{E} = E\frac{\boldsymbol{r}}{r} = \frac{Q}{4\pi\varepsilon_0 r^2}\frac{\boldsymbol{r}}{r} \tag{6.30}$$

で与えられる．さらに $\boldsymbol{r}$ と $\boldsymbol{n}$ のなす角を θ とすると

$$\boldsymbol{r}\cdot\boldsymbol{n} = r\cos\theta \tag{6.31}$$

であるから

$$\begin{aligned} E_n dS &= \boldsymbol{E}\cdot\boldsymbol{n}dS = E\cos\theta dS \\ &= \frac{Q}{4\pi\varepsilon_0}\frac{\cos\theta dS}{r^2} \end{aligned} \tag{6.32}$$

となる．図 6-8 からわかるように $dS_0=\cos\theta dS$ は $\boldsymbol{r}$ に垂直な dS の射影であり，これを r^2 で割った

$$d\Omega = \frac{dS_0}{r^2} = \frac{\cos\theta dS}{r^2} \tag{6.33}$$

を電荷 Q から dS を見たときの**立体角**という．これを用いて

$$E_n dS = \frac{Q}{4\pi\varepsilon_0}d\Omega \tag{6.34}$$

と書ける．

これを S_0 の全体について積分すれば，全立体角は

$$\int d\Omega = \int\frac{dS_0}{r^2} = \frac{4\pi r^2}{r^2} = 4\pi \tag{6.35}$$

であるから

$$\iint_S E_n dS = \frac{Q}{\varepsilon_0} \tag{6.36}$$

を得る．これは Q を囲む面 S についての積分である．

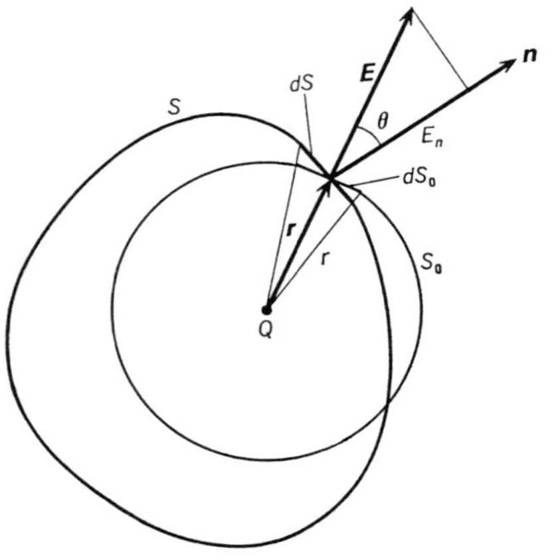

図 6-8

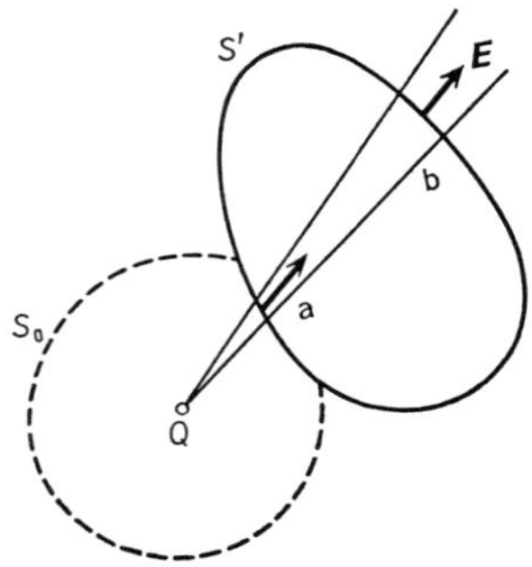

図 6-9

図 6-9 のように Q を囲まない面を S' とすると，Q による力線は S' を貫くが，たとえば図において a と b とにおける $E_n dS$ はたがいに打ち消し合うことが容易にわかる．別の考え方として S' に接しながら Q を囲む面 S_0 をつけ加えた面を $S=S'+S_0$ とすれば S も S_0 も Q を囲むので

$$\iint_S E_n dS = \left(\iint_{S_0} + \iint_{S'}\right) E_n dS = \frac{Q}{\varepsilon_0}$$

$$\iint_{S_0} E_n dS = \frac{Q}{\varepsilon_0}$$

したがって Q を囲まない面 S' については

$$\iint_{S'} E_n dS = 0 \tag{6.37}$$

となる．

ガウスの法則　いくつかの点電荷があるときは，電場 $\boldsymbol{E}$ は各点電荷による電場 $\boldsymbol{E}^{(1)}, \boldsymbol{E}^{(2)}, \cdots$ のベクトル和になる．すなわち

$$\boldsymbol{E} = \boldsymbol{E}^{(1)} + \boldsymbol{E}^{(2)} + \cdots \tag{6.38}$$

である．閉曲面 S を考え，この上の $\boldsymbol{E}$ の法線成分を E_n，面 S で囲まれる点電荷を $Q^{(1)}, Q^{(2)}, \cdots, Q^{(n)}$ とすると，(6.36) と (6.37) をこの面 S に適用して

$$\iint_S E_n dS = \sum_{j=1}^{n} \frac{Q^{(j)}}{\varepsilon_0} \tag{6.39}$$

を得る．これが静電力に対する**ガウスの法則**である．ここで $Q^{(j)}$ $(j=1, 2, \cdots, n)$ は閉曲面 S で囲まれる電荷であり，S の外にある電荷はこの中に含まれない．

電荷が連続的に分布しているときは，$\rho(\boldsymbol{r})dV$ を微小体積 dV に含まれる電荷とすると，$\rho(\boldsymbol{r})$ は位置 $\boldsymbol{r}$ における電荷密度である．閉曲面 S が囲む体積を V としこの中に含まれる全電荷を Q とすれば

$$Q = \iiint_V \rho(\boldsymbol{r}) dV \tag{6.40}$$

であり，ガウスの法則は

$$\iint_S E_n dS = \frac{Q}{\varepsilon_0} = \frac{1}{\varepsilon_0}\iiint_V \rho(\boldsymbol{r}) dV \tag{6.41}$$

となる．

ガウスの法則を用いると次の例のように，簡単に電場を求めることができる場合がいろいろある．

[例 1]　一様に帯電した球殻の外と内における電場を求めよう．電場は球殻の中心に対して球対称である．そこで中心から r の点における電場の大きさを E とし，球殻の全電荷を Q とすると，半径 r の球面にガウスの法則を適用して

$$\iint_S E dS = 4\pi r^2 E = \frac{1}{\varepsilon_0} Q$$

$$\therefore \quad E = \frac{Q}{4\pi\varepsilon_0 r^2} \qquad \text{（球殻の外）} \tag{6.42}$$

したがって球殻の外における電場は，球殻の中心に全電荷が集まったと仮定したときの電場に等しい．次に中心が球殻の中心と一致する半径 r の球面 S' を球殻の内部にとれば，S' に含まれる電荷はないから

$$\iint_{S'} E dS' = 0$$

$$\therefore \quad E = 0 \qquad \text{（球殻の内）} \tag{6.43}$$

である．❙

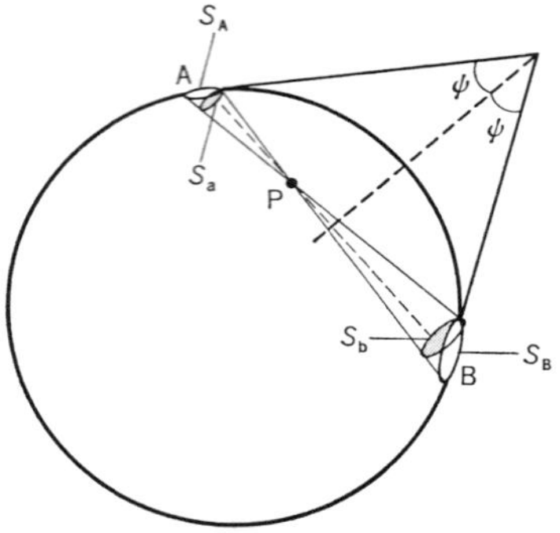

図 6-10

［注］ 球殻の内部の電場が0であるわけは次のようにも考えられる．内部の点をPとし，ここを通る直線で作られる小さな円錐を考える(図6-10)．この円錐のPにおける立体角を ω，円錐が球面を切るA, Bの面積を S_A, S_B とし，PAとPBに垂直な断面を S_a, S_b とすると図からわかるように

$$S_a = \omega\overline{AP}^2, \qquad S_A = S_a/\cos\psi$$

$$S_b = \omega\overline{BP}^2, \qquad S_B = S_b/\cos\psi$$

ここで面 S_A と S_a のなす角と面 S_B と S_b のなす角が等しいことを用い，この角を ψ とした．上式から

$$\frac{S_A}{\overline{AP}^2} = \frac{S_B}{\overline{BP}^2} \tag{6.44}$$

S_A と S_B の部分の電荷量は S_A と S_B の面積に比例し，これらが点Pにおいた試験体の電荷に及ぼす力は $\overline{AP}^2, \overline{BP}^2$ にそれぞれ反比例する．したがって(6.44)はAとBの電荷が試験体に及ぼす力は釣り合うことを示している．球殻のどの部分もPの反対側の部分と釣り合うので，結局球殻の内においた試験体には全然力が働かないことになる．したがって一様に帯電した球殻内の電場は0である．

電場のポテンシャル 無限遠(∞)から点P(x, y)までの経路について $\boldsymbol{E}$ を積分した

$$-\int_{(\infty)}^{\mathrm{P}} \boldsymbol{E}\cdot d\boldsymbol{s} = \phi(\mathrm{P}) \tag{6.45}$$

を点Pにおけるポテンシャルという．一様な球殻の場合，球殻の外の電場は(6.42)で与えられるから，$r=\infty$ から r まで積分すると，球殻(半径 a)の外では

$$\phi(r) = -\int_{\infty}^{r} \frac{Q}{4\pi\varepsilon_0}\frac{dr}{r^2} = \frac{Q}{4\pi\varepsilon_0 r} \qquad (r \geqq a) \tag{6.46}$$

となる．とくに $r=a$ では $\phi(a)=Q/4\pi\varepsilon_0 a$ である．球殻の中では(6.43)により $\boldsymbol{E}=0$ であるから，球殻の中では $\phi(r)$ は $\phi(a)$ にとどまる．すなわち

$$\phi(r) = \frac{Q}{4\pi\varepsilon_0 a} = \text{一定} \qquad (r \leqq a) \tag{6.46$'$}$$

となる．したがって球殻のポテンシャルは図6-11のようになる．特に $a\to 0$ とすると電荷 Q は点電荷になり，点電荷から r の点におけるポテンシャルは

$$\phi(r) = \frac{Q}{4\pi\varepsilon_0 r} \qquad (r \neq 0) \tag{6.47}$$

となる．

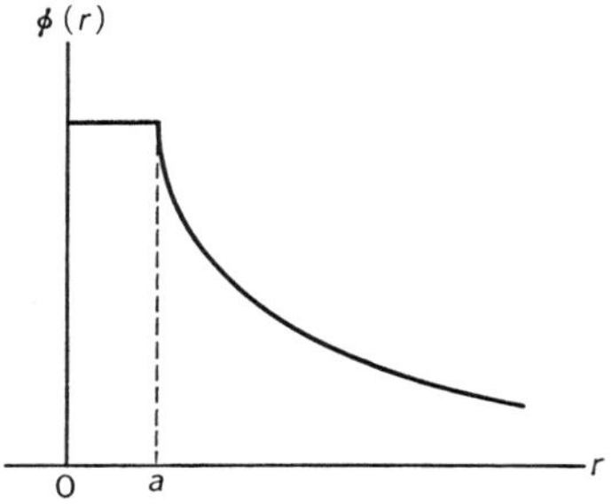

図6-11

[例2]　地球や月のように球対称な物体による万有引力を求めよう．質量 m と m' の2個の質点の間にはたらく万有引力は G を万有引力定数として

$$f = -G\frac{mm'}{r^2} \tag{6.48}$$

で与えられる(マイナス符号は引力であることを表わす)．試験体を $m'=1$ とす

れば，万有引力の場は

$$F = -\frac{Gm}{r^2} \tag{6.49}$$

となる．これは電場の式(6.27)で形式的に $1/4\pi\varepsilon_0$ を $-G$ で，電荷 Q を質量 m でおきかえたものであり，このようなおきかえをすればガウスの法則は万有引力に対して

$$\iint_S F_n dS = -4\pi Gm \tag{6.50}$$

と書きかえられる．ここで m は閉曲面 S で囲まれる領域の全質量である．▎

この式を一様な密度をもった球殻(半径 a)にあてはめると，球殻の中心から r の位置における万有引力は(6.42)と(6.43)から

$$\left.\begin{aligned} F &= -G\frac{m}{r^2} \qquad (r \geqq a) \\ F &= 0 \qquad\qquad (r < a) \end{aligned}\right\} \tag{6.51}$$

となる．ここで m は球殻の質量である．球殻の外における万有引力は球殻の質量がその中心に集まったとしたときの引力に等しいのである．

応用として地球の中心を通る穴を掘ったとしたときの穴の中の重力を求めよう．地球を多数のうすい同心球殻に分けると，考える点 P よりも外の球殻は試験体に力を及ぼさない．そしてこれよりも内の球殻による力は，その質量が中心に集まったとしたときの力である．簡単のため，地球の密度を一様とし，全質量を M，地球の半径を R_0 とすると，中心から r までのところの質量は

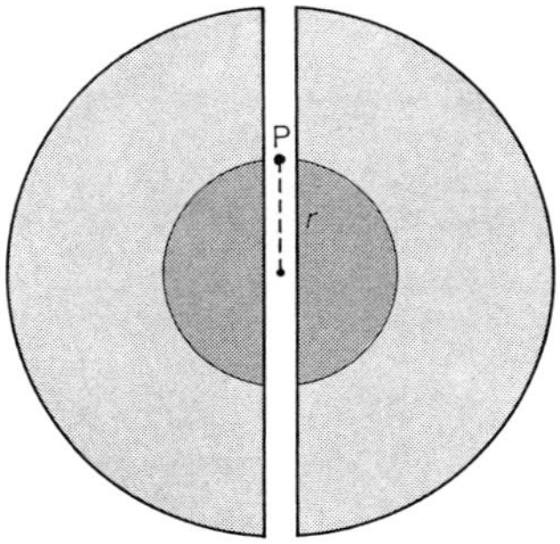

図 6-12

$$m = M\left(\frac{r}{R_0}\right)^3$$

である．この質量が中心に集まったとしたときの引力を考えればよいのであるから，中心から r の位置における万有引力は

$$F = -\frac{Gm}{r^2} = -\frac{GM}{R_0{}^3}r \qquad (r<a) \tag{6.52}$$

となる．$r \geqq a$ ではもちろん全質量による力

$$F = -\frac{GM}{r^2} \qquad (r \geqq a) \tag{6.52'}$$

がはたらく．

地球に穴を貫通させたとき，その中の重力の加速度は(6.52)により r に比例するから，この中におとした物体は単振動をすることになる．

微分形のガウスの法則　ガウスの積分定理(6.13)を電場 $\boldsymbol{E}$ に適用すると

$$\iint_S E_r dS = \iiint_V \mathrm{div}\, \boldsymbol{E} dV \tag{6.53}$$

を得る．他方で電荷が連続的に分布しているとし，その電荷密度を $\rho(\boldsymbol{r})$ とすると，ガウスの法則(6.41)が成り立つ．これらを結びつければ

$$\iiint_V \mathrm{div}\, \boldsymbol{E} dV = \frac{1}{\varepsilon_0}\iiint_V \rho(\boldsymbol{r}) dV \tag{6.54}$$

を得る．ここで積分領域 V は任意であるから，微小な領域 $\varDelta V$ に対して $\mathrm{div}\, \boldsymbol{E}\varDelta V = \rho(\boldsymbol{r})\varDelta V/\varepsilon_0$ となるので，

$$\mathrm{div}\, \boldsymbol{E} = \frac{1}{\varepsilon_0}\rho(\boldsymbol{r}) \tag{6.55}$$

を得る．これは静電場に対して成り立つ式で，この導き方からもわかるように微分形で表わしたガウスの法則である．電荷が点電荷の場合は(6.55)は(5.54)の $\boldsymbol{v}$ を $\boldsymbol{E}$ でおきかえた式になる．

ポアソンの方程式　すでに述べたように静電場 $\boldsymbol{E}$ はポテンシャル $\phi(\boldsymbol{r})$ をもつ((5.72′)参照)．すなわち $\boldsymbol{E}$ は

$$\boldsymbol{E} = -\mathrm{grad}\, \phi(\boldsymbol{r}) \tag{6.56}$$

によって導かれる．これを(6.55)に代入すると公式

$$\mathrm{div}\ \mathrm{grad}\ \phi = \nabla^2\phi \tag{6.57}$$

によって

$$\nabla^2\phi = -\frac{1}{\varepsilon_0}\rho(\boldsymbol{r}) \tag{6.58}$$

を得る．これを**ポアソン**(Poisson)**の方程式**といい，電荷が与えられたときに電場のポテンシャルを定めるのに用いられる方程式である．特に電荷のないところではラプラスの方程式 $\nabla^2\phi=0$ (5.60) が満たされる．

問　題 6-3

1. 無限に長い直線に一様な電荷(線密度 λ)があるとき，この直線から距離 a における電場の大きさ E は

$$E = \frac{\lambda}{2\pi\varepsilon_0 a}$$

であることを示せ．

2. 無限に広がった2枚の平行板電極(図 6-13 参照)の間の電場の大きさは場所によらず

$$E = \frac{\sigma}{\varepsilon_0}$$

であることを示せ．ただし正の電極から出た電気力線はすべて電極に垂直に負の電極に達するとし，電極の電荷密度(面密度)を $\pm\sigma$ とする．

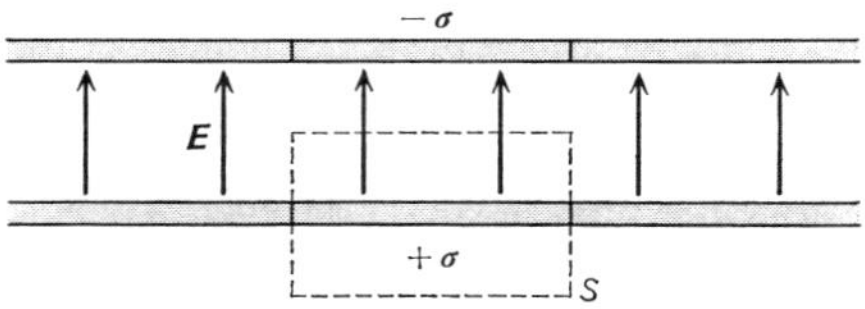

図 6-13

6-4　ストークスの定理

円板が原点を中心として回転するとき，原点から距離 r の点の速度を $\boldsymbol{v}$ とすると，

$$v = |\boldsymbol{v}| = \omega r$$

(ω は角速度)である．これを半径 r の円にそって積分すると

$$\int v ds = \omega r \cdot 2\pi r = 2\pi r^2 \omega$$

他方でこの場合，(5.66)により $|\mathrm{rot}\,\boldsymbol{v}| = 2\omega$ であって，これを半径 r の円で囲まれる領域で積分すると

$$\iint |\mathrm{rot}\,\boldsymbol{v}| dS = 2\omega \cdot \pi r^2 = 2\pi r^2 \omega$$

したがって $\int \boldsymbol{v} \cdot d\boldsymbol{s} = \iint |\mathrm{rot}\,\boldsymbol{v}| dS$ が成り立つ．

これを一般化したものとして次の定理が成り立つ．

ベクトル $\boldsymbol{A}$ の場の中に閉曲線 C をとり，これを境界とする任意の曲面を S とする(図 6-14 参照)．このとき

$$\int_C \boldsymbol{A} \cdot d\boldsymbol{s} = \iint_S \mathrm{rot}\,\boldsymbol{A} \cdot d\boldsymbol{S} \tag{6.59}$$

が成り立つ．これを**ストークス**(Stokes)**の定理**という．ここで $d\boldsymbol{S}$ は曲面 S の微小部分で，大きさはその面積に等しく，向きはその法線の向きとする．ただし曲線 C にそってまわる向きと S の法線の向きとは右ネジの関係にあるものとする．

上式左辺で $\boldsymbol{A}$ の $d\boldsymbol{s}$ 方向の成分を A_s とすれば左辺は

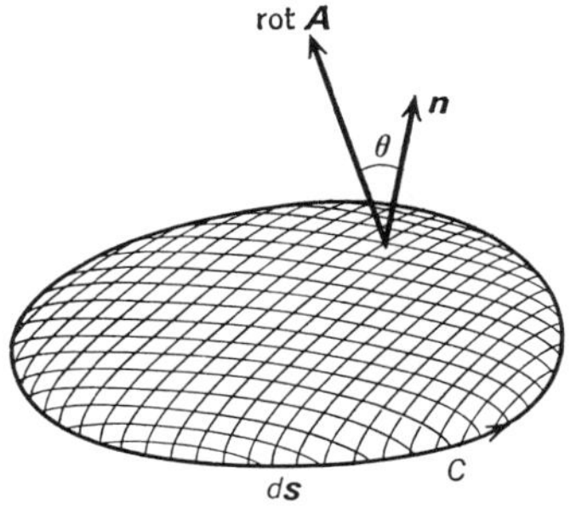

図 6-14

$$\int_C \boldsymbol{A}\cdot d\boldsymbol{s} = \int_C A_s ds \tag{6.60}$$

また，rot $\boldsymbol{A}=\nabla\times\boldsymbol{A}$ なので右辺は

$$\iint_S \mathrm{rot}\,\boldsymbol{A}\cdot d\boldsymbol{S} = \iint_S (\nabla\times\boldsymbol{A})\cdot d\boldsymbol{S} = \iint_S (\nabla\times\boldsymbol{A}\,)\cdot\boldsymbol{n}\,dS$$
$$= \iint_S (\nabla\times\boldsymbol{A})_n dS = \iint_S |\nabla\times\boldsymbol{A}|\cos\theta dS \tag{6.61}$$

と書くことができる．ここで $(\nabla\times\boldsymbol{A})_n$ は $\nabla\times\boldsymbol{A}$ の法線 $\boldsymbol{n}$ 方向の成分，θ は $\nabla\times\boldsymbol{A}$ と法線 $\boldsymbol{n}$ とがなす角である．

ストークスの定理の証明　略証を示す．簡単のため，xy 面に図 6-15 のような長方形の微小面積 $\varDelta S=\varDelta x\varDelta y$ を考えて，この周にそって $\boldsymbol{A}\cdot d\boldsymbol{s}$ を積分する．

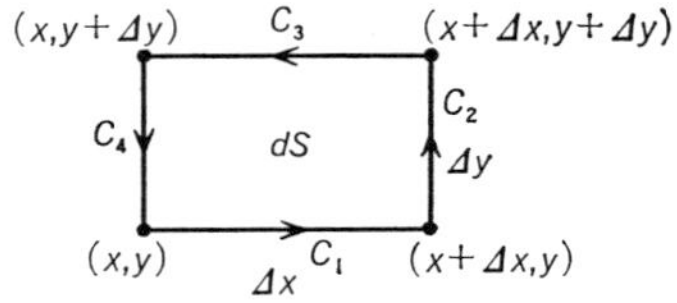

図 6-15

各辺上の積分を順に $I(C_1), I(C_2), I(C_3), I(C_4)$ とすると

$$\int_C \boldsymbol{A}\cdot d\boldsymbol{s} = I(C_1)+I(C_2)+I(C_3)+I(C_4) \tag{6.62}$$

である．ここで C_1 の道は x の正の向きであるが，C_3 は負の向きであると同時に C_1 に比べて場所が $\varDelta y$ だけずれている．したがって高次の小さい量を無視すれば

$$I(C_1)+I(C_3) = (A_x(x,y,z)-A_x(x,y+\varDelta y,z))\varDelta x$$
$$= -\frac{\partial A_x}{\partial y}\varDelta x\varDelta y$$

同様に

$$I(C_2)+I(C_4) = \frac{\partial A_y}{\partial x}\varDelta x\varDelta y$$

故に

$$\int_C \boldsymbol{A}\cdot d\boldsymbol{s} = \left(\frac{\partial A_y}{\partial x}-\frac{\partial A_x}{\partial y}\right)\varDelta x\varDelta y \tag{6.63}$$

あるいは

$$\int_C \boldsymbol{A}\cdot d\boldsymbol{s} = (\nabla\times\boldsymbol{A})_z \varDelta x\varDelta y = (\nabla\times\boldsymbol{A})\cdot d\boldsymbol{S} \qquad (6.63')$$

ここで $d\boldsymbol{S}$ は $dS=\varDelta x\varDelta y$ の大きさをもち z 軸の正の向き，すなわち面に垂直で曲線 C と右ネジの関係にある面素ベクトルである．最後の式は面が xy 面内になくても，一般に成り立つ表現である．これを任意の閉曲線 C に張られた曲面 S の各微小部分に用い，曲面 S の全体にわたる寄与を求めれば(6.59)が得られる．

[例 1] 定常電流が作る磁場　電流はその周りに磁場を作る．単位断面積を流れる電流を $\boldsymbol{J}$ とすると，曲面 $d\boldsymbol{S}$ を通過する電流は $\boldsymbol{J}\cdot d\boldsymbol{S}$ である．**アンペール(Ampère)の法則**によれば，任意の閉曲線 C にそって磁場の強さ $\boldsymbol{H}$ を積分したものは，C を縁とする任意の曲面を通る全電流に等しい．これを式で書けば

$$\iint_S \boldsymbol{J}\cdot d\boldsymbol{S} = \int_C \boldsymbol{H}\cdot d\boldsymbol{s}$$

ここでストークスの定理(6.59)を $\boldsymbol{H}$ に対して用いれば

$$\int_C \boldsymbol{H}\cdot d\boldsymbol{s} = \iint_S \mathrm{rot}\,\boldsymbol{H}\cdot d\boldsymbol{S}$$

したがって

$$\iint_S \boldsymbol{J}\cdot d\boldsymbol{S} = \iint_S \mathrm{rot}\,\boldsymbol{H}\cdot d\boldsymbol{S}$$

が任意の曲面 S について成り立つから

$$\boldsymbol{J} = \mathrm{rot}\,\boldsymbol{H}$$

である．これはアンペールの法則の微分形である．❙

2 次元のグリーンの定理　(6.63)において

$$A_x = P(x,y), \quad A_y = Q(x,y)$$

とおき $\boldsymbol{A}\cdot d\boldsymbol{s}=A_x dx+A_y dy=Pdx+Qdy$ に注意すれば

$$\left(\frac{\partial Q}{\partial x}-\frac{\partial P}{\partial y}\right)\varDelta x\varDelta y = \int_C (Pdx+Qdy)$$

を得る．ここで C は小さな領域 $\varDelta x\varDelta y$ をまわる曲線である．このような領域

で xy 面内のある領域 S を覆い，これをまわる曲線を新たに C とすれば

$$\iint_S \left(\frac{\partial Q}{\partial x} - \frac{\partial P}{\partial y}\right) dxdy = \int_C (Pdx + Qdy) \tag{6.64}$$

を得る．これを**2次元のグリーン**(Green)**の定理**という．

渦なしの場　rot $\boldsymbol{A} = \nabla \times \boldsymbol{A} = 0$ の場合，$\boldsymbol{A}$ の場は**渦なし**であるという．いたるところ渦なしであれば，ストークスの定理により，任意の閉曲線 C に対して

$$\int_C \boldsymbol{A} \cdot d\boldsymbol{s} = 0 \tag{6.65}$$

が成り立つ．小さな領域 S についてストークスの定理をあてはめると(6.63′)を用いて

$$(\nabla \times \boldsymbol{A}) \cdot \boldsymbol{n} = \lim_{S \to 0} \frac{1}{S} \int_C \boldsymbol{A} \cdot d\boldsymbol{s} \tag{6.66}$$

を得る．したがって任意の閉曲線に対して(6.65)が成りたてば，rot $\boldsymbol{A} = 0$，すなわちこの場は渦なしである．

故に渦なしならば(6.65)が任意の C に対して成立し，逆に(6.65)が任意の C に対して成立すれば渦なしである．渦なし $\nabla \times \boldsymbol{A} = 0$ を成分で書けば，たとえば z 成分について

$$\frac{\partial A_y}{\partial x} = \frac{\partial A_x}{\partial y}$$

となる．これは

$$A_x = -\frac{\partial \phi}{\partial x}, \qquad A_y = -\frac{\partial \phi}{\partial y}$$

となるようなスカラー関数 $\phi(x, y, z)$ があることを示唆している．同様に $A_z = -\partial \phi / \partial z$ なので，渦なしの場は

$$\boldsymbol{A} = -\nabla \phi \tag{6.67}$$

と書けることになる．ϕ をベクトル場 $\boldsymbol{A}$ の**ポテンシャル**(**スカラーポテンシャル**)という((5.72)参照)．

力学的な仕事 $\int \boldsymbol{F} \cdot d\boldsymbol{r}$ が始点と終点とできまり，途中の途すじによらないときは，すでに注意したように，任意の閉曲線 C に対し，この積分はゼロになる．

この場合力 $\boldsymbol{F}$ はポテンシャルをもつ，あるいは**保存力**であるという(p. 135 参照).

循環　ベクトル場 $\boldsymbol{A}$ の閉曲線 C にそう積分

$$\Gamma = \int_C \boldsymbol{A}\cdot d\boldsymbol{s} \tag{6.68}$$

を C にそった**循環**，または**渦量**という．任意の閉曲線に対して $\Gamma=0$ ならば，この場は渦なしであるが，Γ がゼロでないような閉曲線があれば，その領域内には渦が存在する.

[例 2]　2次元の流れの速度成分が

$$v_x = -a\frac{y}{r^2}$$

$$v_y = a\frac{x}{r^2}$$

($a>0$, 定数)で与えられたときは，原点を中心とする同心円状の運動であるが，すでに注意したように((5.70)参照)，原点を除いて $\mathrm{rot}\,\boldsymbol{v}=0$ であるが原点には渦がある．しかし原点を中心とする半径 r の閉曲線をとると

$$x = r\cos\varphi, \qquad y = r\sin\varphi$$

$$dx = -r\sin\varphi d\varphi, \qquad dy = r\cos\varphi d\varphi$$

であるから

$$\Gamma = \int \boldsymbol{v}\cdot d\boldsymbol{s} = \int v_x dx + \int v_y dy$$

$$= \frac{a}{r^2}\int r^2(\sin^2\varphi + \cos^2\varphi)d\varphi = 2\pi a$$

となる．これは半径 r を小さくしても変わらないから，原点に渦量 $\Gamma=2\pi a$ が存在することがわかる．このように渦量がせまい領域に集中しているものは渦糸とよばれる. ❙

[例 3]　直線電流 I が z 軸上にあるとき，軸を中心とする同心円の磁場ができる(図 6-16)．軸から距離 ρ のところの磁場の強さ $B(\rho)$ は，μ_0 を真空の透磁率として

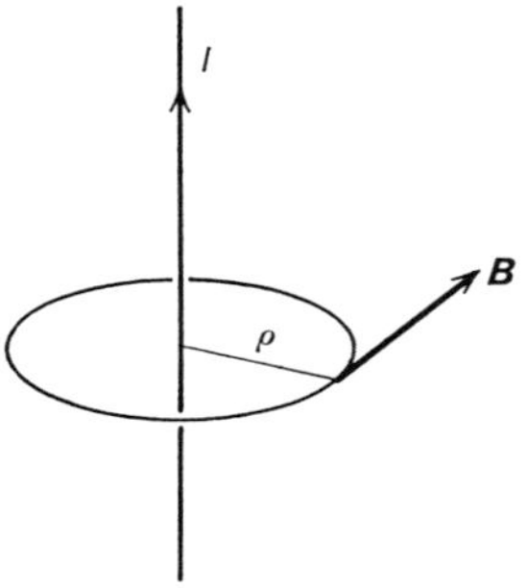

図 6-16

$$B(\rho) = \frac{\mu_0 I}{2\pi\rho}$$

である(アンペールの法則，問題 6-4 の問 1 参照)．このとき z 軸を 1 周した積分は渦量

$$\Gamma = \int \boldsymbol{B}\cdot d\boldsymbol{s} = 2\pi\rho B(\rho) = \mu_0 I$$

を与える．この磁場 $B(\rho)$ は例 2 の速さ $v=\sqrt{{v_x}^2+{v_y}^2}=\dfrac{a}{r}$ の流れに類似した場である．このように電流は磁場の渦糸であるとみなせる．この例では電流(z 軸)の外では $\mathrm{rot}\,\boldsymbol{B}=0$ である．▎

問　題 6-4

1. アンペールの法則 $\boldsymbol{J}=\mathrm{rot}\,\boldsymbol{H}$ を用いて直線の針金を電流 I が流れているときの，針金から距離 ρ のところの磁場の強さ H を求めよ．

2. $\boldsymbol{v}=\mathrm{grad}\,f$ のとき，閉曲線 C の接線方向の $\boldsymbol{v}$ の成分を v_t とすれば

$$\int_C v_t ds = 0$$

であることを示せ．

3. S を閉曲面とする．ストークスの定理を用いて

$$\iint_S \mathrm{rot}\,\boldsymbol{A}\cdot d\boldsymbol{S} = 0$$

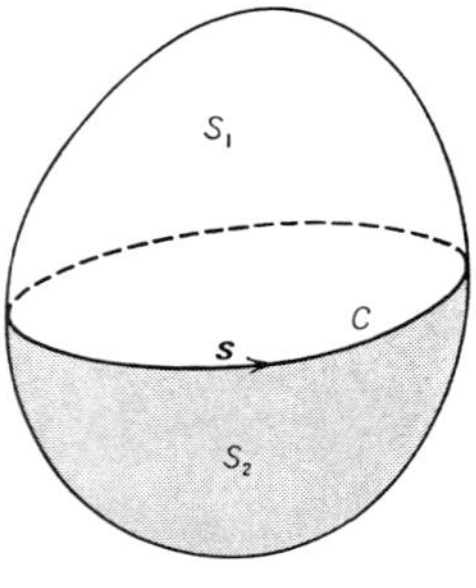

図 6-17

を証明せよ．［ヒント］ S を2つの部分に分けよ．図6-17参照．

4. C を閉曲線とするとき

$$\int_C (yzdx+xzdy+xydz) = 0$$

を証明せよ．

6–5 グリーンの定理

f と g をスカラー関数としてベクトル場

$$\boldsymbol{v} = f\nabla g = f\,\mathrm{grad}\,g$$

を考えると

$$\nabla\cdot(f\nabla g) = f\nabla^2 g + \nabla f\cdot\nabla g$$

である．$\boldsymbol{v}$ をガウスの定理(6.26)に代入し，

$$\boldsymbol{v}\cdot d\boldsymbol{S} = f\nabla g\cdot d\boldsymbol{S} = f\frac{\partial g}{\partial \boldsymbol{n}}dS$$

($\boldsymbol{n}$ は閉曲面 S の法線方向)を用いれば

$$\iiint_V (f\nabla^2 g + \nabla f\cdot\nabla g)dV = \iint_S f\frac{\partial g}{\partial \boldsymbol{n}}dS \qquad (6.69)$$

を得る．

f と g とをとりかえた式との差をつくると

$$\iiint_V (f\nabla^2 g - g\nabla^2 f)dV = \iint_S \left(f\frac{\partial g}{\partial n} - g\frac{\partial f}{\partial n}\right)dS \qquad (6.70)$$

(6.69), (6.70)を**グリーン**(Green)**の定理**という．

特に $f=g=\phi$ とおけば(6.69)は

$$\iiint_V (\phi\nabla^2\phi + (\nabla\phi)^2)dV = \iint_S \phi\frac{\partial \phi}{\partial n}dS \qquad (6.71)$$

となる．

例題 6.2 $\phi(x,y,z)$ が領域 V 内でラプラス方程式

$$\nabla^2\phi = 0$$

を満たし，V を囲む閉曲面上で $\partial\phi/\partial n=0$（あるいは $\phi=0$）ならば ϕ は V 内で定数であることを示せ．

［解］ (6.71) において $\nabla^2\phi=0$, S 上で $\partial\phi/\partial n=0$（あるいは $\phi=0$）とおくと

$$\iiint_V (\nabla\phi)^2 dV = 0$$

となるが $(\nabla\phi)^2 \geqq 0$ であるから，積分がゼロになるためには $\nabla\phi=0$, したがって ϕ は定数である．S 上で $\phi=0$ ならば V 内いたるところで $\phi=0$ である．また S 上で $\phi=\phi_0$（定数）ならば $\phi-\phi_0$ もラプラス方程式を満たし，S 上でゼロであるから V 内でもゼロ，したがって ϕ は V 内で定数 ϕ_0 に等しい．❙

［例 1］ 一様な球殻の内部を領域 V とし，内壁を閉曲面 S と考えると，対称性から S 上で重力ポテンシャルは定数である．したがって一様な球殻内の重力ポテンシャルはどこでも一定である．❙

例題 6.3 $\phi(x, y, z)$ が領域 V 内でポアソン方程式

$$\nabla^2\phi = \rho(x, y, z) \qquad (\rho \text{ は与えられた関数})$$

あるいはラプラス方程式 $(\rho=0)$ を満たし，S 上で $\partial\phi/\partial n$（あるいは ϕ）が与えられた関数になるような解はただ 1 つであることを示せ（解の唯一性）．

［解］ 条件を満たす解が 2 つあったとし，これらを ϕ_1 と ϕ_2 とすれば $\phi_1-\phi_2$ はラプラス方程式を満たし，S 上でゼロである．したがって例題 6.2 により $\phi_1-\phi_2=0$．❙

グリーンの公式 これはやや高度なので公式を導き，例題を加えるにとどめる．グリーンの定理 (6.69) で f を

$$f(x, y, z) = \frac{1}{r} = \frac{1}{\sqrt{(x-x_0)^2+(y-y_0)^2+(z-z_0)^2}} \tag{6.72}$$

とする．r は $\mathrm{P}_0(x_0, y_0, z_0)$ からの距離で，P_0 は領域 V の外にあるとする．f は V 内でラプラス方程式を満たすから，(6.70) はこの場合

$$\iiint_V \frac{1}{r}\nabla^2 g\, dV = \iint_S \left\{\frac{1}{r}\frac{\partial g}{\partial n} - g\frac{\partial}{\partial n}\left(\frac{1}{r}\right)\right\} dS \tag{6.73}$$

となる．

次に，$\mathrm{P}_0=(x_0, y_0, z_0)$ が領域 V 内にあるときを考え，図 6-18 のように点 P_0

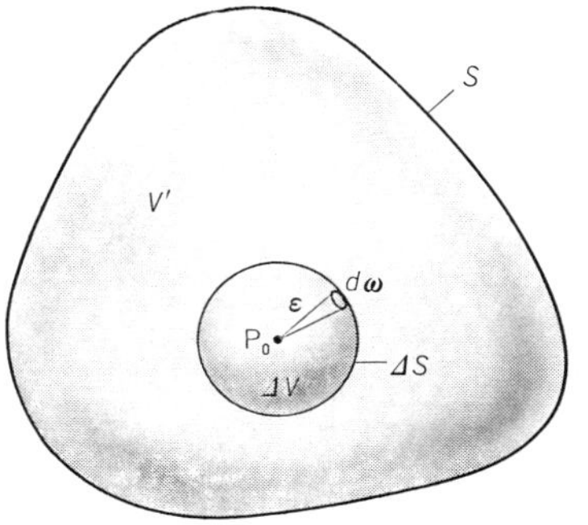

図 6-18

を中心とする半径 ε の球を ΔV とし，この微小球面の面を ΔS とする．領域 V から ΔV を除いた領域 V' は外の閉曲面 S と中の微小球面 ΔS の間の領域である．

この領域 V' に(6.73)を適用すると

$$\iiint_{V'}\frac{1}{r}\nabla^2 g\,dV=\iint_S\left\{\frac{1}{r}\frac{\partial g}{\partial n}-g\frac{\partial}{\partial n}\left(\frac{1}{r}\right)\right\}dS$$
$$+\iint_{\Delta S}\left(-\frac{1}{\varepsilon}\frac{\partial g}{\partial \varepsilon}-g\frac{1}{\varepsilon^2}\right)dS \qquad (6.74)$$

となる．ここで微小球面では法線が中心 P_0 に向かうので，半径 ε を用いると $\partial/\partial n=-\partial/\partial\varepsilon$ であることを用いた．

g が P_0 の付近でなめらかであって $\partial g/\partial\varepsilon$ が有限であるとし，P_0 を中心とする立体角 ω を用いて $dS=\varepsilon^2 d\omega$ と書くと

$$\iint_{\Delta S}\left(-\frac{1}{\varepsilon}\frac{\partial g}{\partial \varepsilon}-g\frac{1}{\varepsilon^2}\right)dS=-\varepsilon\iint\frac{\partial g}{\partial\varepsilon}d\omega-g\iint d\omega \qquad (6.75)$$

ここで $\varepsilon\to 0$ とすれば $\iint d\omega=4\pi$，また $V'\to V$ となるので，点 (x_0, y_0, z_0) が V の中にあるときの式

$$-\iiint_V\frac{1}{r}\nabla^2 g\,dV+\iint_S\left\{\frac{1}{r}\frac{\partial g}{\partial n}-g\frac{\partial}{\partial n}\left(\frac{1}{r}\right)\right\}dS$$
$$=4\pi g(x_0, y_0, z_0) \qquad (6.76)$$

を得る．これを**グリーンの公式**という．

例題 6.4 $\nabla^2 g=0$ すなわち g が調和関数であるとき，g はこの領域で決して最大値や最小値などの極値をとらないことを示せ．

［解］ (6.76) で $\nabla^2 g=0$ とおき，$\mathrm{P}(x_0, y_0, z_0)$ を中心とする半径 R の球を S にとれば，$\partial/\partial n=\partial/\partial r$ なので

$$4\pi g(\mathrm{P}) = \frac{1}{R}\iint_S \frac{\partial g}{\partial n} dS + \frac{1}{R^2}\iint_S g dS$$

ここで右辺第1項はガウスの定理により（問題 6-2 の問 4 参照）

$$\iint_S \frac{\partial g}{\partial n} dS = \iint_S \nabla g \cdot d\boldsymbol{S} = \iiint_V \nabla^2 g dV = 0$$

よって

$$g(\mathrm{P}) = \frac{1}{4\pi R^2}\iint_S g dS$$

したがって調和関数 g の P における値は，この点を中心とする球面上の g の値の平均に等しい．そのため g は極値をもち得ない．これは重力ポテンシャルや静電ポテンシャルに対する重要な定理の1つである．▌

問　題 6-5

1. f と g が共に調和関数ならば次式が成り立つことを示せ．

(1) $\displaystyle\iiint_V |\nabla f|^2 dV = \iint_S f\frac{\partial f}{\partial n} dS$

(2) $\displaystyle\iint_S \left(f\frac{\partial g}{\partial n} - g\frac{\partial f}{\partial n}\right) dS = 0$

2. 閉曲面 S 上で定数である調和関数は S で囲まれる領域 V においても定数であることを示せ．

第 6 章 演 習 問 題

[1]　縮まない流体の 2 次元の流れの速度を v_x, v_y とし流れの関数を $\phi(x, y)$ とする．第 5 章演習問題[2]により $v_x = \partial\phi/\partial y$, $v_y = -\partial\phi/\partial x$ である．2 定点 P, Q を結ぶ 1 本の曲線 C の線素を ds の法線を $\boldsymbol{n}$ とするとき

$$Q = \int_{\mathrm{P}}^{\mathrm{Q}} \boldsymbol{v}\cdot\boldsymbol{n}ds = \phi(\mathrm{Q}) - \phi(\mathrm{P})$$

であり，したがってこの積分は曲線 C の形によらないことを示せ．また閉曲線については $\int \boldsymbol{v}\cdot d\boldsymbol{s} = 0$ であることを示せ．Q は物理的に何を表わすか．

[2]　熱伝導により熱の流入が生じるとき，熱量 dQ によるエントロピーの変化は，dQ/T で与えられる（T は絶対温度）．外部からの熱の出入りのない閉じた系では熱伝導によりエントロピーは増大することを示せ．

[3]　閉曲面 S の外向き法線の方向余弦を (α, β, γ) とすれば

$$\iiint_V \frac{\partial f}{\partial x} dxdydz = \iint_S fdydz$$

$$= \iint_S f\cos\alpha dS$$

であることを示し，同様な式を $\partial g/\partial y, \partial h/\partial z$ について作り，これらを合わせることによってガウスの定理を証明せよ．

[4]　閉曲面 S に対して $\iint_S d\boldsymbol{S} = 0$ を示せ．

Coffee Break

場という概念

電磁場，ベクトル場というときの場(field)という概念は，もちろん物理学から生じたものである．力学の中心的な対象は小さな物体(質点)間に相互作用があるときの運動であり，相互作用は遠くではたらく遠隔作用の力である．このような力学では場の概念は必ずしも必要でないが，万有引力や静電力に対してスカラー場(ポテンシャル)を考えるのは極めて有効である．万有引力や静電力に対して成立するガウスの法則(p. 191)は，場に関する積分定理として最初のものであった．

場の概念が本質的になったのは電磁現象が物理学の主題になってからである．電荷や磁気モーメントをもつ粒子系だけでは，エネルギー，運動量，角運動の保存則は成立しない．電磁場のエネルギー，運動量，角運動を合わせたときにこれらの保存則が成立することが明らかにされた．電気力線と磁力線が張りめぐらされた空間，すなわち電磁場は，電磁誘導などのように変動する電磁現象を記述することができる．この考えはファラデー(M. Faraday, 1791–1867)にはじまり，マクスウェル(J. C. Maxwell, 1831–79)によって電磁気学として完成された．マクスウェルが最初は流体の渦や弾性体の変形をイメージしながら電磁気学へ到達したのは面白いことである．

さらに勉強するために

本書では，ベクトルに関する基礎的な事柄について，十分説明したつもりであり，これだけで一応完結したものになっていると思う．したがって，これ以上さらに勉強するのは，各学科目に出てくるベクトルやテンソルについて学ぶということになる．たとえば力学，弾性体の力学，流体力学，電磁気学などについて学ぶことになるが，その出発点としては本書で十分であろう．しかし相対性理論を勉強するときは，テンソルなどについてさらに基礎的なことから学ぶ必要がある．

これら種々の学科目に関する参考書を除けば，特に参考書を挙げる必要もないが，本書の程度を少し越えるもので手に入りやすいものをいくつか挙げておこう．まず，標準的なものとして

[1] 武藤義夫：『ベクトル解析』，裳華房(1976)
[2] 岩堀長慶：『ベクトル解析』，裳華房(1960)
[3] 森毅：『ベクトル解析』，日本評論社(1966，1989)
[4] E.クライツィグ(堀素夫訳)：『線形代数とベクトル解析』(技術者のための高等数学，2)，培風館(1982)の中の「ベクトル解析」および「線および面積分，積分定理」

演習を含むものとして

[5] 青木利夫・川口俊一：『ベクトル解析要論』，培風館(1978)

[6] 青木利夫・川口俊一，高野清治：『演習ベクトル解析』，培風館(1983)

微分幾何学，テンソル解析，電磁場などについて

[7] 窪田忠彦(佐々木重夫編)：『微分幾何学』(岩波全書)，岩波書店(1971)

[8] 田代嘉宏：『テンソル解析』，裳華房(1981)

[9] 有馬哲・浅枝陽：『ベクトル場と電磁場』，東京図書(1987)

その他，『岩波数学辞典』(第3版)，岩波書店(1985)の中のベクトルの項と公式を参考にするとよい．

問題略解

第 1 章

問題 1-1

1. スカラー：質量，重さなど，ベクトル：力，速度，加速度など.

2. $\sqrt{4^2+3^2}=5$ (m/秒).

3. $\sqrt{F_1{}^2+F_2{}^2}$，垂直でないときは三角公式により合力の大きさは

$$\sqrt{F_1{}^2+F_2{}^2+2F_1F_2\cos\theta}.$$

問題 1-2

1. $\sqrt{(A_x\pm B_x)^2+(A_y\pm B_y)^2+(A_z\pm B_z)^2}$.

2. $(A_x\pm B_x)\boldsymbol{i}+(A_y\pm B_y)\boldsymbol{j}+(A_z\pm B_z)\boldsymbol{k}$.

3. $(1, \pm1, 0), (0, 1, \pm1), (\pm1, 0, 1), (1, \pm1, \pm1)$.

問題 1-3

1. (1) $\boldsymbol{A}'$ は $\boldsymbol{B}$ に垂直なので $\boldsymbol{A}'\cdot\boldsymbol{B}=0$. (2) $\boldsymbol{A}=\boldsymbol{A}'+\boldsymbol{A}''$，$\boldsymbol{A}'$ は $\boldsymbol{B}$ に垂直なので $\boldsymbol{A}'\cdot\boldsymbol{B}=0$，故に $\boldsymbol{A}\cdot\boldsymbol{B}=\boldsymbol{A}'\cdot\boldsymbol{B}+\boldsymbol{A}''\cdot\boldsymbol{B}=\boldsymbol{A}''\cdot\boldsymbol{B}$.

2. $\boldsymbol{v}\cdot\boldsymbol{f}=v_xf_x+v_yf_y=-y\omega(-m\omega^2x)+x\omega(-m\omega^2y)=0$. この場合，運動方向($\boldsymbol{v}$ の方向)と向心力 $\boldsymbol{f}$ とが垂直なので，仕事は 0 である.

3. 求める直線の方程式を $ax+by+c=0$ とすると，題意により，$a+c=0$，$2b+c=0$.

$\therefore\quad a=-c,\ b=-c/2$. 求める方程式は $-cx-\frac{1}{2}cy+c=0$ あるいは $x+\frac{1}{2}y-1=0$ と書ける. $\sqrt{1+\left(\frac{1}{2}\right)^2}=\frac{\sqrt{5}}{2}$ であるから，ヘッセの標準形で書けば

$$\frac{2}{\sqrt{5}}x+\frac{1}{\sqrt{5}}y-\frac{2}{\sqrt{5}}=0$$

したがって $p=2/\sqrt{5}$.

4. 直線を $lx+my-p=0\,(l^2+m^2=1)$ と書けば，直線 $y=0$ の方向余弦は $l_1=0,\ m_1=1$ または $m_1=-1$，直線 $\sqrt{3}\,x-y=0$ の方向余弦は $l_2=\frac{\sqrt{3}}{\sqrt{(\sqrt{3}\,)^2+(-1)^2}}=\frac{\sqrt{3}}{2},\ m_2=\frac{1}{\sqrt{(\sqrt{3}\,)^2+(-1)^2}}=-\frac{1}{2}$. したがって $\cos\theta=l_1l_2+m_1m_2=-\frac{1}{2}$ または $+\frac{1}{2}$.

$\therefore\quad \theta=120^\circ$ または $\theta=60^\circ$ (交わる角としては同じ，$\theta=60^\circ$ としてよい).

問題 1-4

1. $\cos\theta$ は(1.39)から直ちに導かれる. $\sin\theta$ は(1.68)と(1.77)から導かれる.

2. $\boldsymbol{B}-\boldsymbol{A},\ \boldsymbol{C}-\boldsymbol{A}$ はこの三角形の 2 辺を表わすから，ベクトル積の定義により

$$\begin{aligned} S &= \frac{1}{2}|(\boldsymbol{B}-\boldsymbol{A})\times(\boldsymbol{C}-\boldsymbol{A})| \\ &= \frac{1}{2}|\boldsymbol{B}\times\boldsymbol{C}-\boldsymbol{A}\times\boldsymbol{C}-\boldsymbol{B}\times\boldsymbol{A}+\boldsymbol{A}\times\boldsymbol{A}| \\ &= \frac{1}{2}|\boldsymbol{B}\times\boldsymbol{C}+\boldsymbol{C}\times\boldsymbol{A}+\boldsymbol{A}\times\boldsymbol{B}| \end{aligned}$$

$\boldsymbol{A}=(a,0,0),\ \boldsymbol{B}=(0,b,c),\ \boldsymbol{C}=(0,0,c)$ ならば $\boldsymbol{B}-\boldsymbol{A}=(-a,b,0),\ \boldsymbol{C}-\boldsymbol{A}=(-a,0,c)$.

$$\begin{aligned} (\boldsymbol{B}-\boldsymbol{A})\times(\boldsymbol{C}-\boldsymbol{A}) &= \begin{vmatrix} \boldsymbol{i} & \boldsymbol{j} & \boldsymbol{k} \\ -a & b & 0 \\ -a & 0 & c \end{vmatrix} \\ &= bc\boldsymbol{i}+ac\boldsymbol{j}+ab\boldsymbol{k} \end{aligned}$$

したがって

$$S=\frac{1}{2}\sqrt{(ab)^2+(bc)^2+(ca)^2}$$

問題 1-5

1. (1.81)と $\boldsymbol{B}\times\boldsymbol{C}$ の成分((1.77)参照)から容易に導かれる.

2. 求める体積 V は

$$V = [\boldsymbol{A}, \boldsymbol{B}, \boldsymbol{C}] = \begin{vmatrix} a & 0 & 0 \\ 0 & b & 0 \\ 0 & 0 & c \end{vmatrix} = abc$$

問題 1-6

1. $a_{13}=a_{23}=a_{31}=a_{32}=0$，$a_{33}=1$ とおけば(1.91)から直ちに導かれる．$a_{11}=a_{22}=\cos\varphi$，$a_{12}=-a_{21}=\sin\varphi$ とおき，(1.96)において $A_x=x$，$A_y=y$ とおけばよい．逆変換は(1.98)．

2. (1.95)により

$$|\boldsymbol{A}|^2 = A_x{}^2+A_y{}^2+A_z{}^2 = A_x{}'^2+A_y{}'^2+A_z{}'^2$$

実際(1.96)を用いれば

$$\begin{aligned} A_x{}'^2+A_y{}'^2+A_x{}'^2 = \ & a_{11}{}^2A_x{}^2+a_{12}{}^2A_y{}^2+a_{13}{}^2A_z{}^2 \\ & +2(a_{11}a_{12}A_xA_y+a_{12}a_{13}A_yA_z+a_{13}a_{11}A_zA_x) \\ & +a_{21}{}^2A_x{}^2+a_{22}{}^2A_y{}^2+a_{23}{}^2A_z{}^2 \\ & +2(a_{21}a_{22}A_xA_y+a_{22}a_{23}A_yA_z+a_{23}a_{21}A_zA_x) \\ & +a_{31}{}^2A_x{}^2+a_{32}{}^2A_y{}^2+a_{33}{}^2A_z{}^2 \\ & +2(a_{31}a_{32}A_xA_y+a_{32}a_{33}A_yA_z+a_{33}a_{31}A_zA_x) \end{aligned}$$

これに(1.92)を用いれば $A_x{}'^2+A_y{}'^2+A_z{}'^2=A_x{}^2+A_y{}^2+A_z{}^2$ を得る．逆変換も同様．

第1章演習問題

[1] $\boldsymbol{A}=\boldsymbol{A}''+\boldsymbol{A}'$，$\boldsymbol{A}''=\lambda\boldsymbol{B}$，$\boldsymbol{A}'=\boldsymbol{A}-\lambda\boldsymbol{B}$ とおいて λ をきめればよい．$\boldsymbol{A}'\cdot\boldsymbol{B}=\boldsymbol{A}\cdot\boldsymbol{B}-\lambda\boldsymbol{B}\cdot\boldsymbol{B}=0$，したがって $\lambda=(\boldsymbol{A}\cdot\boldsymbol{B})/(\boldsymbol{B}\cdot\boldsymbol{B})$．

[2] (1) (1.80)で $\boldsymbol{A}\to(\boldsymbol{A}\times\boldsymbol{B})$，$\boldsymbol{B}\to\boldsymbol{C}$，$\boldsymbol{C}\to\boldsymbol{D}$ とおきかえると

$$(\boldsymbol{A}\times\boldsymbol{B})\cdot(\boldsymbol{C}\times\boldsymbol{D}) = \boldsymbol{C}\cdot(\boldsymbol{D}\times(\boldsymbol{A}\times\boldsymbol{B})) = \boldsymbol{D}\cdot((\boldsymbol{A}\times\boldsymbol{B})\times\boldsymbol{C})$$

この第2式に(1.84)で $\boldsymbol{A}\to\boldsymbol{D}$，$\boldsymbol{B}\to\boldsymbol{A}$，$\boldsymbol{C}\to\boldsymbol{B}$ とおきかえた式を用いると

$$(\boldsymbol{A}\times\boldsymbol{B})\cdot(\boldsymbol{C}\times\boldsymbol{D}) = (\boldsymbol{C}\cdot\boldsymbol{A})(\boldsymbol{B}\cdot\boldsymbol{D})-(\boldsymbol{C}\cdot\boldsymbol{B})(\boldsymbol{D}\cdot\boldsymbol{A})$$

(2) (1.84)で $\boldsymbol{A}\to(\boldsymbol{A}\times\boldsymbol{B})$，$\boldsymbol{B}\to\boldsymbol{C}$，$\boldsymbol{C}\to\boldsymbol{D}$ とおきかえると

$$(\boldsymbol{A}\times\boldsymbol{B})\times(\boldsymbol{C}\times\boldsymbol{D}) = \boldsymbol{C}(\boldsymbol{D}\cdot(\boldsymbol{A}\times\boldsymbol{B}))-\boldsymbol{D}((\boldsymbol{A}\times\boldsymbol{B})\cdot\boldsymbol{C})$$

となり，第1式を得る．この式で $\boldsymbol{A}$ と $\boldsymbol{C}$，$\boldsymbol{B}$ と $\boldsymbol{D}$ を同時にとりかえれば

$$(\boldsymbol{C}\times\boldsymbol{D})\times(\boldsymbol{A}\times\boldsymbol{B}) = \boldsymbol{A}(\boldsymbol{B}\cdot(\boldsymbol{C}\times\boldsymbol{D}))-\boldsymbol{B}((\boldsymbol{C}\times\boldsymbol{D})\cdot\boldsymbol{A})$$

この符号をかえたものが第2式である．

(3)　(1.87)の行列式を用いれば

$$[\boldsymbol{A},\boldsymbol{B},\boldsymbol{C}][\boldsymbol{E},\boldsymbol{F},\boldsymbol{G}]=\begin{vmatrix} A_x & A_y & A_z \\ B_x & B_y & B_z \\ C_x & C_y & C_z \end{vmatrix}\begin{vmatrix} E_x & E_y & E_z \\ F_x & F_y & F_z \\ G_x & G_y & G_z \end{vmatrix}$$

と書くことができる．ここで 2 つの行列 (a_{jk}) と (b_{jk}) の積を $(c_{jl})=(\sum_k a_{jk}b_{kl})$ とすれば行列 $|a_{jk}|$ と $|b_{jk}|$ の積は行列式 $|c_{jl}|$ に等しいという公式がある．そこで行列の掛け算をすると

$$\begin{pmatrix} A_x & A_y & A_z \\ B_x & B_y & B_z \\ C_x & C_y & C_z \end{pmatrix}\begin{pmatrix} E_x & F_x & G_x \\ E_y & F_y & G_y \\ E_z & F_z & G_z \end{pmatrix}$$

$$=\begin{pmatrix} A_xE_x+A_yE_y+A_zE_z & A_xF_x+A_yF_y+A_zF_z & A_xG_x+A_yG_y+A_zG_z \\ B_xE_x+B_yE_y+B_zE_z & B_xF_x+B_yF_y+B_zF_z & B_xG_x+B_yG_y+B_zG_z \\ C_xE_x+C_yE_y+C_zE_z & C_xF_x+C_yF_y+C_zF_z & C_xG_x+C_yG_y+C_zG_z \end{pmatrix}$$

$$=\begin{pmatrix} \boldsymbol{A}\cdot\boldsymbol{E} & \boldsymbol{A}\cdot\boldsymbol{F} & \boldsymbol{A}\cdot\boldsymbol{G} \\ \boldsymbol{B}\cdot\boldsymbol{E} & \boldsymbol{B}\cdot\boldsymbol{F} & \boldsymbol{B}\cdot\boldsymbol{G} \\ \boldsymbol{C}\cdot\boldsymbol{E} & \boldsymbol{C}\cdot\boldsymbol{F} & \boldsymbol{C}\cdot\boldsymbol{G} \end{pmatrix}$$

この行列式をとれば(3)の右辺を得る．

[3]　行列の掛け算の公式により

$$\begin{pmatrix} X_x' & X_y' & X_z' \\ Y_x' & Y_y' & Y_z' \\ Z_x' & Z_y' & Z_z' \end{pmatrix}$$

$$=\begin{pmatrix} a_{11}X_x+a_{12}Y_x+a_{13}Z_x & a_{11}X_y+a_{12}Y_y+a_{13}Z_y & a_{11}X_z+a_{12}Y_z+a_{13}Z_z \\ a_{21}X_x+a_{22}Y_x+a_{23}Z_x & a_{21}X_y+a_{22}Y_y+a_{23}Z_y & a_{21}X_z+a_{22}Y_z+a_{23}Z_z \\ a_{31}X_x+a_{32}Y_x+a_{33}Z_x & a_{31}X_y+a_{32}Y_y+a_{33}Z_y & a_{31}X_z+a_{32}Y_z+a_{33}Z_z \end{pmatrix}$$

$$=\begin{pmatrix} a_{11} & a_{12} & a_{13} \\ a_{21} & a_{22} & a_{23} \\ a_{31} & a_{32} & a_{33} \end{pmatrix}\begin{pmatrix} X_x & X_y & X_z \\ Y_x & Y_y & Y_z \\ Z_x & Z_y & Z_z \end{pmatrix}$$

この両辺の行列式をとればよい．

第 2 章

問題 2-1

1. $\dfrac{d\boldsymbol{r}}{dt}=\begin{pmatrix}\alpha t\\0\\0\end{pmatrix},\ \dfrac{d^2\boldsymbol{r}}{dt^2}=\begin{pmatrix}\alpha\\0\\0\end{pmatrix},\ \dfrac{d^3\boldsymbol{r}}{dt^3}=\begin{pmatrix}0\\0\\0\end{pmatrix}.$

2. $\dfrac{d\boldsymbol{r}}{dt}=\begin{pmatrix}\alpha\\0\\\beta-gt\end{pmatrix},\ \dfrac{d^2\boldsymbol{r}}{dt^2}=\begin{pmatrix}0\\0\\-g\end{pmatrix}.$

問題 2-2

1. $\dfrac{dv_x}{dt}=-\gamma v_x$. $\therefore$ $\dfrac{d}{dt}\log v_x=-\gamma$. したがって $\log v_x=-\gamma t+$定数. $\therefore$ $v_x=v_{x0}e^{-\gamma t}$ (v_{x0} は定数). v_y, v_z についても同様であるから，結果は

$$\boldsymbol{v}=\boldsymbol{v}_0e^{-\gamma t}\qquad(\boldsymbol{v}_0=(v_{x0},v_{y0},v_{z0})).$$

2. 第1式から $t=x/v_{x0}$. これを第2式に代入すると

$$z=\frac{v_{z0}}{v_{x0}}x-\frac{1}{2}\frac{g}{{v_{x0}}^2}x^2=-\frac{g}{2{v_{x0}}^2}\left(x-\frac{v_{x0}v_{z0}}{g}\right)^2+\frac{{v_{z0}}^2}{2g}$$

あるいは $z_0={v_{z0}}^2/2g$，$x_0=v_{x0}v_{z0}/g$ とおいて

$$z-z_0=-a(x-x_0)^2$$

これは (x_0, z_0) を頂点とする放物線である.

問題 2-3

1. $\boldsymbol{e}\cdot\boldsymbol{e}=1$. $\therefore$ $\boldsymbol{e}\cdot\boldsymbol{e}'=\boldsymbol{e}'\cdot\boldsymbol{e}=0$.

2. 前問により $\boldsymbol{e}'$ は $\boldsymbol{e}$ に垂直であるから $\boldsymbol{e}\times\boldsymbol{e}'=|\boldsymbol{e}||\boldsymbol{e}'|=|\boldsymbol{e}'|$. また $\boldsymbol{e}\times\boldsymbol{e}'$ は $\boldsymbol{e}$ にも $\boldsymbol{e}'$ にも垂直である.

問題 2-4

1. $x=a\cos\omega t,\ \ y=a\sin\omega t.$

2. $(x+dx)^2+(y+dy)^2+(z+dz)^2=(x-c_3y+c_2z)^2+(c_3x+y-c_1z)^2+(-c_2x+c_1y+z)^2$ (ここで c_1, c_2, c_3 について2次の項を無視すれば) $\cong x^2+2x(-c_3y+c_2z)+y^2+2y(c_3x-$

$c_1z)+z^2+2z(-c_2x+c_1y)=x^2+y^2+z^2$.

第 2 章演習問題

[1] $\boldsymbol{A}\cdot\boldsymbol{A}=A^2=$一定 を微分して $(d\boldsymbol{A}/dt)\cdot\boldsymbol{A}=0$. $\boldsymbol{A}$ を位置ベクトルとすれば，矢印 $\boldsymbol{A}$ の終点は半径 A の円周上を動くので，半径 $\boldsymbol{A}$ に垂直に動く.

[2] $\boldsymbol{A}\cdot\boldsymbol{B}=0$ (直交). 故に $(d\boldsymbol{A}/dt)\cdot\boldsymbol{B}+\boldsymbol{A}\cdot(d\boldsymbol{B}/dt)=0$. ここで $(d\boldsymbol{A}/dt)\cdot\boldsymbol{B}=0$ (直交) ならば，$\boldsymbol{A}\cdot(d\boldsymbol{B}/dt)=0$ (直交).

[3] $|(d\boldsymbol{A}/dt)\times\boldsymbol{B}|=0$. すなわち $\sin\theta=0$(θ は $d\boldsymbol{A}/dt$ と $\boldsymbol{B}$ とのなす角).

[4] $d\boldsymbol{A}/dt=f(t)\boldsymbol{B}$. 故に $F(t)=\int f(t)dt$ とすれば $\boldsymbol{A}(t)=F(t)\boldsymbol{B}+\boldsymbol{C}$.

[5] 仮定により $d\boldsymbol{A}/dt$ は $\boldsymbol{B}\times\boldsymbol{C}$ の方向にある. 故に $d\boldsymbol{A}/dt=f(t)\boldsymbol{B}\times\boldsymbol{C}$. これに前問の結果を用いればよい.

第 3 章

問題 3-1

1. $dx/ds=\cos\theta$, $dy/ds=\sin\theta$, $\therefore\ dy/dx=\tan\theta$. $\sqrt{(dx)^2+(dy)^2}=ds$. s は直線の長さ.

2. $adx+bdy=0$. $\therefore\ dy/dx=-\dfrac{a}{b}$.

3. $dy/dx=-1$, これと直交する直線の傾きは 1. したがって求める直線は $x-y=0$.

4. $y=-x+1$.

5. $f(x)=\dfrac{1}{2}ax^2$. $f'=ax$, $f''=a$. したがって(3.16)により

$$\rho=\frac{(1+a^2x^2)^{3/2}}{a}.$$

特に $x=0$ では $\rho=1/a$.

問題 3-2

1. $\boldsymbol{t}=d\boldsymbol{r}/ds$, $\boldsymbol{n}/\rho=d\boldsymbol{t}/ds=d^2\boldsymbol{r}/ds^2$, $d^2x/ds^2=-\dfrac{1}{a}\cos\dfrac{s}{a}$, $d^2y/ds^2=-\dfrac{1}{a}\sin\dfrac{s}{a}$. これは円で $\rho=a$, $\boldsymbol{n}=-\left(\cos\dfrac{s}{a},\ \sin\dfrac{s}{a}\right)=-\left(\dfrac{x}{a},\ \dfrac{y}{a}\right)$.

2. (3.43)の両辺に $\boldsymbol{n}$ をスカラー的に掛ければよい.

第 3 章演習問題

[1] (3.38)において $\boldsymbol{t}$ と $\boldsymbol{v}$ は平行，$\boldsymbol{v}$ と $\boldsymbol{n}$ は垂直なので

$$|\boldsymbol{v}\times\boldsymbol{a}| = \frac{v^2}{\rho}|\boldsymbol{v}\times\boldsymbol{n}| = \frac{v^3}{\rho}, \qquad \boldsymbol{v}\cdot\boldsymbol{a} = v\frac{dv}{dt}$$

他方で

$$\boldsymbol{t} = \frac{d\boldsymbol{r}}{ds} = \frac{d\boldsymbol{r}}{dt}\frac{dt}{ds} = \boldsymbol{v}\frac{dt}{ds}, \qquad \frac{d\boldsymbol{t}}{ds} = \boldsymbol{a}\left(\frac{dt}{ds}\right)^2 + \boldsymbol{v}\frac{d^2t}{ds^2}$$

ここで $dt/ds=1/v$ を微分して

$$\frac{d^2t}{ds^2} = -\frac{1}{v^2}\frac{dv}{ds} = -\frac{1}{v^2}\frac{dv}{dt}\frac{dt}{ds} = -\frac{1}{v^4}(\boldsymbol{v}\cdot\boldsymbol{a})$$

故に

$$\frac{d\boldsymbol{t}}{ds} = \frac{\boldsymbol{a}}{v^2} - \frac{\boldsymbol{v}(\boldsymbol{v}\cdot\boldsymbol{a})}{v^4}$$

$\boldsymbol{n}/\rho = d\boldsymbol{t}/ds$, $\boldsymbol{n}^2=1$. したがって

$$\frac{1}{\rho^2} = \left(\frac{d\boldsymbol{t}}{ds}\right)^2 = \left[\frac{v^2\boldsymbol{a}-\boldsymbol{v}(\boldsymbol{v}\cdot\boldsymbol{a})}{v^4}\right]^2 = \frac{v^4\alpha^2+v^2(\boldsymbol{v}\cdot\boldsymbol{a})^2-2v^2(\boldsymbol{v}\cdot\boldsymbol{a})^2}{v^8}$$

$$= \frac{v^2\alpha^2-(\boldsymbol{v}\cdot\boldsymbol{a})^2}{v^6}$$

(p. 40 の(1.99)式において $\boldsymbol{A}=\boldsymbol{B}=\boldsymbol{v}$, $\boldsymbol{B}=\boldsymbol{D}=\boldsymbol{a}$ とおく).

[2] $\dot{\boldsymbol{r}} = -a\sin t\boldsymbol{i}+b\cos t\boldsymbol{j}$, $\ddot{\boldsymbol{r}} = -a\cos t\boldsymbol{i}-b\sin t\boldsymbol{j} = -\boldsymbol{r}$.

$\dot{\boldsymbol{r}}^2 = a^2\sin^2 t+b^2\cos^2 t$, $\ddot{\boldsymbol{r}}^2 = a^2\cos^2 t+b^2\sin^2 t$, $\dot{\boldsymbol{r}}\cdot\ddot{\boldsymbol{r}} = (a^2-b^2)\sin t\cos t$.

$$\dot{\boldsymbol{r}}^2\ddot{\boldsymbol{r}}^2-(\dot{\boldsymbol{r}}\cdot\ddot{\boldsymbol{r}})^2 = (a^2\sin^2 t+b^2\cos^2 t)(a^2\cos^2 t+b^2\sin^2 t)-(a^2-b^2)^2\sin^2 t\cos^2 t$$

$$= a^2b^2(\sin^4 t+\cos^4 t+2\sin^2 t\cos^2 t) = a^2b^2.$$

$$\kappa^2 = \frac{1}{\rho^2} = \frac{a^2b^2}{(a^2\sin^2 t+b^2\cos^2 t)^3}.$$

第 4 章

問題 4-1

1. 略.

2. 略.

問題 4-2

1. 求める接線ベクトルは

$$\boldsymbol{t} = \frac{d\boldsymbol{r}}{ds} = \frac{d\boldsymbol{r}}{dt}\frac{dt}{ds}$$

で与えられる．ここで $ds=|d\boldsymbol{r}|$, $\dfrac{dt}{ds}=1\Big/\left|\dfrac{d\boldsymbol{r}}{dt}\right|$,

$$\frac{d\boldsymbol{r}}{dt} = \boldsymbol{r}_u\frac{du}{dt}+\boldsymbol{r}_v\frac{dv}{dt} \qquad \therefore \quad \boldsymbol{t} = \frac{\boldsymbol{r}_u\dfrac{du}{dt}+\boldsymbol{r}_v\dfrac{dv}{dt}}{\left|\boldsymbol{r}_u\dfrac{du}{dt}+\boldsymbol{r}_v\dfrac{dv}{dt}\right|}$$

2. $f'(u)=\dfrac{-u}{\sqrt{a^2-u^2}}$．(4.53)により $E=\dfrac{a^2}{a^2-u^2}$，$F=0$, $G=u^2$.

3. (4.50)を用いる．

$$p = \frac{\partial z}{\partial x} = \frac{-x}{\sqrt{a^2-x^2-y^2}}, \qquad q = \frac{\partial z}{\partial y} = \frac{-y}{\sqrt{a^2-x^2-y^2}}.$$

$$E = \frac{a^2-y^2}{a^2-x^2-y^2}, \qquad F = \frac{xy}{a^2-x^2-y^2}, \qquad G = \frac{a^2-x^2}{a^2-x^2-y^2}.$$

4. $z>0$ の部分に対して

$$z = \sqrt{b^2-(u-a)^2} = f(u), \qquad f'(u) = \frac{-(u-a)}{\sqrt{b^2-(u-a)^2}}$$

$$1+f'^2 = \frac{b^2}{b^2-(u-a)^2}.$$

$z<0$ も同じ面積を与える．(4.54)により

$$S = 2\int_0^{2\pi} dv \int_{a-b}^{a+b}\frac{budu}{\sqrt{b^2-(u-a)^2}} = 4\pi b\int_{-b}^{b}\frac{(X+a)dX}{\sqrt{b^2-X^2}}$$

$$= 4\pi ab\int_{-b}^{b}\frac{dX}{\sqrt{b^2-X^2}} = 4\pi^2 ab$$

5. $u^2=x^2+y^2=(a+b\cos\varphi)^2$, $z^2+(u-a)^2=b^2$．したがって前問と同じトーラスである．(4.33)により

$$\boldsymbol{r}_\theta = (-(a+b\cos\varphi)\sin\theta, (a+b\cos\varphi)\cos\theta, 0)$$

$$\boldsymbol{r}_\varphi = (-b\sin\varphi\cos\theta, -b\sin\varphi\sin\theta, b\cos\varphi)$$

$$E = \boldsymbol{r}_\theta{}^2 = (a+b\cos\varphi)^2,\ F = \boldsymbol{r}_\theta\boldsymbol{r}_\varphi = 0,\ G = \boldsymbol{r}_\varphi{}^2 = b^2.$$

したがって $\sqrt{EG-F^2}=b(a+b\cos\varphi)$

$$S = \int_0^{2\pi} du\int_0^{2\pi} dv b(a+b\cos\varphi) = 4\pi^2 ab$$

問題 4–3

1. (4.43)および $\boldsymbol{n}=\boldsymbol{r}/a$ を用いて(4.63)から

$$L=\boldsymbol{r}_{\theta\theta}\cdot\boldsymbol{n}=(-a\sin\theta\cos\varphi,\ -a\sin\theta\sin\varphi,\ -a\cos\theta)\cdot\frac{\boldsymbol{r}}{a}=-a$$

$$M=\boldsymbol{r}_{\theta\varphi}\cdot\boldsymbol{n}=(-a\cos\theta\sin\varphi,\ a\cos\theta\cos\varphi,\ 0)\cdot\frac{\boldsymbol{r}}{a}=0$$

$$N=\boldsymbol{r}_{\varphi\varphi}\cdot\boldsymbol{n}=(-a\sin\theta\cos\varphi,\ -a\sin\theta\sin\varphi,\ 0)\cdot\frac{\boldsymbol{r}}{a}=-a\sin^2\theta$$

(4.44)を用い

$$\frac{Ldu^2+2Mdudv+Ndv^2}{Edu^2+2Fdudv+Gdv^2}=\frac{-d\theta^2-\sin^2\theta d\varphi^2}{a(d\theta^2+\sin^2\theta d\varphi^2)}=-\frac{1}{a}$$

したがって球面では $|\cos\psi/\rho_C|=1/a$ (図 4–22 参照).

2. (4.52)を用いて

$$\boldsymbol{r}_u\times\boldsymbol{r}_v=(-u\cos v f'(u),\ -u\sin v f'(u),\ u)$$

$$\boldsymbol{n}=\frac{\boldsymbol{r}_u\times\boldsymbol{r}_v}{|\boldsymbol{r}_u\times\boldsymbol{r}_v|}=\frac{1}{\sqrt{1+f'(u)^2}}(-\cos v f'(u),\ -\sin v f'(u),\ 1)$$

$$\boldsymbol{r}_{uu}=(0,0,f''(u)),\quad \boldsymbol{r}_{uv}=(-\sin v,\cos v,0),\quad \boldsymbol{r}_{vv}=(-u\cos v,\ -u\sin v,0).$$

$$L=\boldsymbol{r}_{uu}\cdot\boldsymbol{n}=f''(u)/\sqrt{1+f'(u)^2}$$

$$M=\boldsymbol{r}_{uv}\cdot\boldsymbol{n}=0$$

$$N=\boldsymbol{r}_{vv}\cdot\boldsymbol{n}=uf'(u)/\sqrt{1+f'(u)^2}$$

ここで

$$f(u)=\sqrt{a^2-u^2},\quad f'(u)=\frac{-u}{\sqrt{a^2-u^2}},\quad 1+f'(u)^2=\frac{a^2}{a^2-u^2}$$

$$f''(u)=\frac{-1}{\sqrt{a^2-u^2}}-\frac{u^2}{(a^2-u^2)^{3/2}}=\frac{-a^2}{(a^2-u^2)^{3/2}}.$$

$$L=\frac{-a}{a^2-u^2},\quad M=0,\quad N=-\frac{u^2}{a}.$$

問題 4–2 の問 2 の解を用いて

$$\frac{\cos\psi}{\rho_c}=\frac{Ldu^2+2Mdudv+Ndv^2}{Edu^2+2Fdudv+Gdv^2}$$

$$=\frac{\dfrac{-a}{a^2-u^2}du^2-\dfrac{u^2}{a}dv^2}{\dfrac{a^2}{a^2-u^2}du^2+u^2dv^2}=-\frac{1}{a}$$

3. $p=\dfrac{\partial z}{\partial x}=\dfrac{-x}{\sqrt{a^2-x^2-y^2}},\qquad q=\dfrac{-y}{\sqrt{a^2-x^2-y^2}}$

(4.50)により

$$E=\frac{a^2-y^2}{a^2-x^2-y^2},\qquad F=\frac{xy}{a^2-x^2-y^2},\qquad G=\frac{a^2-x^2}{a^2-x^2-y^2}$$

(4.48)により

$$\boldsymbol{r}_x=(1,0,p),\qquad \boldsymbol{r}_y=(0,1,q),\qquad \boldsymbol{r}_x\times v_y=(-p,-q,1)$$

$$\boldsymbol{n}=\frac{\boldsymbol{r}_x\times\boldsymbol{r}_y}{|\boldsymbol{r}_x\times\boldsymbol{r}_y|}=\frac{(-p,-q,1)}{\sqrt{1+p^2+q^2}}=\frac{\sqrt{a^2-x^2-y^2}}{a}(x,y,1)$$

さらに $\qquad \boldsymbol{r}_{xx}=(0,0,r),\qquad \boldsymbol{r}_{xy}=(0,0,s),\qquad \boldsymbol{r}_{yy}=(0,0,t)$

ここで $\qquad r=\dfrac{\partial^2 z}{\partial x^2}=\dfrac{-(a^2-y^2)}{(a^2-x^2-y^2)^{3/2}},\qquad s=\dfrac{\partial^2 z}{\partial x\partial y}=\dfrac{-xy}{(a^2-x^2-y^2)^{3/2}}$

$$t=\frac{\partial^2 z}{\partial y^2}=\frac{-(a^2-x^2)}{(a^2-x^2-y^2)^{3/2}}.$$

問題4-2の問3の解と(4.63)を用いて

$$L=\boldsymbol{r}_{xx}\cdot\boldsymbol{n}=\frac{-(a^2-y^2)}{a(a^2-x^2-y^2)}=-\frac{E}{a}$$

$$M=\boldsymbol{r}_{xy}\cdot\boldsymbol{n}=\frac{-xy}{a(a^2-x^2-y^2)}=-\frac{F}{a}$$

$$N=\boldsymbol{r}_{yy}\cdot\boldsymbol{n}=\frac{-(a^2-x^2)}{a(a^2-x^2-y^2)}=-\frac{G}{a}$$

したがって

$$\frac{\cos\psi}{\rho_C}=\frac{Ldu^2+2Mdudv+Ndv^2}{Edu^2+2Fdudv+Gdv^2}=-\frac{1}{a}.$$

問題 4-4

1. $u^2+(z-a)^2=a^2$ ($z=a$ を中心とする円).

$$f(u)=a-\sqrt{a^2-u^2},\qquad f'(u)=\frac{u}{\sqrt{a^2-u^2}},$$

$$f''(u)=\frac{a^2}{(a^2-u^2)^{3/2}},\qquad 1+f'^2=\frac{a^2}{a^2-u^2}$$

$\therefore\quad$ (4.88)により $R_1=R_2=a.$

2. 図4-29により p は $\Delta\boldsymbol{r}$ の垂線 $\boldsymbol{n}$ 方向の射影に等しい. $\boldsymbol{r}_u\Delta u+\boldsymbol{r}_v\Delta v$ は接平面にあるので与式を得る.

第 4 章演習問題

[1] 点 $P(t)$ と $P_1(t+\tau_1)$ と $P_2(t+\tau_2)$ (ただし $\varDelta t \neq \varDelta t'$) を含む平面の方程式を求めて，$\tau_1 \to 0$，$\tau_2 \to 0$ とすればよいわけである．P, P_1, P_2 の座標をそれぞれ (x, y, z), (x_1, y_1, z_1), (x_2, y_2, z_2) とすると，平面の方程式は X, Y, Z の 1 次方程式

$$\begin{vmatrix} X & Y & Z & 1 \\ x & y & z & 1 \\ x_1 & y_1 & z_1 & 1 \\ x_2 & y_2 & z_2 & 1 \end{vmatrix} = 0$$

で与えられる($X=x$，$Y=y$，$Z=z$ などでこの行列式は 0)．ここで τ_1 と τ_2 が十分小さいとして

$$x_1 = x+\dot{x}\tau_1+\frac{1}{2}\ddot{x}{\tau_1}^2 \qquad \left(\dot{x}=\frac{dx}{dt},\ \ddot{x}=\frac{d^2x}{dt^2}\right)$$

$$x_2 = x+\dot{x}\tau_2+\frac{1}{2}\ddot{x}{\tau_2}^2$$

(y, z 座標も同様)を代入すると，上の方程式は

$$\begin{vmatrix} X & Y & Z & 1 \\ x & y & z & 1 \\ x+\dot{x}\tau_1+\frac{1}{2}\ddot{x}{\tau_1}^2 & y+\dot{y}\tau_1+\frac{1}{2}\ddot{y}{\tau_1}^2 & z+\dot{z}\tau_1+\frac{1}{2}\ddot{z}{\tau_1}^2 & 1 \\ x+\dot{x}\tau_2+\frac{1}{2}\ddot{x}{\tau_2}^2 & y+\dot{y}\tau_2+\frac{1}{2}\ddot{y}{\tau_2}^2 & z+\dot{z}\tau_2+\frac{1}{2}\ddot{z}{\tau_2}^2 & 1 \end{vmatrix} = 0$$

となる．ここで第 3 行，第 4 行から第 2 行を引くと(行列式の規則から)上式は

$$\begin{vmatrix} X & Y & Z & 1 \\ x & y & z & 1 \\ \dot{x}\tau_1+\frac{1}{2}\ddot{x}{\tau_1}^2 & \dot{y}\tau_1+\frac{1}{2}\ddot{y}{\tau_1}^2 & \dot{z}\tau_1+\frac{1}{2}\ddot{z}{\tau_1}^2 & 0 \\ \dot{x}\tau_2+\frac{1}{2}\ddot{x}{\tau_2}^2 & \dot{y}\tau_2+\frac{1}{2}\ddot{y}{\tau_2}^2 & \dot{z}\tau_2+\frac{1}{2}\ddot{z}{\tau_2}^2 & 0 \end{vmatrix} = 0$$

となる．さらに第 3 行に τ_2/τ_1 を掛けたものを第 4 行から引くと共通因子 $\frac{1}{2}({\tau_2}^2-\tau_1\tau_2)$ を外へ出して

$$\begin{vmatrix} X & Y & Z & 1 \\ x & y & z & 1 \\ \dot{x}\tau_1+\frac{1}{2}\ddot{x}{\tau_1}^2 & \dot{y}\tau_1+\frac{1}{2}\ddot{y}{\tau_1}^2 & \dot{z}\tau_1+\frac{1}{2}\ddot{z}{\tau_1}^2 & 0 \\ \ddot{x} & \ddot{y} & \ddot{z} & 0 \end{vmatrix} = 0$$

ここで第 4 行に ${\tau_1}^2/2$ を掛けたものを第 3 行から引くとき，共通因子 τ_1 を外へ出すと，

$$\begin{vmatrix} X & Y & Z & 1 \\ x & y & z & 1 \\ \dot{x} & \dot{y} & \dot{z} & 0 \\ \ddot{x} & \ddot{y} & \ddot{z} & 0 \end{vmatrix} = 0$$

これを左端の列の要素で展開すれば，簡単化されて

$$\begin{vmatrix} X-x & Y-y & Z-z \\ \dot{x} & \dot{y} & \dot{z} \\ \ddot{x} & \ddot{y} & \ddot{z} \end{vmatrix} = 0$$

となる.

[2] $\boldsymbol{r}(u, v)$ と $\boldsymbol{r}_1(u+\Delta u, v)$ および $\boldsymbol{r}_2(u, v+\Delta v)$ の 3 点を含む平面の方程式を求めればよい．これは前問と同様にして

$$\begin{vmatrix} X & Y & Z & 1 \\ x & y & z & 1 \\ x_u & y_u & z_u & 0 \\ x_v & y_v & z_v & 0 \end{vmatrix} = 0$$

これを書き直せばよい．$[\boldsymbol{X}-\boldsymbol{r}, \boldsymbol{r}_u, \boldsymbol{r}_v]=0$ はベクトル $\boldsymbol{X}-\boldsymbol{r}$ が接線を張るベクトル $\boldsymbol{r}_u$, $\boldsymbol{r}_v$ と同一の面内にある条件である.

[3]

$$\boldsymbol{r}_u = \frac{\partial x}{\partial u}\boldsymbol{i}+\frac{\partial y}{\partial u}\boldsymbol{j}+\frac{\partial z}{\partial u}\boldsymbol{k}$$

$$\boldsymbol{r}_v = \frac{\partial x}{\partial v}\boldsymbol{i}+\frac{\partial y}{\partial v}\boldsymbol{j}+\frac{\partial z}{\partial v}\boldsymbol{k}$$

これらのベクトル積は

$$\boldsymbol{r}_u \times \boldsymbol{r}_v = \begin{vmatrix} \boldsymbol{i} & \boldsymbol{j} & \boldsymbol{k} \\ \dfrac{\partial x}{\partial u} & \dfrac{\partial y}{\partial u} & \dfrac{\partial z}{\partial u} \\ \dfrac{\partial x}{\partial v} & \dfrac{\partial y}{\partial v} & \dfrac{\partial z}{\partial v} \end{vmatrix}$$

したがって

$$(\boldsymbol{r}_u \times \boldsymbol{r}_v)_x = \frac{\partial y}{\partial u}\frac{\partial z}{\partial v} - \frac{\partial y}{\partial v}\frac{\partial z}{\partial u} = \frac{\partial(y, z)}{\partial(u, v)}$$

他の成分も同様.

[4] 前問 $\boldsymbol{r}_u \times \boldsymbol{r}_v$ の絶対値と (4.36) を用いればよい.

[5] $x_u = k\cos u\cos v, \qquad y_u = k\cos u\sin v,$

$$z_u = k\left(\frac{1}{\sin u} - \sin u\right)$$

$$x_v = -k\sin u \sin v, \quad y_v = k\sin u\cos v, \quad z_v = 0$$

これらと(4.33)を用いて

$$E = k^2\frac{\cos^2 u}{\sin^2 u}, \quad F = 0, \quad G = k^2\sin^2 u$$

$$\sqrt{EG-F^2} = k^2\cos u$$

$$\boldsymbol{r}_u \times \boldsymbol{r}_v = \begin{vmatrix} \boldsymbol{i} & \boldsymbol{j} & \boldsymbol{k} \\ x_u & y_u & z_u \\ x_v & y_v & z_v \end{vmatrix} = \begin{pmatrix} -k^2\cos^2 u\cos v \\ -k^2\cos^2 u\sin v \\ k^2\sin u\cos u \end{pmatrix}$$

法線は(4.41)により

$$\boldsymbol{n} = \frac{\boldsymbol{r}_u \times \boldsymbol{r}_v}{\sqrt{EG-F^2}} = \begin{pmatrix} -\cos u\cos v \\ -\cos u\sin v \\ \sin u \end{pmatrix}$$

さらに

$$x_{uu} = -k\sin u\cos v, \quad y_{uu} = -k\sin u\sin v$$

$$z_{uu} = -k\left(\frac{1}{\sin^2 u}+1\right)\cos u$$

$$x_{uv} = -k\cos u\sin v, \quad y_{uv} = k\cos u\cos v, \quad z_{uv} = 0$$

$$x_{vv} = -k\sin u\cos v, \quad y_{vv} = -k\sin u\sin v, \quad z_{vv} = 0$$

これらを用いて(4.63)から

$$L = \boldsymbol{r}_{uu}\cdot\boldsymbol{n} = -k\frac{\cos u}{\sin u}$$

$$M = \boldsymbol{r}_{uv}\cdot\boldsymbol{n} = 0$$

$$N = \boldsymbol{r}_{vv}\cdot\boldsymbol{n} = k\sin u\cos u$$

したがって

$$LN - M^2 = -k^2\cos^2 u$$

よって(4.73)により

$$\frac{1}{R_1R_2} = \frac{LN-M^2}{EG-F^2} = -\frac{1}{k^2}$$

第 5 章

問題 5-1

1. 省略.

2. $\dfrac{\Delta f}{\Delta s}=\dfrac{\partial f}{\partial x}\dfrac{\Delta x}{\Delta s}+\dfrac{\partial f}{\partial y}\dfrac{\Delta y}{\Delta s}+\dfrac{\partial f}{\partial z}\dfrac{\Delta z}{\Delta s}$

ここで $\Delta x/\Delta s=l$, $\Delta y/\Delta s=m$, $\Delta z/\Delta s=n$.

問題 5-2

1. (1) $\boldsymbol{A}=\nabla r=\left(\dfrac{x}{r},\dfrac{y}{r},\dfrac{z}{r}\right)$, $\nabla\cdot\boldsymbol{A}=\nabla^2 r=\dfrac{2}{r}$.

(2) $\boldsymbol{A}=\dfrac{1}{2}\nabla r^2=(x,y,z)$, $\nabla\cdot\boldsymbol{A}=\nabla^2\left(\dfrac{1}{2}r^2\right)=3$.

(3) $\boldsymbol{A}=k\nabla\left(\dfrac{1}{r}\right)=-\dfrac{k}{r^3}(x,y,z)$, $\nabla\cdot\boldsymbol{A}=\nabla^2\dfrac{k}{r}=0$

2. (1) 2. (2) 0. (3) 0. (4) 0.

3. $r=\sqrt{x^2+y^2}$ とおくと $\dfrac{\partial}{\partial x}\log r=\dfrac{x}{r^2}$, $\dfrac{\partial^2}{\partial x^2}\log r=\dfrac{1}{r^2}-\dfrac{2x^2}{r^4}$ などから明らか.

4. 略.

問題 5-3

1. (1) $\nabla\times(\boldsymbol{\omega}\times\boldsymbol{r})=2\boldsymbol{\omega}$, (5.68) (2) $\nabla\times\mathrm{grad}\,\phi=\mathrm{rot}\,\mathrm{grad}\,\phi=0$, (5.71)

2. y 軸に平行な層流. $\mathrm{rot}\,\boldsymbol{v}=a\boldsymbol{k}$.

3. 点電荷で $\boldsymbol{E}=-\mathrm{grad}\,\phi$, $\mathrm{rot}\,\mathrm{grad}\,\phi=0$.

問題 5-4

1. [(5.84 a)の証明]

$$
\begin{aligned}
(\text{左辺}) &= \frac{\partial}{\partial x}(A_yB_z-A_zB_y)+\frac{\partial}{\partial y}(A_zB_x-A_xB_z)+\frac{\partial}{\partial z}(A_xB_y-A_yB_x)\\
&= B_x\left(\frac{\partial A_z}{\partial y}-\frac{\partial A_y}{\partial z}\right)+B_y\left(\frac{\partial A_x}{\partial z}-\frac{\partial A_z}{\partial x}\right)+B_z\left(\frac{\partial A_y}{\partial x}-\frac{\partial A_x}{\partial y}\right)\\
&\quad -A_x\left(\frac{\partial B_z}{\partial y}-\frac{\partial B_y}{\partial z}\right)-A_y\left(\frac{\partial B_x}{\partial z}-\frac{\partial B_z}{\partial x}\right)-A_z\left(\frac{\partial B_y}{\partial x}-\frac{\partial B_x}{\partial y}\right)\\
&= \boldsymbol{B}\cdot\mathrm{rot}\,\boldsymbol{A}-\boldsymbol{A}\cdot\mathrm{rot}\,\boldsymbol{B}.
\end{aligned}
$$

[(5.84 b)の証明] 複雑な右辺に着目する.

$$
(\text{右辺の } x \text{ 成分})=\left(A_x\frac{\partial}{\partial x}+A_y\frac{\partial}{\partial y}+A_z\frac{\partial}{\partial z}\right)B_x+\left(B_x\frac{\partial}{\partial x}+B_y\frac{\partial}{\partial y}+B_z\frac{\partial}{\partial z}\right)A_x
$$

$$+A_y\left(\frac{\partial B_y}{\partial x}-\frac{\partial B_x}{\partial y}\right)-A_z\left(\frac{\partial B_x}{\partial z}-\frac{\partial B_z}{\partial x}\right)$$

$$+B_y\left(\frac{\partial A_y}{\partial x}-\frac{\partial A_x}{\partial y}\right)-B_z\left(\frac{\partial A_x}{\partial z}-\frac{\partial A_z}{\partial x}\right)$$

$$=A_x\frac{\partial B_x}{\partial x}+A_y\frac{\partial B_y}{\partial x}+A_z\frac{\partial B_z}{\partial x}+B_x\frac{\partial A_x}{\partial x}+B_y\frac{\partial A_y}{\partial x}+B_z\frac{\partial A_z}{\partial x}$$

$$=\frac{\partial}{\partial x}(A_xB_x+A_yB_y+A_zB_z)=(\text{左辺の } x \text{ 成分})$$

他の成分も同様.

[(5.84 c)の証明] 複雑な右辺に着目する.

$$(\text{右辺の } x \text{ 成分})=\left(B_x\frac{\partial}{\partial x}+B_y\frac{\partial}{\partial y}+B_z\frac{\partial}{\partial z}\right)A_x-\left(A_x\frac{\partial}{\partial x}+A_y\frac{\partial}{\partial y}+A_z\frac{\partial}{\partial z}\right)B_x$$

$$+A_x\left(\frac{\partial B_x}{\partial x}+\frac{\partial B_y}{\partial y}+\frac{\partial B_z}{\partial z}\right)-B_x\left(\frac{\partial A_x}{\partial x}+\frac{\partial A_y}{\partial y}+\frac{\partial A_z}{\partial z}\right)$$

$$=\left(B_y\frac{\partial A_x}{\partial y}+A_x\frac{\partial B_y}{\partial y}\right)-\left(A_y\frac{\partial B_x}{\partial y}+B_x\frac{\partial A_y}{\partial y}\right)$$

$$+\left(B_z\frac{\partial A_x}{\partial z}+A_x\frac{\partial B_z}{\partial z}\right)-\left(A_z\frac{\partial B_x}{\partial z}+B_x\frac{\partial A_z}{\partial z}\right)$$

$$=\frac{\partial}{\partial y}(A_xB_y-A_yB_x)-\frac{\partial}{\partial z}(A_zB_x-A_xB_z)$$

$$=(\text{左辺の } x \text{ 成分})$$

他の成分も同様.

2. (1) $(\text{左辺の } x \text{ 成分})=\frac{\partial}{\partial y}\left(\frac{\partial^2 A_z}{\partial x^2}+\frac{\partial^2 A_z}{\partial y^2}+\frac{\partial^2 A_z}{\partial z^2}\right)$

$$-\frac{\partial}{\partial z}\left(\frac{\partial^2 A_y}{\partial x^2}+\frac{\partial^2 A_y}{\partial y^2}+\frac{\partial^2 A_z}{\partial z^2}\right)$$

$$=\left(\frac{\partial^2}{\partial x^2}+\frac{\partial^2}{\partial y^2}+\frac{\partial^2}{\partial z^2}\right)\left(\frac{\partial A_z}{\partial y}-\frac{\partial A_y}{\partial z}\right)=(\text{右辺の } x \text{ 成分})$$

他の成分も同様.

(2) (5.82)から

$$\mathrm{rot\,rot}\,\boldsymbol{B}=\mathrm{grad\,div}\,\boldsymbol{B}-\nabla^2\boldsymbol{B}$$

ここで $\boldsymbol{B}=\mathrm{rot}\,\boldsymbol{A}$ とおけば (5.81 c) $\mathrm{div\,rot}\,\boldsymbol{A}=0$ を用いて証明される.

問題 5-5

1. $u_x\to -u_x$, $u_y\to -u_y$, $u_z\to -u_z$; $C_x\to C_x$, $C_y\to C_y$, $C_z\to C_z$.

2. 力のモーメント $\boldsymbol{N}=\boldsymbol{r}\times\boldsymbol{F}$ は極性ベクトル $\boldsymbol{r}$ と $\boldsymbol{F}$ のベクトル積であるから軸性ベクトルである.

問題 5-6

1. $I_{xx}=0,\quad I_{yy}=2ma^2,\quad I_{zz}=2ma^2,\quad I_{xy}=I_{yz}=I_{zx}=0.$

2. この場合の慣性テンソルを I_{ij}' とする. 2つの質量の座標は $x_\pm'=\pm a\cos\varphi$, $y_\pm'=\mp a\sin\varphi$, $z_\pm'=0$.

$$I_{xx}' = m(y_+'^2+y_-'^2) = 2ma^2\sin^2\varphi, \qquad I_{yy}' = m(x_+'^2+x_-'^2) = 2ma^2\cos^2\varphi$$

$$I_{zz}' = m(x_+'^2+y_+'^2+x_-'^2+y_-'^2) = 2ma^2$$

$$I_{xy}' = -m(x_+'y_+'+x_-'y_-') = 2ma^2\sin\varphi\cos\varphi$$

$$I_{yz}' = -m(y_+'z_+'+y_-'z_-') = 0, \qquad I_{zx}' = -m(z_+'x_+'+z_-'x_-') = 0$$

この場合の変換は $x'=x\cos\varphi+y\sin\varphi$, $y'=-x\sin\varphi+y\cos\varphi$, $z'=z$ なので

$$\begin{pmatrix} x' \\ y' \\ z' \end{pmatrix} = \begin{pmatrix} a_{11} & a_{12} & a_{13} \\ a_{21} & a_{22} & a_{23} \\ a_{31} & a_{32} & a_{33} \end{pmatrix} \begin{pmatrix} x \\ y \\ z \end{pmatrix} = \begin{pmatrix} \cos\varphi & \sin\varphi & 0 \\ -\sin\varphi & \cos\varphi & 0 \\ 0 & 0 & 1 \end{pmatrix} \begin{pmatrix} x \\ y \\ z \end{pmatrix}$$

$x=x_1$, $y=x_2$, $z=x_3$ とし, $T_{xy}'=T_{12}'$ などと書けば変換則は行列の形で

$$\begin{pmatrix} T_{11}' & T_{12}' & T_{13}' \\ T_{21}' & T_{22}' & T_{23}' \\ T_{31}' & T_{32}' & T_{33}' \end{pmatrix} = \begin{pmatrix} a_{11} & a_{12} & a_{13} \\ a_{21} & a_{22} & a_{23} \\ a_{31} & a_{32} & a_{33} \end{pmatrix} \begin{pmatrix} T_{11} & T_{12} & T_{13} \\ T_{21} & T_{22} & T_{23} \\ T_{31} & T_{32} & T_{33} \end{pmatrix} \begin{pmatrix} a_{11} & a_{21} & a_{31} \\ a_{12} & a_{22} & a_{32} \\ a_{13} & a_{23} & a_{33} \end{pmatrix}$$

と書ける. 今の場合

$$\begin{pmatrix} I_{xx}' & I_{xy}' & I_{xz}' \\ I_{yx}' & I_{yy}' & I_{yz}' \\ I_{zx}' & I_{zy}' & I_{zz}' \end{pmatrix} = \begin{pmatrix} \cos\varphi & \sin\varphi & 0 \\ -\sin\varphi & \cos\varphi & 0 \\ 0 & 0 & 1 \end{pmatrix} \begin{pmatrix} 0 & 0 & 0 \\ 0 & I_{yy} & 0 \\ 0 & 0 & I_{zz} \end{pmatrix} \begin{pmatrix} \cos\varphi & -\sin\varphi & 0 \\ \sin\varphi & \cos\varphi & 0 \\ 0 & 0 & 1 \end{pmatrix}$$

$$= \begin{pmatrix} \cos\varphi & \sin\varphi & 0 \\ -\sin\varphi & \cos\varphi & 0 \\ 0 & 0 & 1 \end{pmatrix} \begin{pmatrix} 0 & 0 & 0 \\ I_{yy}\sin\varphi & I_{yy}\cos\varphi & 0 \\ 0 & 0 & I_{zz} \end{pmatrix}$$

$$= \begin{pmatrix} I_{yy}\sin^2\varphi & I_{yy}\sin\varphi\cos\varphi & 0 \\ I_{yy}\sin\varphi\cos\varphi & I_{yy}\cos^2\varphi & 0 \\ 0 & 0 & I_{zz} \end{pmatrix}$$

これは上の計算と一致している.

3. 求める慣性テンソルを I_{ij}'' と書けば, $I_{xx}''=0$, $I_{yy}''=m(2a)^2=4ma^2$, $I_{zz}''=4ma^2$, $I_{xy}''=I_{yz}''=I_{zx}''=0$.

第 5 章演習問題

[1] 連続の式(5.43)で，$\rho=$一定 とすれば $\mathrm{div}\,\boldsymbol{v}=0$.

[2] 2 次元の場合 $\mathrm{div}\,\boldsymbol{v}=\partial v_x/\partial x+\partial v_y/\partial y$. これに $v_x=\partial\psi/\partial y$, $v_y=-\partial\psi/\partial x$ を代入すれば $\mathrm{div}\,\boldsymbol{v}=0$ となる.

[3] 物体の密度を ρ，比熱を c_v とすれば，

$$\rho c_v\frac{\partial\theta}{\partial t} = -\mathrm{div}\,\boldsymbol{J} = \mathrm{div}\,(K\,\mathrm{grad}\,\theta)$$

熱伝導率 K が定数ならば，この式は(5.60′)になる($D=K/\rho c_v$).

[4] $\partial r/\partial x=x/r$, $A_x=-f(r)x/r$ などにより

$$\frac{\partial A_x}{\partial x} = -f'(r)\frac{x^2}{r^2}+f(r)\frac{x^2}{r^3}-f(r)\frac{1}{r}$$

$\partial A_y/\partial y$, $\partial A_z/\partial z$ も同様. これらを加え合わせれば与式が得られる.

第 6 章

問題 6-1

1. 図で O から Q′ へ行くとき

$$f(y,0)-f(0,0) = \int_0^y\left(\frac{\partial f}{\partial y}\right)_{x=0}dy = \frac{k}{2}y^2$$

次に Q′ から P へ行くとき

$$f(x,y)-f(y,0) = \int_0^x\frac{\partial f}{\partial x}dx = \frac{k}{2}x^2+cxy$$

これらを加えれば

$$f(x,y)-f(0,0) = \frac{k}{2}(x^2+y^2)+cxy$$

これは C にそって積分した結果(p.178)と同じである.

2. xy 面内で極座標を使うとわかりやすい.

$$A_x = -y = -r\sin\varphi, \qquad A_y = x = r\cos\varphi$$
$$dx = -r\sin\varphi d\varphi, \qquad dy = r\cos\varphi d\varphi$$

したがって

$$\int_C\boldsymbol{A}\cdot d\boldsymbol{s} = \int(A_xdx+A_ydy) = r^2\int(\sin^2\varphi+\cos^2\varphi)d\varphi$$
$$= 2\pi r^2$$

3. これは $\boldsymbol{A}=\nabla f,\ f=xy$. すなわち $\boldsymbol{A}$ は勾配ベクトルであるから1周すれば $\int_C \boldsymbol{A}\cdot d\boldsymbol{s}=0$. 実際，前問と同じように半径 r の円周にそって積分すれば

$$\int_C \boldsymbol{A}\cdot d\boldsymbol{s} = \int (A_x dx + A_y dy)$$

$$= r^2 \int \{\sin\varphi\, d(\cos\varphi) + \cos\varphi\, d(\sin\varphi)\}$$

$$= r^2 \int_0^{2\pi} (-\sin^2\varphi + \cos^2\varphi) d\varphi = 0$$

問題 6-2

1. ガウスの定理を $\boldsymbol{J}$ に適用し，$\mathrm{div\,grad}\ T = \nabla^2 T$ を用いればよい.

2. $$\iint_S J_n dS = \iiint_V \mathrm{div}\ \boldsymbol{J} dV = -c\rho \iiint_V \frac{\partial T}{\partial t} dV$$

これは前問により $-K\iiint_V \nabla^2 T dV$ に等しい．したがって

$$\iiint_V \left(c\rho\frac{\partial T}{\partial t} - K\nabla^2 T\right) dV = 0$$

これは任意の V について成り立つから与式を得る.

3. 原点から半径1の球面 S へ引いたベクトルを $\boldsymbol{r}$ とすれば，これは球面の外向きの法線でもあるから $\boldsymbol{r}=\boldsymbol{n}$. したがって z を球面 S 上の z 座標として

$$A_n = \boldsymbol{A}\cdot\boldsymbol{n} = \boldsymbol{A}\cdot\boldsymbol{r} = z\boldsymbol{k}\cdot\boldsymbol{r} = z^2.$$

極座標を使えば $z=\cos\theta$. 故に

$$\iint_S A_n dS = \iint_S z^2 dS = \int_0^\pi \cos^2\theta 2\pi \sin\theta d\theta$$

$$= -\frac{2\pi}{3}\cos^3\theta\Big|_0^\pi = \frac{4\pi}{3}.$$

4. ガウスの定理において $\boldsymbol{v}=\mathrm{grad}\ g$ とおけば

$$\iiint_V \nabla^2 g dV = \iiint_V \mathrm{div}\ \boldsymbol{v} dV = \iint_S v_n dS = \iint_S (\mathrm{grad}\ g)_n dS.$$

問題 6-3

1. 電荷のある直線を軸とし，半径 a，厚さ1の円柱の面を S とする．対称性から $\boldsymbol{E}$ はこの側面(面積 $2\pi a$)を垂直に貫く．他方この円柱に含まれる電荷は λ であるからガウスの法則により

$$\iint_S E_n dS = 2\pi a E = \frac{\lambda}{\varepsilon_0}.$$

2.　正電極の単位面積を囲み，その両側に極板と平行な底面をもつ閉曲面を S とする．極板にはさまれる面は $\boldsymbol{E}$ が貫き，この閉曲面が囲む電荷は σ であるから，ガウスの法則により

$$\iint_S E_n dS = E = \frac{\sigma}{\varepsilon_0}.$$

問題 6-4

1.　電流を中心にした半径 ρ の円を C とし，これを縁とする面を S とすればストークスの定理により

$$I = \iint_S \boldsymbol{J}\cdot d\boldsymbol{S} = \iint_S \mathrm{rot}\,\boldsymbol{H}\cdot d\boldsymbol{S} = \int_C \boldsymbol{H}\cdot d\boldsymbol{s} = 2\pi\rho H$$

2.　ストークスの定理により

$$\int_C v_t ds = \iint_S \mathrm{rot}\,\boldsymbol{v}\cdot d\boldsymbol{S} = \iint_S \mathrm{rot}\,\mathrm{grad}\,f\cdot d\boldsymbol{S} = 0$$

$\mathrm{rot}\,\mathrm{grad}\,f=0$ を用いた(なお(6. 65)参照)．

3.　閉曲面 S を 2 つの部分 S_1, S_2 に分け，その境界の閉曲線を C とし，S_1 を左に見ながら C をまわるのを $\boldsymbol{s}$ の向きとする．ストークスの定理(6. 59)により

$$\iint_{S_1} \mathrm{rot}\,\boldsymbol{A}\cdot d\boldsymbol{S} = \int_C \mathrm{rot}\,\boldsymbol{A}\cdot d\boldsymbol{s}$$

$$\iint_{S_2} \mathrm{rot}\,\boldsymbol{A}\cdot d\boldsymbol{S} = -\int_C \mathrm{rot}\,\boldsymbol{A}\cdot d\boldsymbol{s}$$

故に

$$\iint_S \mathrm{rot}\,\boldsymbol{A}\cdot d\boldsymbol{S} = \left(\iint_{S_1} + \iint_{S_2}\right)\mathrm{rot}\,\boldsymbol{A}\cdot d\boldsymbol{s} = 0$$

4.　$f=xyz$ とすれば

$$\int_C \Big((yzdx+xzdy+xydz) = \int_C \mathrm{grad}\,f\cdot d\boldsymbol{s}$$

$$= \iint_S \mathrm{rot}\,\mathrm{grad}\,f\cdot d\boldsymbol{S} = 0$$

問題 6-5

1.　(1)　(6. 71) で $\phi=f$, $\nabla^2 f=0$ とおけばよい．(2)　(6. 70) で $\nabla^2 g=\nabla^2 f=0$ とおけ

ばよい．

2. 例題6.4により，領域Vにおいて調和関数gは極値をもたずS上の値に等しい．

第6章演習問題

[1] $\boldsymbol{v}\cdot\boldsymbol{n}ds$は線素$ds$をよぎる流体の量であるから$Q$はPとQの間の曲線$C$を単位時間に通る流体の量である．$ds$の方向余弦は$dx/ds$, dy/dsであり，法線はこれと垂直なのでその方向余弦は$n_x=dy/ds$, $n_y=-dx/ds$である．したがって

$$Q=\int_{\mathrm{P}}^{\mathrm{Q}}\boldsymbol{v}\cdot\boldsymbol{n}ds=\int_{\mathrm{P}}^{\mathrm{Q}}(v_xn_x+v_yn_y)ds$$

$$=\int_{\mathrm{P}}^{\mathrm{Q}}\left(\frac{\partial\phi}{\partial y}\frac{dy}{ds}+\frac{\partial\phi}{\partial x}\frac{dx}{ds}\right)ds=\int_{\mathrm{P}}^{\mathrm{Q}}\frac{\partial\phi}{\partial s}ds=\phi(\mathrm{Q})-\phi(\mathrm{P})$$

PとQを結ぶ2つの曲線をC_0, Cとすれば

$$\int_{C_0(\mathrm{P}\to\mathrm{Q})}\boldsymbol{v}\cdot\boldsymbol{n}ds=\int_{C(\mathrm{P}\to\mathrm{Q})}\boldsymbol{v}\cdot\boldsymbol{n}ds=-\int_{C(\mathrm{Q}\to\mathrm{P})}\boldsymbol{v}\cdot\boldsymbol{n}ds$$

したがって閉曲線$(C_0(\mathrm{P}\to\mathrm{Q}), C(\mathrm{Q}\to\mathrm{P}))$についての積分はゼロである．

[2] 微小な体積部分について$dQ=-\mathrm{div}\,\boldsymbol{J}\cdot dt$（p.186参照．$\boldsymbol{J}$は熱流）．エントロピー変化の割り合いを$dS/dt$と書けば

$$\frac{dS}{dt}=\iiint_V dV\frac{dQ}{T}\Big/dt=-\iiint_V dV\frac{1}{T}\mathrm{div}\,\boldsymbol{J}$$

しかるに(5.83 a)により

$$\frac{1}{T}\mathrm{div}\,\boldsymbol{J}=\mathrm{div}\left(\frac{1}{T}\boldsymbol{J}\right)-\boldsymbol{J}\cdot\mathrm{grad}\frac{1}{T}$$

ここで$\mathrm{div}\,\boldsymbol{J}=-K\,\mathrm{grad}\,T\,(K>0)$, $\mathrm{grad}\dfrac{1}{T}=-\dfrac{1}{T^2}\mathrm{grad}\,T$なので

$$\frac{dS}{dT}=-\iiint_V dV\,\mathrm{div}\left(\frac{1}{T}\boldsymbol{J}\right)+\iiint_V dV\frac{K}{T^2}(\mathrm{grad}\,T)^2$$

右辺第1項にガウスの定理を適用すれば，この領域外から熱の流入がないとき

$$\iiint_V dV\,\mathrm{div}\left(\frac{1}{T}\boldsymbol{J}\right)=\iint_S\frac{1}{T}\boldsymbol{J}\cdot d\boldsymbol{S}=0$$

ここで熱伝導率$K>0$．したがって

$$\frac{dS}{dT}=\iiint dV\frac{K}{T^2}(\mathrm{grad}\,T)^2>0$$

[3] xについて積分し，その上限$x=b$と下限$x=a$のところの面を合わせて全体の面Sになることを考慮し

$$\iiint \frac{\partial f}{\partial x} dxdydz = \iint_S fdydz = \iint_S f \cos \alpha dS$$

を得る．同様に $\partial g/\partial y$, $\partial h/\partial z$ に対する式を得る．これらを加え $f=v_x$, $g=v_y$, $h=v_z$ とおき法線 $\boldsymbol{n}$ の方向余弦が $\cos\alpha, \cos\beta, \cos\gamma$ であることを用いればガウスの定理(6.14)を得る．

[4] (6.18)を参照し，前問で $f=g=h=1$ とおけば直ちに得られる．

索引

サ 行

マ　行

ヤ　行

ラ　行

ワ　行

戸田盛和
1917–2010年
1940年東京帝国大学理学部卒業
東京教育大学教授，横浜国立大学教授，放送大学教授などを歴任.
専攻―理論物理学
著書―『アインシュタイン16歳の夢』，『物理読本(全4巻)』，『カオス―混沌のなかの法則』，『しかけおもちゃであそぼう』，『おもちゃと金米糖』，『物理と創造』，『力学』，『熱・統計力学』，『非線形格子力学』(以上，岩波書店)，『おもちゃの科学』，『おもちゃセミナー(正・続)』(以上，日本評論社)，『物理30講シリーズ』(朝倉書店)ほか
訳書―『ファインマン物理学IV 電磁波と物性』，ファインマンほか『ファインマン流 物理がわかるコツ』(共訳)，ポール・デイヴィス『神と新しい物理学』(以上，岩波書店)，J. ウォーカー『ハテ・なぜだろうの物理学(全3冊)』(培風館)ほか

理工系の数学入門コース 新装版
ベクトル解析

1989年3月8日 初版第1刷発行
2018年7月13日 初版第34刷発行
2019年11月14日 新装版第1刷発行
2025年2月14日 新装版第7刷発行

著 者 戸田盛和(とだもりかず)

発行者 坂本政謙

発行所 株式会社 岩波書店
〒101-8002 東京都千代田区一ツ橋2-5-5
電話案内 03-5210-4000
https://www.iwanami.co.jp/

印刷・理想社 表紙・精興社 製本・松岳社

ISBN 978-4-00-029885-8 Printed in Japan

9784000298858
1923341026005
ISBN978-4-00-029885-8
C3341 ¥2600E
定価（本体2600円＋税）

▼

重力場，電磁場，流れの速度場といった「場」は物理学の基本的概念であり，ベクトル解析はその微分積分を取り扱う．ベクトルの微分積分，曲線と曲面の基本性質を説明したあと，スカラー場・ベクトル場を導入し，微分演算（勾配 grad・発散 div・回転 rot）とガウスの積分定理・ストークスの定理などの積分定理を解説する．